普通高等学校"十四五"规划
药学类专业特色教材

供药学、药物制剂、临床药学、制药工程、中药学、医药营销及相关专业使用

波谱解析

主　编　韦国兵　董　玉
副主编　张红芬　赵　莹
编　者　（按姓氏笔画排序）
韦国兵　江西中医药大学
田海英　长治医学院
刘　阳　南华大学
张红芬　山西医科大学
周昊霏　内蒙古医科大学
赵　莹　山东第一医科大学（山东省医学科学院）
夏　莉　湖南城市学院
董　玉　内蒙古医科大学
廖夫生　江西中医药大学

U0334028

华中科技大学出版社
http://www.hustp.com
中国·武汉

内 容 简 介

本书为普通高等学校"十四五"规划药学类专业特色教材。

本书共分为九章,内容包括绪论、紫外光谱、红外光谱、核磁共振氢谱、核磁共振碳谱、二维核磁共振谱、质谱、其他结构测定技术和综合解析。本书注重波谱分析方法基本原理、基础知识的介绍和学生分析应用能力的培养;注重基本原理和结构解析实例相结合;注重培养学生的创新意识和创新思维,促进学生个性化知识体系的构建。

本书可作为本科生学习波谱分析方法的教材,也可作为研究生学习的重要参考资料。

图书在版编目(CIP)数据

波谱解析/韦国兵,董玉主编.—武汉:华中科技大学出版社,2021.3(2025.1重印)
ISBN 978-7-5680-6821-5

Ⅰ.①波…　Ⅱ.①韦…　②董…　Ⅲ.①波谱分析-医学院校-教材　Ⅳ.①O657.61

中国版本图书馆 CIP 数据核字(2021)第 049853 号

波谱解析　　　　　　　　　　　　　　　　　　　　　　韦国兵　董　玉　主编
Bopu Jiexi

策划编辑:余　雯
责任编辑:余　雯　张　萌
封面设计:原色设计
责任校对:曾　婷
责任监印:周治超
出版发行:华中科技大学出版社(中国·武汉)　　　电话:(027)81321913
　　　　　武汉市东湖新技术开发区华工科技园　　　邮编:430223
录　　排:华中科技大学惠友文印中心
印　　刷:广东虎彩云印刷有限公司
开　　本:889mm×1194mm　1/16
印　　张:16
字　　数:447 千字
版　　次:2025 年 1 月第 1 版第 5 次印刷
定　　价:59.80 元

普通高等学校"十四五"规划药学类专业特色教材编委会

网络增值服务使用说明

欢迎使用华中科技大学出版社医学资源网yixue.hustp.com

1.教师使用流程

（1）登录网址：http://yixue.hustp.com（注册时请选择教师用户）

（2）审核通过后，您可以在网站使用以下功能：

管理学生

建立课程　　　　　　　　　布置作业

下载教学
资源　　　　　　　教师　　　　　查询学生学习
记录等

2.学员使用流程

建议学员在PC端完成注册、登录、完善个人信息的操作。

（1）PC端学员操作步骤

①登录网址：http://yixue.hustp.com（注册时请选择普通用户）

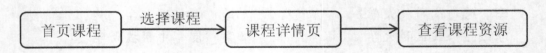

②查看课程资源

如有学习码，请在个人中心-学习码验证中先验证，再进行操作。

首页课程 —选择课程→ 课程详情页 —→ 查看课程资源

（2）手机端扫码操作步骤

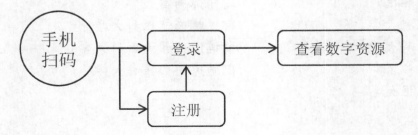

总序

Zongxu

教育部《关于加快建设高水平本科教育 全面提高人才培养能力的意见》("新时代高教 40 条")文件强调要深化教学改革,坚持以学生发展为中心,通过教学改革促进学习革命,构建线上线下相结合的教学模式,对我国高等药学教育和药学专业人才的培养提出了更高的目标和要求。我国高等药学类专业教育进入了一个新的时期,对教学、产业、技术融合发展的要求越来越高,强调进一步推动人才培养,实现面向世界、面向未来的创新型人才培养。

为了更好地适应新形势下人才培养的需求,按照《中国教育现代化 2035》《中医药发展战略规划纲要(2016—2030 年)》以及党的十九大报告等文件精神要求,进一步出版高质量教材,加强教材建设,充分发挥教材在提高人才培养质量中的基础性作用,培养合格的药学专业人才和具有可持续发展能力的高素质技能型复合人才。在充分调研和分析论证的基础上,我们组织了全国 70 余所高等医药院校的近 300 位老师编写了这套教材,并得到了参编院校的大力支持。

本套教材充分反映了各院校的教学改革成果和研究成果,教材编写体例和内容均有所创新,在编写过程中重点突出以下特点。

(1)服务教学,明确学习目标,标识内容重难点。进一步熟悉教材相关专业培养目标和人才规格,明晰课程教学目标及要求,规避教与学中无法抓住重要知识点的弊端。

(2)案例引导,强调理论与实际相结合,增强学生自主学习和深入思考的能力。进一步了解本课程学习领域的典型工作任务,科学设置章节,实现案例引导,增强自主学习和深入思考的能力。

(3)强调实用,适应就业、执业药师资格考试以及考研的需求。进一步转变教育观念,在教学内容上追求与时俱进,理论和实践紧密结合。

(4)纸数融合,激发兴趣,提高学习效率。建立"互联网十"思维的教材编写理念,构建信息量丰富、学习手段灵活、学习方式多元的立体化教材,通过纸数融合提高学生个性化学习的效率和课堂的利用率。

(5)定位准确,与时俱进。与国际接轨,紧跟药学类专业人才培养,体现当代教育。

(6)版式精美,品质优良。

本套教材得到了专家和领导的大力支持与高度关注,适应当下药学专业学生的文化基础

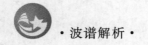

和学习特点，具有趣味性、可读性和简约性。我们衷心希望这套教材能在相关课程的教学中发挥积极作用，并得到读者的青睐；我们也相信这套教材在使用过程中，通过教学实践的检验和实际问题的解决，能不断得到改进、完善和提高。

普通高等学校"十四五"规划药学类专业特色教材
编写委员会

前言

Qianyan

波谱解析是以光学理论为基础,以化合物与光的相互作用为条件,对有机化合物进行结构分析和鉴定的方法。其主要任务是通过化合物波谱的测定和分析,确定有机化合物的化学结构,是现代有机化合物结构鉴定最主要的手段。目前用于有机化合物结构鉴定的波谱分析方法主要包括紫外光谱(UV)、红外光谱(IR)、核磁共振波谱(NMR)、质谱(MS)四种,还包括与化合物立体结构研究有关的旋光光谱(ORD)、圆二色谱(CD)和X射线单晶衍射(XRD)等方法。随着药学、化学、材料科学等学科的快速发展,波谱解析已成为药学、化学、材料科学等专业研究工作者应该了解和掌握的一种分析手段。

为更好地适应全国高等药学教育改革与发展的需要,在吸收国内外波谱解析教材的优点和各应用型院校对药学类专业波谱解析教材使用建议的基础上,华中科技大学出版社组织编者编写了本教材。在教材的编写过程中,编者力求各章节内容"精、新、全",并增加了案例导入、知识拓展和知识链接等内容,注重应用性的特点,在知识科学性、教育性、应用性和可读性等方面下功夫。本教材注重波谱分析方法基本原理、基础知识的介绍和学生分析应用能力的培养;注重基本原理和结构解析实例相结合;注重培养学生的创新意识和创新思维,促进学生个性化知识体系的构建。本教材既能满足本科生的学习要求,还能作为研究生学习的重要参考资料。

本教材由韦国兵和董玉主编。参加教材编写的人员有江西中医药大学韦国兵(第1章)、内蒙古医科大学周昊霏(第2章)、南华大学刘阳(第3章)、江西中医药大学廖夫生(第4章)、湖南城市学院夏莉(第5章)、长治医学院田海英(第6章)、山东第一医科大学(山东省医学科学院)赵莹(第7章)、内蒙古医科大学董玉(第8章)、山西医科大学张红芬(第9章)。

尽管我们做了种种努力,但由于编者学术水平及编写能力有限,书中不足之处在所难免,欢迎广大读者予以批评指正。

编　者

目录

Mulu

第一章　绪　　论

学习目标

1. 掌握：波谱分析的主要内容和基本方法。
2. 熟悉：波谱分析的基本理论和原理。
3. 了解：有机化合物结构测定的发展历史。

扫码看课件

案例导入

案例导入
答案解析

　　有机化合物的结构研究不仅是化学化工领域的研究内容，也是医药领域的重要研究内容，无论是从天然产物中分离得到的天然药物还是通过有机合成反应得到的合成药物，准确鉴定其化学结构是进行深入研究并加以开发应用的基本前提。只有在确定化合物结构的基础上，才能深入开展化合物理化性质、药理活性、构效关系、结构修饰等相关研究，因此化合物的结构鉴定是有机化学、药学等相关研究的关键性基础工作。如何快速准确地确定有机化合物的结构一直是有机化学、中药学、药学等研究工作者的重要任务，而有机化合物结构研究的方法主要是现代波谱分析技术。

　　波谱分析是以光学理论为基础，以化合物与光的相互作用为条件，建立有机化合物分子结构与电磁波之间的相互关系，从而对有机化合物进行结构分析和鉴定的方法。其主要任务是通过化合物光谱的测定和分析，确定化合物的化学结构，是现代有机化合物结构鉴定最主要的手段。近几十年来，随着各类波谱学仪器的快速发展，波谱分析技术已经渗透到化学、药学、环境科学、材料科学、食品科学等多个领域，对相关学科的发展起着积极的推动作用。波谱分析方法多种多样，不同光谱提供的结构信息各不相同。目前用于有机化合物结构鉴定的波谱分析方法主要包括紫外光谱(ultraviolet spectrum，UV)、红外光谱(infrared spectrum，IR)、核磁共振谱(nuclear magnetic resonance spectrum，NMR)、质谱(mass spectrum，MS)四种，还包括与化合物立体结构研究有关的旋光光谱(optical rotatory dispersion，ORD)、圆二色谱(circular dichroism，CD)和 X 射线单晶衍射(X-ray diffraction of single crystal，XRD)法等方法。

第一节　有机化合物结构研究的发展历史

　　有机化合物结构分析是随着现代物理学和化学的发展而建立和发展起来的，主要经历了两个阶段，即以经典化学方法为主的早期阶段和以波谱分析方法为主、经典化学方法为辅的第二阶段。

一、以经典化学方法为主的阶段

　　20 世纪中期以前，人们受限于当时科学技术的发展水平，有机化合物的结构分析方法主要是应用经典的化学分析方法，即以呈色反应、沉淀反应、化学降解、合成等定性和定量分析为基本手段的经典化学分析方法，通过化学反应将结构复杂的有机化合物分解成简单的小分子

NOTE

1

有机化合物,再通过分析这些小分子化合物的化学结构,并根据化学反应的发生位置和相关化学反应的规律逐步推导母体化合物的化学结构。采用经典的化学分析方法鉴定大分子有机化合物耗时长,而且实验操作烦琐,并需要大量样品,对某些结构复杂的有机化合物仍无法准确测定其化学结构。例如,1805 年德国药剂师 Sertüner 从鸦片中分离得到吗啡(morphine)纯品后,研究人员运用各种化学方法进行了大量研究工作以阐明其结构,经过长期的努力,1923 年 Gulland 和 Robinson 提出了吗啡分子的正确结构,直到 1952 年,Gates 完成了吗啡的全合成,才最终成功完成其结构的确定,其间经历了将近 150 年的时间。这也说明了运用经典化学方法研究有机化合物结构的艰辛与困难。

吗啡(morphine)

如另一种从植物中分离得到的生物碱士的宁(strychnine),最早在 1891 年从植物中分离得到纯品,采用经典化学方法经历半个多世纪,直到 1946 年才最终确定其结构。可见用经典化学方法鉴定未知化合物的结构,需要经历复杂过程,耗费大量的时间和精力,消耗大量的样品,导致许多天然产物往往因为样品量少无法测定而被迫放弃进一步的研究。

士的宁(strychnine)

二、以波谱分析方法为主、经典化学方法为辅的阶段

20 世纪中期以来,随着近代化学和物理学的发展,各种波谱仪器相继问世并成功应用于有机化合物的结构鉴定。如 20 世纪 30 年代紫外分光光度计诞生,紫外光谱逐步应用到有机化合物的结构鉴定;1881 年 Abney 和 Festing 第一次将红外线用于分子结构研究;20 世纪初质谱诞生;1945 年以哈佛大学 E. M. Purcell 及斯坦福大学 F. Block 为首的两个研究小组几乎同时观测到了稳态的核磁共振现象,20 世纪 50 年代后期[1]H-NMR 开始进入化合物结构测定的实际应用;到 20 世纪 60 年代,有机化合物的结构测定开始进入以波谱分析方法为主、经典化学方法为辅的阶段。

随着各种波谱仪器和测试技术的不断进步,波谱分析方法在有机化合物的结构研究中得到越来越广泛的应用,与经典化学方法相比,波谱分析方法具有灵敏度高、样品用量少、分析速度快以及提供的结构信息丰富、准确等优点,已成为有机化合物结构鉴定的主要手段。波谱分析方法在有机化合物结构测定中的应用不仅加快了化合物结构分析的速度,提高了分析结果的准确性,而且使大分子、复杂结构化合物和微量甚至痕量天然产物的结构分析成为现实,波谱分析方法的应用范围也越来越广泛。

利血平(reserpine)是 Emil Schlittler 于 1952 年从萝芙木或蛇根木中分离得到的生物碱,

分子量为 608,分子式为 $C_{33}H_{40}N_2O_9$,研究人员通过紫外光谱分析证明利血平分子中含有吲哚和没食子酰两个共轭体系,确定了利血平的主要骨架结构,大大加速了其结构鉴定进程,1956 年,美国有机化学家 Woodward 完成了利血平的全合成,用不到 5 年的时间确定了利血平的准确化学结构。

利血平(reserpine)

紫杉醇(taxol)是美国化学家 M. C. Wani 和 Monre E. Wall 在 1963 年从一种生长在美国西部大森林中的太平洋杉(Pacific Yew)的树皮和木材中分离得到的抗肿瘤活性成分。紫杉醇分子量为 853.91,分子式为 $C_{47}H_{51}NO_{14}$,结构复杂,含有 11 个手性中心和 1 个 17 碳的四环骨架结构。1971 年,化学家 Andrew T. McPhail 通过核磁共振氢谱和甲醇解衍生物的 X 射线单晶衍射技术确定了紫杉醇的结构。

紫杉醇(taxol)

另一个应用现代波谱分析方法成功确定复杂天然化合物结构的案例为沙海葵毒素(palytoxin)的结构测定。沙海葵毒素是从沙群海葵(*Palythoa*)中分离得到的微量毒性成分,含量极微(从 60 kg 原料中只分离得到几毫克),分子量为 2680,分子式为 $C_{129}H_{223}N_3O_{54}$,分子结构中含有 64 个手性碳和 41 个羟基。借助现代波谱分析方法,对结构如此复杂而新颖的化学结构,科学家只用了短短几年的时间就完成其结构的确认,由此体现了现代波谱分析方法在复杂天然产物结构研究中的巨大作用。

经过多年的发展,现代波谱分析技术日益完善,特别是在物理学、化学、数学、光学新理论与新方法的引领和渗透下,随着计算机技术、新电子技术、仪器制造技术的高速发展和应用,各种波谱分析新技术和检测方法不断涌现,波谱分析仪器得到不断改进和优化,使得波谱分析的功能日益强大,波谱分析方法不断向前发展,成为有机化合物结构分析中最主要和最有力的工具,有机化合物结构鉴定变得更为简单容易。

随着计算机技术的进步和在波谱分析仪器中的深度应用,各种波谱分析技术得到高速发展,例如紫外光谱的双波长和多波长光谱及导数光谱在结构研究中的应用,进一步提高了紫外光谱的灵敏度和选择性;20 世纪 70 年代以来,Fourier 变换红外光谱(FI-IR)取代早期的棱镜光谱、光栅光谱成为红外光谱的主要形式,而且气相色谱-红外光谱联用、液相色谱-红外光谱联用、红外光声光谱、二维红外光谱等红外新技术的出现,进一步提高了红外光谱的灵敏度和分辨率,扩展了红外光谱的测试范围,实现了微量样品和混合物样品的分析;在核磁共振光谱中,脉冲 Fourier 变换技术的应用使低灵敏度的 ^{13}C-NMR 测定成为可能,现代超导核磁共振光谱仪磁场高达 800～900 MHz,图谱的灵敏度和分辨率越来越高,分析样品用量越来越少。而多脉冲序列的变化发展形成多种多样的二维核磁共振(2D-NMR)和多维核磁共振,如二维化学位移相关谱(COSY)、^{1}H 检测的异核多量子相关谱(HMQC)、^{1}H 检测的异核单量子相干谱(HSQC)、^{1}H 检测的异核多键相关谱(HMBC)、二维 NOE 谱(NOESY)等 2D-NMR 在复杂化合物结构分析中得到重要应用,已成为复杂化合物结构解析的有力工具;质谱的发展主要体现在软电离技术和联用技术方面,快原子轰击质谱(FAB-MS)、电喷雾质谱(ESI-MS)、基质辅助激光解析质谱(MALDI-MS)、大气压化学电离质谱(APCI-MS)等软电离质谱的出现,实现了质谱对强极性、难挥发及不稳定的大分子化合物的质谱测定,使质谱分析的范围扩展到不稳定、难挥发化合物和多糖、蛋白质、核酸等生物大分子的分析。气相色谱-质谱联用(GC-MS)、液相色谱-质谱联用(LC-MS)、质谱-质谱联用(MS-MS),则实现了对中药等复杂多成分混合物的快速分离分析。随着圆二色谱(CD)、旋光谱(ORD)及 X 射线单晶衍射(X-ray diffraction of single crystal)法等方法的普及,复杂有机化合物立体结构的快速测定得以实现。

沙海葵毒素(palytoxin)

总之,波谱分析方法已成为有机化合物结构研究中的主要方法,但经典化学方法仍具有一定的辅助作用。在某些情况下,对于结构特别复杂的有机化合物特别是天然化合物的结构测定,进行一些理化检验和化学衍生化对化合物的结构分析是有一定帮助甚至是必要的。因此波谱分析方法在进一步向自动化、智能化、痕量和超痕量分析的方向进行发展的同时,经典化学方法作为结构分析的辅助手段仍具有其意义,用以配合波谱分析方法有时会收到事半功倍的效果。

第二节 波谱分析的主要内容

一、电磁波的基本性质

光是电磁波(电磁辐射),具有波粒二象性,即同时具有波动性和粒子性的双重性质。光的某些与光的传播有关的性质,如光的反射、折射、偏振等用光的波动性来解释;而光与物质相互作用的性质如物质吸收光发生能级跃迁则用粒子性解释。在讨论光与物质的相互作用时,一般将光看成由具有不同能量的光子或光量子组成,每个光子的能量(E)与光的频率(ν)成正比,与光的波长(λ)成反比:

$$E = h\nu = hc/\lambda \tag{1-1}$$

式(1-1)中:λ 为波长,其在紫外光谱中单位为 nm,红外光谱中单位为 μm;

ν 为频率,单位为赫兹(Hz)或秒$^{-1}$(s^{-1});

h 为普朗克(Planck)常数,$h = 6.63 \times 10^{-34}$ J·s;

c 为光速,3×10^8 m/s。

由式(1-1)可知,一定波长的光具有一定的能量,光的波长越短,能量越高。

物质分子内部主要有三种运动形式:电子相对于原子核的运动、原子核在其平衡位置附近的振动以及分子本身围绕其中心的转动。因此,分子具有三种不同的能级:电子能级、振动能级和转动能级。分子和原子一样,每一种能级都是量子化的,并各自具有相应的能量,如图1-1所示。分子中各个分立的能量状态称为能级,基态分子吸收电磁辐射,能量将由基态跃迁到激发态,但由基态跃迁到激发态所吸收的能量不是随意的。分子跃迁所吸收的能量等于发生跃迁的基态与激发态之间的能量差(ΔE),若能量恰好等于某运动状态的两个能级的能量差,分子就发生吸收,由低能级跃迁到高能级。

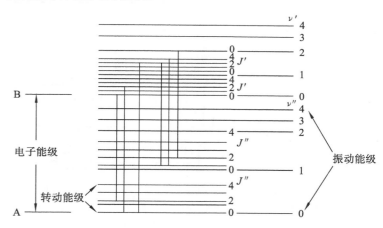

图 1-1　电磁波吸收与分子能级变化示意图

将不同波长与对应的吸光度作图,即可得到相应的吸收光谱。如果按照波长或波数进行排列,将分子内部某种运动所吸收的光强度变化或吸收后产生的散射光的信号记录下来就得到各种光谱图。分子吸收电磁辐射之后,其能量变化(ΔE)被近似认为是振动能、转动能和价电子跃迁能之总和,即

$$\Delta E = \Delta E_{电子} + \Delta E_{振动} + \Delta E_{转动} \tag{1-2}$$

式(1-2)中 $\Delta E_{电子}$ 最大,一般为 1~20 eV,而 $\Delta E_{振动}$ 在 0.05~1 eV,$\Delta E_{转动}$ 在 0.005~0.05 eV。根据量子化原理,分子中各能量状态是分立的,分子是不能随意吸收能量发生能级跃迁的,只有在光子能量和发生跃迁的激发态与基态之间的能量差相等时,分子才能吸收电磁辐射发生能级跃迁。电子能级跃迁的能级差在 1~20 eV,其吸收的电磁辐射相应的波长范围为 60~1250 nm。因此分子的外层电子(价电子)跃迁而产生的光谱位于紫外-可见光区,称为紫外-可见吸收光谱。而且价电子的跃迁还伴随振动、转动能级的跃迁,所以紫外-可见吸收光谱往往形成带状光谱。如果用红外线(0.8~25 μm)照射分子,则此电磁辐射的能量不足以引起电子能级的跃迁,只能引起振动能级和转动能级的跃迁,这样得到的吸收光谱为振动-转动

5

光谱,即红外光谱。若用能量更低的远红外线(25~400 μm)照射分子,则只能引起转动能级的跃迁,这样得到的光谱称为转动光谱或远红外光谱。由此可见,用不同波长的光作用在样品分子上可以引起对应的分子运动而得到不同的谱图,如表1-1和图1-2所示。再对所得的图谱进行分析就可以判断化合物的化学组成、基团的化学环境以及分子结构。

表 1-1　电磁波的不同区域及其对应的光谱类型分类

波谱区域	频率范围/Hz	波长范围	跃迁类型	光谱类型
γ 射线光区	$10^{20} \sim 10^{24}$	<1 pm	原子核蜕变	穆斯堡尔谱
X 射线光区	$10^{17} \sim 10^{20}$	1 pm~1 nm	原子内层电子	电子能谱
紫外光区	$10^{15} \sim 10^{17}$	1~400 nm	原子外层电子	紫外光谱
可见光区	$(4 \sim 7.5) \times 10^{14}$	400~750 nm	原子外层电子	可见光谱
近红外光区	$(1 \sim 4) \times 10^{14}$	750 nm~2.5 μm	原子外层电子 分子中原子振动	近红外光谱
红外光区	$10^{13} \sim 10^{14}$	2.5~7.5 μm	分子中原子振动	红外光谱
远红外光区 微波区	$(3 \times 10^{11}) \sim 10^{13}$	25 μm~1 mm	分子转动 电子自旋	转动光谱 电子自旋共振谱
无线电波区	$<10^{11}$	>1 mm	原子核自旋	核磁共振谱

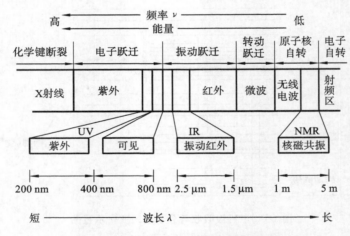

图 1-2　光波谱区及能量跃迁相关示意图

在四大谱学方法中,质谱不同于紫外光谱、红外光谱和核磁共振谱等吸收光谱,质谱是一种物理分析技术,样品分子在离子源中发生电离,产生不同质荷比的带电离子,经过加速电场的作用进入质量分析器按照离子的质荷比大小依次进行分离,最后经检测器检测得到质谱图,根据质谱图推导化合物的化学结构,为非吸收光谱。因此质谱与紫外光谱、红外光谱、核磁共振谱等光谱技术有本质上的区别。

二、波谱分析的主要方法

现代有机波谱分析方法既包括紫外光谱、红外光谱、核磁共振谱等吸收光谱,也包括荧光光谱、磷光谱等发射光谱,以及拉曼光谱、有机质谱等。有机化合物结构测定的主要任务是利用化合物的波谱图,通过谱图解析确定化合物谱图中所包含的化合物的分子结构信息,从而确定化合物的化学结构。

现代波谱分析的核心目标是尽可能快速、全面和准确地提供化合物的结构信息,从而快速而准确无误地鉴定或测定化合物的结构。现代波谱分析方法主要指常见的四大谱学方法,即紫外光谱、红外光谱、核磁共振谱和有机质谱,每一种方法所获得的化合物的结构信息是不一样的。下面简单介绍几种主要的波谱分析方法的特点及应用情况。

1. 紫外光谱(ultraviolet spectrum,UV) 紫外光谱是有机化合物吸收紫外光辐射能量后,发生电子能级跃迁而形成的吸收光谱。紫外光谱主要通过紫外吸收曲线中吸收峰的位置、强度和形状判断化合物的电子结构信息,主要用于判断分子内的共轭体系等结构信息,如分子中含有共轭双键、α,β-不饱和羰基(醛、酮、酸、酯)结构的化合物及芳香化合物的结构判断。紫外光谱比较简单,多数化合物只有一至两个吸收带,因此一般只能提供化合物分子部分的结构信息,而不能给出整个化合物分子的结构信息,所以只能作为化合物结构鉴定的辅助手段。

2. 红外光谱(infrared spectrum,IR) 红外光谱为分子吸收红外线辐射能量后,引起分子偶极矩的变化而产生分子振动和转动能级跃迁而产生的吸收光谱。红外光谱主要通过吸收峰的位置、强度和形状提供化合物中主要官能团或化学键特征振动频率,从而确定化合物中官能团的结构信息。官能团的特征吸收频率范围一般在 $625\sim4000\ cm^{-1}$ 区域,其中 $1250\sim4000\ cm^{-1}$ 的区域为特征频率区(functional group region),该区域中的吸收峰均代表某一种特定的官能团,特征官能团如羟基、氨基、羰基、芳环等的吸收均出现在这个区域。$625\sim1250\ cm^{-1}$ 的区域为指纹区(fingerprint region),出现的峰主要是由 C—X(X=C,O,N)单键的伸缩振动及各种弯曲振动而引起,峰带特别密集,形状比较复杂,主要表征化合物结构的异构情况。红外光谱的解析一般按照由简单到复杂的顺序,并遵循先特征、后指纹,先最强、后次强,先粗查、后细找,先否定、后肯定,先特征峰后相关峰的"四先四后相关法"确认化合物的化学结构。

红外光谱对未知结构化合物的鉴定,主要用于官能团的确认和芳环取代类型的判断等。红外光谱测定对样品无特殊要求,无论气体、液体和固体均可进行测定。

3. 核磁共振谱(nuclear magnetic resonance spectrum,NMR) 核磁共振谱是化合物分子在磁场中受电磁波辐射,有自旋核磁矩的原子核吸收一定的能量产生核自旋能级跃迁而产生核磁共振所获得的图谱。在结构分析中应用的核磁共振谱主要包括核磁共振氢谱(^{1}H-NMR)和核磁共振碳谱(^{13}C-NMR)两类,它们是研究化合物结构、构型、构象、分子动态的重要手段,相比其他光谱,核磁共振谱提供的信息更加丰富,作用最为重要。核磁共振谱已成为现代波谱分析中确定有机化合物结构的主要手段,核磁共振谱通过共振峰化学位移、共振峰强度、共振峰的偶合裂分和偶合常数提供分子结构中有关质子及碳原子的类型、数目、相互连接方式、周围化学环境以及构型、构象等结构信息。尤其是随着超导核磁共振技术的普及、各种二维核磁共振技术、各种同核相关技术(如^{1}H-^{1}H COSY、NOESY 等)以及异核相关技术(如 HMQC、HMBC 等)的不断应用和日趋完善,核磁共振谱具备了灵敏度高、选择性强、用量少及快速、简便的优点,加快了确定化合物结构的速度并提高了结构确证准确性。因此在进行有机化合物的结构测定时,NMR 已经成为现代结构研究中的最强有力的手段。

4. 质谱(mass spectrum,MS) 质谱是利用一定的电离方法将有机化合物分子进行电离、裂解,并将所产生各种离子按照质荷比(m/z)大小顺序排列而成的图谱。质谱图一般以棒图形式表示离子的相对丰度随着离子质荷比的变化,通过分子离子与碎片离子的质荷比及其相对丰度,提供化合物的分子量、元素组成以及分子结构碎片等化学结构信息,是目前确定化合物分子量和分子式最常用的方法,其中运用高分辨质谱还可直接获得化合物的分子式和分子量信息。

例 1-1 用高分辨质谱测得化合物分子离子峰的质量数为 150.1045,该化合物的红外光谱出现羰基吸收峰(1730 cm^{-1}),试确定分子式。

解：若实验误差为±0.006,则分子离子质量的波动范围是150.0985～150.1105,查"质谱用质量与丰度表",质量数在此范围内的分子式如下：

分 子 式	精 确 质 量
$C_3H_{12}N_5O_2$	150.099093
$C_5H_{14}N_2O_3$	150.100435
$C_8H_{12}N_3$	150.103117
$C_{10}H_{14}O$	150.104459

其中，第1个和第3个分子式含奇数个N原子，但其分子离子的质量数为偶数，违反氮律，可排除。该化合物的红外光谱在1730 cm^{-1}有羰基吸收峰，但第2个分子式的不饱和度为零，不可能含羰基，与其红外光谱数据不相符，也应排除。因此所求化合物的分子式只能是第4个分子式，即$C_{10}H_{14}O$。

质谱具有多种离子源，最先采用的是电子轰击离子源(EI-MS)，电子轰击离子源对某些分子量较高、极性较大、挥发性差以及稳定性差的有机化合物而言，往往不能给出分子离子峰，而难以确认化合物的分子量和分子式信息。因此为更好地发挥质谱的结构解析优势，人们又开发了一系列其他软电离方法，如化学电离离子源(CI-MS)、场解析离子源(FD-MS)、激光解析离子源(LD-MS)、快原子轰击离子源(FAB-MS)以及电喷雾离子源(ESI-MS)等软电离技术，从而使绝大多数有机化合物都能给出相对丰度较高的分子离子峰或准分子离子峰，从而快速获知化合物的分子量信息，并结合高分辨质谱中化合物的精确分子质量数，直接确定化合物的分子式。目前国内外普遍应用的电离方法是电喷雾电离和快原子轰击电离，这两种方法已成为确定有机化合物分子量乃至分子式强有力的分析技术。

5. 与绝对构型相关的测定技术 立体结构的测定是手性有机化合物结构测定的重要内容。目前，测定化合物绝对构型常用的方法有化学转化法、旋光比较法、拉曼光谱(ROA)、动力学拆分法、旋光谱(ORD)、圆二色谱(CD)和X射线单晶衍射(XRD)法等方法。

相比较而言，CD和XRD已成为有机化合物特别是天然有机化合物绝对构型测定最重要的手段。CD主要是根据Cotton效应获取化合物绝对构型的信息，主要是依据八区律、螺旋规则、扇形规则以及一些非经验性CD激子手性法等确定有机化合物的绝对构型。XRD则是通过测定化合物单晶的晶体结构，在原子水平上了解晶体中原子的三维空间排列，获得化合物有关键长、键角、扭角、分子构型和构象、分子间相互作用和堆积等大量微观结构信息并研究其规律，从而在不破坏样品的情况下，准确地测定分子的单晶立体结构，因此XRD已成为测定手性碳绝对构型最有效、最便捷的方法。

三、波谱分析样品的准备

在波谱测定之前我们要根据样品的具体情况以及波谱分析测定目的的不同对样品做好相应的准备工作。

样品准备主要包括三个方面：一是准备足够的量，不同的波谱分析方法需要的样品的量是不同的。波谱测试需要样品的量首先决定于所选波谱方法的灵敏度，如紫外光谱测定中一般将样品制成溶液，一般配制100 mL溶液时，需要的样品的质量(m)为$(M_r \times 10^{-6})$～$(M_r \times 10^{-5})$，M_r为样品的分子量；红外光谱测定时需要的样品的质量为1～5 mg，样品可以是固体、气体或液体；^{1}H-NMR测定时一般需要将样品配制成溶液，需要样品2～5 mg；而^{13}C-NMR因为测定灵敏度的原因，需要的样品量一般较大，需要十几毫克甚至几十毫克，而且样品量越大，测定的灵敏度越高；质谱法的灵敏度相对最高，所需的样品量相对最少，固体样品所需质量一般在 1 mg 以下,液体样品只需几十微升即可进行测定。二是样品要具有足够的纯度,进行结构测定的样品纯度要在 95% 以上,因此样品在测定之前要经过柱色谱法纯化。三是样品在测定之前要进行制样处理,样品要制成适当的形式再进行测定。紫外光谱除气体样品可以直接测定外,固体和液体样品一般要配成溶液进行测定;质谱和红外光谱的测定中,固体、气体和液体样品均能直接测定;核磁共振谱的测定中,样品要用氘代溶剂配制成溶液。

在波谱测定中,还需要注意的是,核磁共振谱、红外光谱和紫外光谱的测定不会破坏样品,理论上样品在测定完成后可以回收。但质谱法测定完成后样品已被破坏,不可回收。

本章小结

概　　述	学 习 要 点
波谱分析方法的分类	紫外光谱、红外光谱、核磁共振氢谱、核磁共振碳谱、质谱、CD、ORD 及 X 射线单晶衍射法
波谱分析的基本理论	波粒二象性;分子内部能量的组成——电子能、振动能和转动能;电磁波与对应波谱技术的关系
发展历史	经典化学方法为主的阶段,波谱分析方法为主的阶段
样品的准备	样品的量、样品的纯度和样品的制备

目标检测

1. 简要分析比较紫外光谱、红外光谱、核磁共振氢谱、核磁共振碳谱、质谱的原理及其应用。

2. 简述波谱测定时对样品的基本要求。

3. 简述有机化合物绝对构型测定的基本方法。

4. 简述紫外光谱、红外光谱以及核磁共振谱中各频率区域的对应关系。

目标检测
答案

参 考 文 献

[1] 孔令义.波谱解析[M].2 版.北京:人民卫生出版社,2016.

[2] 吴立军.有机化合物波谱解析[M].3 版.北京:中国医药科技出版社,2009.

[3] Nicolaou K C,Sorensen E J. Classics in total synthesis[M]. Weinheim:VCH,1996.

[4] 柴逸峰,邸欣.分析化学[M].8 版.北京:人民卫生出版社,2016.

[5] 尹华,王新宏.仪器分析[M].2 版.北京:人民卫生出版社,2016.

[6] 宁永成.有机化合物结构鉴定与有机波谱学[M].2 版.北京:科学出版社,2000.

[7] 张华.现代有机波谱分析[M].北京:化学工业出版社,2005.

[8] 冯卫生.波谱解析技术的应用[M].北京:中国医药科技出版社,2016.

(江西中医药大学　韦国兵)

NOTE

第二章　紫外光谱

扫码看课件

案例导入

案例导入
答案解析

学习目标

1. 掌握：紫外光谱的基本原理；物质分子结构与紫外光谱的关系。
2. 熟悉：各种电子跃迁所产生的吸收带及其特征与应用。
3. 了解：各类常见化合物的光谱规律。

　　物质分子吸收一定波长的紫外光时，分子中的价电子从低能级跃迁到高能级而产生的吸收光谱叫紫外光谱（ultraviolet spectrum）。紫外光谱、可见光谱以及利用物质的分子或离子对紫外和可见光的吸收所产生的紫外-可见光谱都属于分子光谱，根据紫外-可见光谱的吸收程度可以对物质的组成、含量和结构进行分析、测定和推断。

　　紫外光谱的波长范围是 $10\sim400$ nm，其中 $10\sim200$ nm 为远紫外区（这种波长的光能够被空气中的氮、氧、二氧化碳和水所吸收，因此只能在真空中进行研究，故这个区域的紫外光谱称为真空紫外区），$200\sim400$ nm 为近紫外区，一般的紫外光谱是指近紫外区。波长在 $400\sim800$ nm 的范围称为可见光区。引起分子电子能级跃迁所吸收的光通常在近紫外区，即 $200\sim400$ nm。

第一节　紫外光谱的基本知识

一、分子轨道

（一）分子轨道的概念

　　分子轨道理论（molecular orbital theory）是美国化学家马利肯（Robert Sanderson Mulliken）和德国化学家洪德（Friedrich Hund）于 1932 年提出的，是化学键理论中有关双原子分子及多原子分子结构的一种近似处理方法。

　　分子轨道理论认为，分子中的电子在整个分子范围内运动，不再从属于某个原子。每个原子的运动状态可以用波函数（Ψ）描述，分子中电子的波函数 Ψ 称为分子轨道。分子轨道是由原子轨道线性组合而成，组合形成的分子轨道数目和组合前的原子轨道数相等。其中，与原子轨道相比能量降低的轨道称为成键轨道（bonding orbit），能量升高的轨道称为反键轨道（antibonding orbit）。

（二）分子轨道的种类

　　最常见的分子轨道为 σ 轨道和 π 轨道。σ 轨道是由原子外层的 s 轨道或 p_x 轨道与 p_x 轨道沿 x 轴靠近时线性组合而成。成键 σ 轨道的电子云呈圆柱形对称，电子云密集于两原子核之间；而反键 σ 轨道的电子云在原子核之间的分布比较稀疏。填充在成键 σ 轨道上的电子称

为成键 σ 电子，而填充在反键 σ 轨道上的电子称为反键 σ 电子。

π 轨道是原子最外层 p_y 轨道或 p_z 轨道沿 x 轴靠近时线性组合形成。成键 π 轨道的电子云不呈圆柱形对称，但有一对称面，在此平面上电子云密度等于零，而对称面的上下空间是电子云分布的主要区域。反键 π 轨道的电子云也有一对称面，但两个原子的电子云互相分离。填充在成键 π 轨道上的电子称为成键 π 电子，而填充在反键 π 轨道上的电子称为反键 π 电子。

在含有氧、氮、硫等原子的有机化合物分子中，如果还有没参与成键的电子对，就称为孤对电子（lone pair electrons）、非键电子（bonding electron）或 n 电子。n 电子所占据的原子轨道称为 n 轨道。

二、电子跃迁类型

由于有机分子组成不同，其所含的价电子类型也不同。大多数有机分子中，主要含有三种价电子，即形成单键的 σ 电子、形成不饱和键的 π 电子及未成键的 n 电子。当分子受到辐射能量照射且辐射能量恰好等于价电子两个能级间的能量差时，分子吸收辐射能量发生能级跃迁。不同的分子轨道能量不同，因此不同化合物产生的电子跃迁类型也不同。主要可分为以下几类。

（一）σ→σ* 跃迁

σ→σ* 跃迁是指位于成键轨道上的 σ 电子吸收光波能量后跃迁到反键 σ* 轨道上。发生 σ→σ* 跃迁需要的能量高，吸收峰在远紫外区，吸收波长小于 150 nm，在 200～400 nm 无吸收，因此一般认为 σ→σ* 跃迁在近紫外区无吸收。饱和烃中的 C—H 单键和 C—C 单键属于这类跃迁。例如甲烷的最大吸收波长 λ_{max} 为 125 nm，乙烷的最大吸收波长 λ_{max} 为 135 nm。

（二）π→π* 跃迁

π→π* 跃迁是指不饱和键中的 π 电子吸收光波能量后跃迁到反键 π* 轨道上。由于 π 键的键能较低，跃迁的能级差较小，吸收峰一般位于 200 nm 以上的近紫外光区，为强吸收带，摩尔吸光系数大于 10^4。孤立双键的 π→π* 跃迁产生的吸收带一般在 200 nm 左右。如乙烯（蒸气）的最大吸收波长 λ_{max} 为 162 nm，丁二烯的最大吸收波长 λ_{max} 为 217 nm。

（三）n→π* 跃迁

n→π* 跃迁是指分子中位于非键轨道上的 n 电子吸收光波能量后向反键 π* 轨道跃迁。当分子中含有 —C=O 、—C=N— 、—C=S 等的化合物，杂原子上的孤对电子分布在非键轨道上，吸收能量后可以跃迁到反键 π* 轨道上，实现 n→π* 跃迁。由于 n 轨道与反键 π* 轨道之间的能差小，吸收近紫外的光子就可以激发。

（四）n→σ* 跃迁

n→σ* 跃迁是指氧、氮、硫、卤素等杂原子位于非键轨道上的 n 电子吸收光波能量后跃迁到反键 σ* 轨道。n→σ* 跃迁需要的能量比 σ→σ* 跃迁小，所以相应的吸收波长较长，一般出现在 200 nm 附近，但受杂原子性质的影响较大。当分子中含有—NH_2、—OH、—SR、—X 等基团时，就能发生这种跃迁。如较小半径的 O、N 原子 n→σ* 跃迁位于 170～180 nm，而较大半径的 S、I 原子 n→σ* 跃迁位于 220～250 nm。

三、电子跃迁选律

根据 Pauli 不相容原理，处于同一分子轨道的两个电子自旋方向相反，用 $+\frac{1}{2}$ 和 $-\frac{1}{2}$ 表示，其自旋量子数之和 $S=0$。自旋多重性 $(2S+1)=1$，称为单重态，用 S（singlet）表示。大多

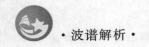
数具有偶数电子的分子(氧分子除外)处于单重态。若受激发电子跃迁过程中自旋方向发生改变,自旋多重性(2S+1)=3,称为激发的三重态,用 T(triplet)表示。第一激发态用 S_1 或 T_1 表示,更高的激发态用 S_2,S_3,S_4…或 T_2,T_3,T_4…表示。S_1 的能量高于 T_1。

激发态分子在高能量态停留的时间很短($10^{-9}\sim10^{-6}$ s),然后放出能量回到低能量状态。能量的释放过程有两种:以非辐射的形式放出能量和以辐射的形式放出能量。

在电子光谱中,电子跃迁的概率有高有低,造成谱带有强有弱。允许跃迁,跃迁概率大,吸收强度大;禁阻跃迁,跃迁概率小,吸收强度小,甚至观测不到。所谓允许跃迁和禁阻跃迁,是将量子理论应用于激发过程所得的选择定则,主要有以下两点。

(一)电子自旋允许跃迁

电子自旋允许跃迁要求在跃迁过程中,电子的自旋方向保持不变。即在激发过程中,电子只能在自旋多重性相同的能级之间发生跃迁,如 $S_0\rightarrow S_1$、$S_0\rightarrow S_2$、$T_1\rightarrow T_2$ 等之间的跃迁为允许跃迁。$S_0\leftrightarrow S_1$ 的跃迁概率大,吸收强,容易发生荧光辐射。但 $S_0\rightarrow T_1$ 属于禁阻跃迁(电子由单重态跃迁到三重激发态,电子的自旋方向发生改变),$T_1\rightarrow S_0$ 也是禁阻跃迁,跃迁概率小。

(二)对称性允许跃迁

分子轨道波函数 Ψ,通过"对称操作",若符号不变,则为对称波函数,标记为 Ψ_g,这种分子轨道称为 g 型轨道。若符号改变,则为反对称波函数,标记为 Ψ_u,这种分子轨道称为 u 型轨道。

允许跃迁要求电子只能在对称性不同的不同能级间进行。g→u 为允许跃迁,g→g、u→u 为禁阻跃迁。所以,$\sigma\rightarrow\sigma^*$ 跃迁、$\pi\rightarrow\pi^*$ 跃迁为允许跃迁,而 $\sigma\rightarrow\pi^*$、$\pi\rightarrow\sigma^*$、$n\rightarrow\pi^*$ 属于禁阻跃迁。

由于理论处理的近似性,禁阻跃迁在某些情况下实际上是可被观察到的,只是吸收强度很弱。这是因为受分子内或分子间的微扰作用等因素的影响,上述某些自旋发生偏移。

对称性强的分子(如苯)在跃迁过程中,可能会出现部分禁阻跃迁,部分禁阻跃迁谱带的强度在允许跃迁和禁阻跃迁两者之间。

四、紫外光谱的基本术语

(一)紫外光谱的表示方法

紫外光谱图又称紫外吸收曲线,是以波长 λ(nm)为横坐标,以吸光度 A 或吸收系数 ε(或 lgε)为纵坐标所绘制的曲线,如图 2-1 所示。紫外光谱图一般可通过紫外分光光度计直接绘制。

吸收峰(λ_{max}):曲线上吸光度最大的地方,其相应的波长为最大吸收波长。

吸收谷(λ_{min}):峰与峰之间吸光度最小的部位,其相应的波长为最小吸收波长。

肩峰(shoulder peak):吸收曲线在下降或上升处有停顿或吸收稍有增加的现象。通常由主峰内藏有其他吸收峰造成。肩峰通常用 sh 或 s 表示。

末端吸收(end absorption):只在图谱短波端呈现强吸收而不形成峰形的部分。

强带和弱带(strong band and weak band):化合物的紫外-可见吸收光谱中,凡 $\varepsilon_{max}>10^4$ 的吸收峰称为强带;凡 $\varepsilon_{max}<10^2$ 的吸收峰称为弱带。但在实际应用中,很少用紫外光谱图直接表示,多用数据表示,即以最大吸收波长和最大吸收峰所对应的摩尔吸收系数 ε 或 lgε 表示,如 $\lambda_{max}^{溶剂}=245$ nm,lgε=4.5。

(二)生色团

生色团是指分子中可以吸收光子而产生电子跃迁的原子或基团。人们也将能产生紫外-

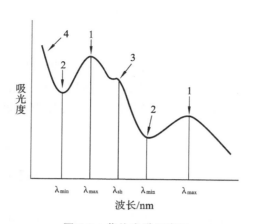

图 2-1   紫外光谱示意图

1.吸收峰；2.吸收谷；3.肩峰；4.末端吸收

可见吸收的原子基团统称为生色团。常见生色团的紫外吸收见表 2-1。

表 2-1   常见生色团的紫外吸收

生色团	化合物	溶剂	λ_{max}/nm	ε_{max}	跃迁类型
C=C	1-己烯	庚烷	180	12500	$\pi \leftrightarrow \pi^*$
C≡C	1-丁炔	蒸气	172	4500	$\pi \leftrightarrow \pi^*$
C=O	乙醛	蒸气	289	12.5	$n \leftrightarrow \pi^*$
			182	10000	$\pi \leftrightarrow \pi^*$
	酮	环己烷	275	22	$n \leftrightarrow \pi^*$
			190	10000	$\pi \leftrightarrow \pi^*$
COOH	乙酸	乙醇	204	41	$n \leftrightarrow \pi^*$
COOR	乙酸乙酯	水	204	60	$n \leftrightarrow \pi^*$
COCl	乙酰氯	戊烷	240	34	$n \leftrightarrow \pi^*$
CONH₂	乙酰胺	甲醇	205	160	$n \leftrightarrow \pi^*$
NO₂	硝基甲烷	乙烷	279	15.8	$n \leftrightarrow \pi^*$
			202	4400	$\pi \leftrightarrow \pi^*$
—N=N—	偶氮甲烷	水	343	25	$n \leftrightarrow \pi^*$
			254	205	$\pi \leftrightarrow \pi^*$
	苯	甲醇	203.5	7400	$\pi \leftrightarrow \pi^*$

（三）助色团

助色团是指含有非键电子的杂原子不饱和基团,当它们与生色团或饱和烃基相连时,能使该生色团或饱和烃基的吸收波长向长波长方向移动,并使吸收强度增强,如—OH、—OR、—NHR、—SH、—Cl、—Br、—I 等。例如,氯乙烯的 λ_{max} 为 185 nm,1,1-二氯乙烯的 λ_{max} 为 192 nm,三氯乙烯的 λ_{max} 为 195 nm。

（四）红移与蓝移

红移(red shift)是指由于化合物结构改变,如发生共轭作用、引入助色团,以及溶剂极性改变等,吸收峰向长波长方向移动的现象,亦称长移。

蓝移(blue shift)是指由于化合物结构改变或溶剂极性改变等,吸收峰向短波长方向移动

NOTE

的现象,亦称为紫移或短移。

(五)增色效应与减色效应

增色效应(hyperchromic effect)是指由于化合物结构改变或受其他因素如溶剂极性的影响,吸收强度增强的现象,又称为浓色效应;反之使吸收强度减弱的现象称为减色效应(hypochromic effect)或淡色效应。一般来说,红移的同时伴随增色效应,蓝移的同时伴随减色效应。

(六)强带与弱带

强带是指在紫外光谱中 $\varepsilon_{max} > 10^4$ 的吸收带,ε_{max} 小于 10^2 的吸收带称为弱带。

(七)吸收带类型

吸收带(absorption band)是吸收峰在紫外-可见光谱中的位置。通常根据分子轨道和电子跃迁类型的不同,吸收带(或称吸收峰)分为四种。

1. R 带 R 带以德文 Radikalartig(基团)得名,是 $n \rightarrow \pi^*$ 跃迁所产生的吸收带,是含杂原子的不饱和基团(如 C═O、—N═O、—NO$_2$、—N═N—等发色基团)的特征吸收带。它的特点是处于较长波长范围(250~500 nm),吸收强度很弱,ε_{max} 一般在 100 以内,并且随着溶剂极性增强,R 带向短波长方向移动。

2. K 带 K 带以德文 Konjugierte(共轭作用)得名,是共轭双键的 $\pi \rightarrow \pi^*$ 跃迁所产生的吸收带,其吸收峰在 200 nm 以上,属于强吸收,ε_{max} 一般在 10000 以上。而且随着共轭双键的增加,吸收带进一步发生红移,吸收强度也随之增加。如 1,3-丁二烯(CH_2═HC—CH═CH_2)的 λ_{max} 为 217 nm,ε_{max} 为 21000。

3. B 带 B 带以 Benzenoid(苯的)得名,是芳香族(包括杂环芳香族)化合物的特征吸收带,是由芳香苯环的 $\pi \rightarrow \pi^*$ 跃迁所引起的。苯蒸气的 B 带在 210~270 nm,为一宽峰,并表现出精细结构。在极性溶剂中,精细结构消失,B 带表现为一个宽峰,其重心在 256 nm 左右,ε_{max} 约为 220,如图 2-2 所示。

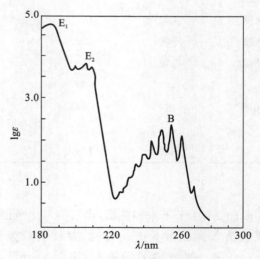

图 2-2 苯的紫外光谱图

4. E 带 E 带以英文 Ethylenic(乙烯的)得名。E 带也是芳香族化合物的特征吸收带,是苯环中三个乙烯组成的环状共轭系统所形成的,为 $\pi \rightarrow \pi^*$ 跃迁吸收带。E 带又分为 E$_1$ 和 E$_2$ 两个吸收带。E$_1$ 带的吸收峰出现在 184 nm,ε_{max} 约为 60000;E$_2$ 带的吸收峰出现在 204 nm,ε_{max} 约为 7900。当苯环上有发色基团取代并和苯环共轭时,E 带和 B 带均发生红移,此时 E$_2$ 带又称为 K 带。当苯环被助色团(如—Cl、—OH 等)取代时,E$_2$ 带产生红移,但波长一般不超过 210 nm。

五、影响紫外光谱吸收带的主要因素

紫外光谱属于分子光谱,吸收带的位置容易受到分子结构和测定条件等多种因素的影响,而使吸收波长在较宽的波长范围内波动。虽然影响因素有多种,但核心影响因素是分子中电子共轭结构。

(一)共轭效应对 λ_{max} 的影响

在不饱和化合物中形成共轭体系使吸收带发生红移。具有共轭双键的化合物,相间的两个 π 轨道发生相互作用,键能平均化,形成一套新的分子轨道即新的成键轨道和反键轨道,如图 2-3 所示。因此从最高占据分子轨道(highest occupied molecular orbital,HOMO,成键轨道)向最低未占据分子轨道(lowest unoccupied molecular orbital,LUMO,反键轨道)发生跃迁所需能量降低,吸收峰向长波长方向移动。如从乙烯变成 1,3-丁二烯时,原烯基的两个能级各自分裂为两个新的能级,电子容易激发,在原有的 $\pi \rightarrow \pi^*$ 跃迁的长波长方向出现新的吸收带。所以,吸收峰发生红移,吸收强度增加。共轭双键越多,$\pi \rightarrow \pi^*$ 跃迁所需能量进一步减小,吸收峰进一步红移,当有 5 个以上的共轭双键时,吸收带甚至落在可见光区,如图 2-4 所示。

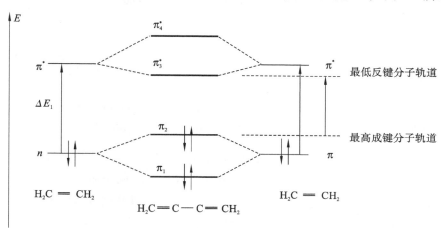

图 2-3 共轭体系的形成对能级跃迁所需能量的影响示意图

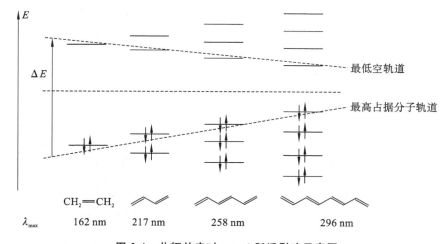

图 2-4 共轭效应对 $\pi \rightarrow \pi^*$ 跃迁影响示意图

（二）立体效应（steric effect）对 λ_{max} 的影响

1. 空间位阻对 λ_{max} 的影响 分子中形成共轭体系的各生色团及助色团之间都处于同一个平面上时，共轭效应增强，吸收带的峰值及摩尔吸收系数均最大。若各生色团及助色团之间太拥挤，会使基团之间的共平面性受到影响，共轭程度降低，λ_{max} 减小。

如下面三个 α-二酮，除 $n \rightarrow \pi^*$ 跃迁产生的吸收带（275 nm）外，存在一个由羰基间相互作用引起的弱吸收带，该吸收带的波长位置与羰基间的二面角有关，因为二面角的大小影响了两个羰基之间的有效共轭程度。当二面角越接近 0° 或 180° 时，羰基的两个双键越接近处于共平面，吸收波长越长；当二面角接近 90° 时，双键的共平面性越差，波长越短。

Ψ	$0° \sim 10°$	$90°$	$180°$
λ_{max}	466 nm	370 nm	490 nm

λ_{max}	245 nm	253 nm	237 nm	231 nm	227 nm（肩峰）
ε_{max}	17000	19000	10250	5600	—

2. 顺反异构对 λ_{max} 的影响 顺反异构指双键或环上取代基在空间排列不同而形成的异构体。顺反异构体的紫外光谱有明显差别，一般反式异构体空间位阻较小，键的张力较小，能有效形成共轭，$\pi \rightarrow \pi^*$ 跃迁所需能量较小，λ_{max} 位于长波长端，吸收强度也较大。

如反-二苯乙烯在乙醇溶液中出现 3 个吸收带，$\lambda_{max}(\varepsilon_{max})$：210.5(23900)，236(10400)，320.5(16000)。顺-二苯乙烯在乙醇溶液中仅出现 2 个吸收带，224 nm 和 280 nm，这是由于反式比顺式更加有效共轭。若 α-甲基取代时，反式吸收带比顺式吸收带更位于长波长端，但 α，α'-二甲基取代时，反式比顺式的吸收峰更位于较短波长端，这是由于这类化合物顺式更有利于共轭。

反-二苯乙烯   顺-二苯乙烯

3. 跨环效应对 λ_{max} 的影响 跨环效应指两个非共轭的发色团，由于空间的特殊排列方式而相互作用。由于跨环效应使非共轭发色团的电子轨道相互作用，其电子云仍能相互影响，使 λ_{max} 和 ε_{max} 发生改变。

如下面两个化合物，化合物 1 的两个双键虽然不共轭，由于在环状结构中，C═C 双键的 π 电子与羰基的 π 电子有部分重叠，羰基的 $n \rightarrow \pi^*$ 跃迁吸收发生红移，吸收强度也增加。

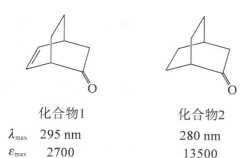

化合物1   化合物2

λ_{max} 295 nm   280 nm

ε_{max} 2700   13500

（三）基团取代对 λ_{max} 的影响

基团取代,如助色团不仅能使生色团吸收带的最大吸收波长 λ_{max} 发生移动,并且可以增加其吸收强度。助色团对不同的电子跃迁产生的紫外吸收的影响是不一样的。如—OH、—NH_2 等含有共用电子对的基团能使烯烃和苯环的 $\pi \rightarrow \pi^*$ 跃迁吸收发生红移,但是对于羰基的 $n \rightarrow \pi^*$ 跃迁,这些基团或烷基使其发生蓝移。如苯环或烯烃上的 H 被各种取代基取代,多产生红移。

（四）溶液 pH 值对 λ_{max} 的影响

在测定酸性、碱性或两性物质时,溶剂的 pH 值对吸收波长具有较大影响。如酚类化合物和苯胺类化合物,由于体系 pH 值的不同,其解离情况也不同,从而导致共轭系统的变化,产生不同的紫外光谱。

λ_{max} 210.5 nm,270 nm   235 nm,287 nm λ_{max} 280 nm   254 nm

（五）溶剂极性对 λ_{max} 的影响

溶剂的选择对紫外光谱的测定具有重要意义。首先溶剂与样品之间不能发生相互作用,且溶剂对样品具有较好的溶解性;其次溶剂本身在测定波长范围内无吸收;最后溶剂不具有腐蚀性。常用的溶剂有环己烷、95%乙醇、甲醇等。常用溶剂的波长极限如表 2-2 所示。

表 2-2　紫外光谱测定法常用溶剂的波长极限

溶　剂	波长极限/nm	溶　剂	波长极限/nm
乙醚	210	2,2,4-三甲基戊烷	220
环己烷	210	甘油	230
正丁醇	210	1,2-二氯乙烷	233
水	210	二氯甲烷	235
异丙醇	210	三氯甲烷	245
甲醇	210	乙酸乙酯	260
甲基环己烷	210	甲酸乙酯	260
乙腈	210	甲苯	285
乙醇	215	吡啶	305
1,4-二氧六环	220	丙酮	330
正己烷	220	二硫化碳	380

17

1. 对 $\pi \rightarrow \pi^*$ 跃迁的影响 随着溶剂极性增加，$\pi \rightarrow \pi^*$ 跃迁吸收峰向长波长方向移动（红移），如图 2-5 所示。溶剂极性可以通过影响基态或激发态的能级的变化而影响吸收波长的变化。在 $\pi \rightarrow \pi^*$ 跃迁中，分子激发态的极性大于基态，激发态与极性溶剂的作用强度大于基态与极性溶剂的作用强度，即 π^* 轨道能量降低程度大于 π 轨道能量降低程度，因此溶剂极性增强，跃迁所需能量较小，吸收波长发生红移。因此 $\pi \rightarrow \pi^*$ 跃迁产生的吸收峰随溶剂极性的增加而向长波长方向移动。

2. 对 $n \rightarrow \pi^*$ 跃迁的影响 溶剂极性增大，$n \rightarrow \pi^*$ 跃迁吸收峰向短波长方向移动（蓝移），如图 2-6 所示。在 $n \rightarrow \pi^*$ 跃迁中，分子的基态极性大于激发态，极性溶剂与极性分子的激发态形成氢键的能力不如基态与极性溶剂形成氢键的能力，因此基态能量降低大于激发态，$n \rightarrow \pi^*$ 跃迁所需能量增大。所以极性溶剂使 $n \rightarrow \pi^*$ 跃迁吸收带蓝移。

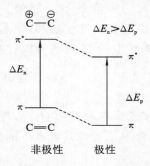

图 2-5 溶剂极性对 $\pi \rightarrow \pi^*$ 跃迁的影响

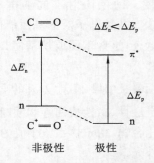

图 2-6 溶剂极性对 $n \rightarrow \pi^*$ 跃迁的影响

六、影响紫外光谱吸收强度的主要因素

在紫外光谱中，通常用摩尔吸光系数 ε 的大小表示紫外光谱的相对吸收强度。根据摩尔吸光系数 ε 的大小，通常将吸收带分为以下几类。

$\varepsilon_{max} > 10000 (\lg\varepsilon > 4)$ 很强吸收

ε_{max} 为 $5000 \sim 10000$ 强吸收

ε_{max} 为 $200 \sim 5000$ 中等吸收

$\varepsilon_{max} < 200$ 弱吸收

（一）跃迁概率对 ε_{max} 的影响

由电子跃迁旋律可知，若发生跃迁的两个能级之间的跃迁根据跃迁旋律是允许的，则跃迁概率大，其吸收强度大；若该跃迁为禁阻跃迁，则其跃迁概率小，吸收带吸收强度弱甚至观察不到吸收信号。如 $\pi \rightarrow \pi^*$ 属于允许跃迁，其吸收带为强吸收。$n \rightarrow \pi^*$ 为禁阻跃迁，其吸收强度很弱，其 ε_{max} 通常在 100 以内，但在实际测定时是可以被观察到的。

（二）靶面积对 ε_{max} 的影响

一般而言，化合物靶面积越大，与光粒子相互作用时，越容易与光粒子发生相互作用，其吸收强度越大。因此，发色团共轭体系越长或共轭链越长，ε_{max} 越大，吸收强度越大。

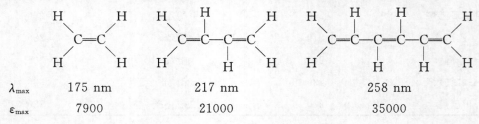

λ_{max}	175 nm	217 nm	258 nm
ε_{max}	7900	21000	35000

第二节 紫外光谱与分子结构的关系

一、非共轭有机化合物的紫外光谱

（一）饱和烷烃

烷烃中只有 σ 键和 σ 电子，所以只有 $\sigma \to \sigma^*$ 一种电子跃迁。因此这类化合物在 $200 \sim 400\ nm$ 范围内无吸收，在紫外光谱分析中常用作溶剂，如正己烷、环己烷等。

（二）含杂原子的饱和化合物

醇、醚、胺、硫化物、卤化物等含有杂原子的饱和化合物，由于这类化合物中有 n 电子，n 电子较 σ 键易于激发，除了 $\sigma \to \sigma^*$ 电子跃迁外，还能产生 $n \to \sigma^*$ 跃迁，其所需能量较低，吸收峰向长波长方向移动，但大多数情况下，它们在近紫外区无明显吸收。如甲烷跃迁范围一般在 $125 \sim 135\ nm$，碘甲烷的吸收峰则在 $259\ nm$ 处（$n \to \sigma^*$ 跃迁）。随着同一碳原子上所连杂原子数目增多，λ_{max} 向长波长方向移动。如 CH_3Cl 的 λ_{max} 为 $173\ nm$，CH_2Cl_2 的 λ_{max} 为 $220\ nm$，$CHCl_3$ 的 λ_{max} 为 $237\ nm$，CCl_4 的 λ_{max} 为 $257\ nm$，如表 2-3 所示。

表 2-3 典型含杂原子饱和化合物的特征吸收

化合物	溶剂	λ_{max}/nm	$\varepsilon_{max}/(L \cdot mol^{-1} \cdot cm^{-1})$
CH_3OH	己烷	177	200
CH_3Cl	己烷	173	200
CH_3Br	庚烷	202	264
CH_3I	庚烷	257	387
CH_3NH_2	气态	174	2200
		215	600
$(CH_3)_3N$	气态	199	4000
		227	900
CH_3SCH_3	乙醇	210	1020
		229	140

（三）非共轭的烯烃和炔烃及其衍生物

在不饱和化合物中，孤立 $\pi \to \pi^*$ 跃迁产生的吸收带波长虽然大于 $\sigma \to \sigma^*$ 跃迁，但仍落在远紫外区。如乙烯的吸收峰在 $165\ nm$ 处，乙炔的吸收峰在 $173\ nm$ 处。所以 C=C 、—C≡C— 虽然为生色团，但当它们不处于共轭体系时，在近紫外区没有吸收。当此类化合物中含 O、N、S、X 等杂原子时，杂原子相当于碳碳双键与碳原子直接相连，将形成 p-π 共轭，吸收带 λ_{max} 发生红移。

二、共轭烯类化合物的紫外光谱

含碳碳双键的烯烃分子，如果双键和单键是相互交替排列的，相间的 π 键与 π 键相互作用，产生 π-π 共轭效应，称为共轭烯烃。共轭烯烃可以用 $R—(CH=CH)_n—R'$ 通式来表示。共轭烯烃产生的紫外吸收峰位置一般处在 $217 \sim 280\ nm$ 范围内，即前面提到的 K 带，吸收强度大,摩尔吸光系数通常在 $1 \times 10^4 \sim 2 \times 10^5$ 之间。K带的最大吸收波长和强度与共轭体系的数目、位置,取代基的种类等都有关,见表2-4。共轭链越长,红移越显著,甚至会产生颜色。

表 2-4　典型共轭多烯紫外光谱特征

n 值	化　合　物	λ_{max}/nm	$\varepsilon_{max}/(L \cdot mol^{-1} \cdot cm^{-1})$	颜　色
1	乙烯	165	10000	无色
2	丁二烯	217	21000	无色
3	己三烯	258	35000	无色
4	二甲基辛四烯	296	52000	无色
5	癸五烯	335	118000	浅黄色
8	二氢-β-胡萝卜素	415	210000	橙色
11	番茄红素	470	185000	红色
15	去氢番茄红素	547	150000	紫色

(一) 短链共轭烯烃的 Woodward-Fieser 规则

对 2~4 个双键共轭的烯烃及其衍生物 K 带的最大吸收波长可以用 Woodward-Fieser 规则进行计算,如表 2-5 所示。该经验方法的基本规则如下:以 1,3-丁二烯为母体,其最大吸收波长 217 nm 为基本值,然后将结构改变部分对吸收波长的贡献——加上。

表 2-5　共轭烯烃吸收带波长的计算方法

取 代 基 团	对吸收带波长的贡献/nm
1,3-丁二烯	217
同环二烯	36
烷基(环烷基)取代基	5
环外双键	5
延长共轭双键	30
—OCOR	0
—OR	6
—SR	30
—Cl,—Br	5
—NR$_1$R$_2$	60

应用 Woodward-Fieser 规则计算共轭烯类化合物的 λ_{max} 时应注意以下几点。

(1) 该规则只适用于共轭短烯如共轭二烯、三烯和四烯,不适用于芳香系统 λ_{max} 的计算。

(2) 当结构中有两个或两个以上共轭体系时,选择较长共轭体系为母体进行计算。

(3) 在交叉共轭体系(crossed conjugated system)中,只能选取一个共轭键,分叉上的双键不算扩展双键,并且选择较长共轭体系作为母体进行计算。

(4) 共轭体系中的所有取代基及所有的环外双键均应考虑在内。

(5) 同环二烯与异环二烯共存时,按同环二烯计算。

计算实例:

(1) 　　　　　　　　　　$217 + 2 \times 5 = 227$ nm(实测值 226 nm)

(2) 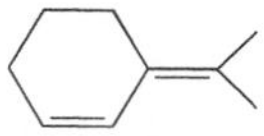 　　　217＋4×5＋5＝242 nm(实测值 242 nm)

(3) 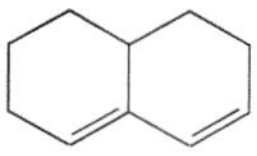 　　　217＋3×5＋5＝237 nm

(4) 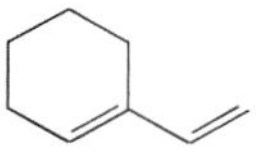 　　　217＋2×5＝227 nm

(5) 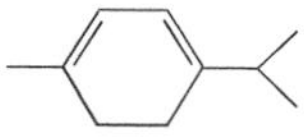 　　　253＋4×5＝273 nm

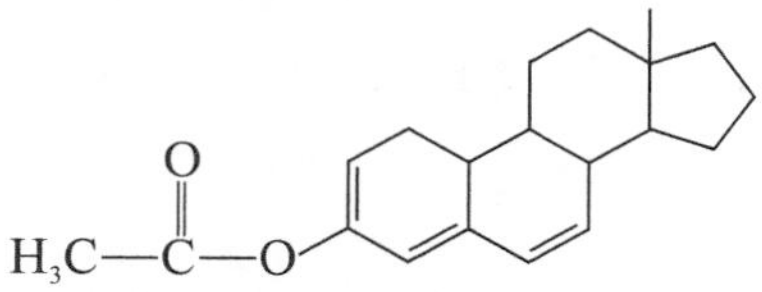

　　当有多个母体可供选择时,应优先选择波长较长的共轭体系作为母体,此例中选同环二烯作为母体,而不选异环双烯作为母体。

同环双烯	253
一个延伸双键	30
三个取代基	3×5
一个环外双键	5
一个酰氧基	0

(6)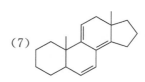

303 nm(实测值 304 nm)

　　交叉共轭体系只能选取一个共轭链,分叉上的双键不能称为延伸双键,其取代基也不计算在内。交叉共轭体系计算值与实验值误差也比较大。

同环双烯	253
五个取代基	5×5
三个环外双键	3×5

(7)

293 nm(实测值 285 nm)

　　共轭体系的所有取代基及所有的环外双键均应考虑在内,所以 C_{10} 应看作两个取代烃基,计算两次。

同环双烯	253
环外双键	3×5
延伸双键	2×30
取代基	5×5

(8)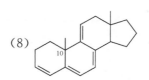

353 nm

（二）共轭长链烯烃的 Fieser-Kuhn 公式

超过四烯的共轭多烯体系，其 K 带的 λ_{max} 及 ε_{max} 不再采用 Woodward-Fieser 规则计算，而采用 Fieser-Kuhn 公式计算。

$$\lambda_{max} = 114 + 5M + n(4 - 1.7n) - 16.5R_{endo} - 10R_{exo}$$

$$\varepsilon_{max} = 1.74 \times 10^4 \times n$$

式中：M 为烷基取代基数；n 为共轭双键数；R_{endo} 为具有环内双键的环数；R_{exo} 为具有环外双键的环数。

例 2-1 计算全反式 β-胡萝卜素的 λ_{max} 和 ε_{max}，其结构如下所示。

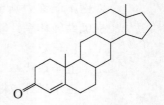

解：$M = 10$，$n = 11$，$R_{endo} = 2$，$R_{exo} = 0$

$\lambda_{max} = 114 + 5 \times 10 + 11 \times (4 - 1.7 \times 11) - 16.5 \times 2 = 453.3$ （实测值 452 nm，已烷）

$\varepsilon_{max} = 1.74 \times 10^4 \times n = 1.74 \times 10^4 \times 11 = 1.91 \times 10^5$ （实测值 1.52×10^5，已烷）

三、共轭烯酮(醛)的紫外光谱

共轭烯酮(醛)类化合物可以用 $R—(CH =CH)_n—CO—R'(H)$ 通式来表示，它们通常含有共轭 π 键和羰基，共轭作用使得 π→π* 跃迁和 n→π* 跃迁需要的能量都降低，K 带和 R 带的最大吸收波长均发生红移。例如胆甾酮，结构如下所示，在已烷溶液中的紫外-可见吸收光谱表现出两个最大吸收波长：一个在 230 nm 处，吸收强度大于 10^4，属于 π→π* 跃迁（K 带）；另一个在 329 nm 处，吸收强度小于 100，属于 n→π* 跃迁（R 带）。

胆甾酮结构式

当烯酮(醛)中共轭 π 键延长时，K 带的最大吸收波长的移动和共轭烯烃类似。表 2-6 列出了不同 n 值时烯醛 K 带的最大吸收波长变化。

表 2-6 不同 n 值时烯醛 K 带的最大吸收波长变化

化 合 物	λ_{max}/nm
$CH_3CH =CHCHO$	217
$CH_3(CH =CH)_2CHO$	270
$CH_3(CH =CH)_3CHO$	312
$CH_3(CH =CH)_4CHO$	343
$CH_3(CH =CH)_5CHO$	370

共轭不饱和羰基化合物的 K 带 λ_{max} 可用 Woodward-Fieser 规则计算，其计算方法与共轭短烯相似，如表 2-7 所示。

表 2-7 不饱和醛、酮、酸、酯的 λ_{max} 经验参数（Woodward-Fieser 规则）

官 能 团		λ_{max}
基数：		
烯酮（开链或大于五元环酮）		215 nm
五元环烯酮		202 nm
α, β-不饱和醛		210 nm
α, β-不饱和酸和酯		195 nm
增值：		
延伸一个共轭双键		+30 nm
烷基或环烷基		
α-		+10 nm
β-		+12 nm
γ-和 γ-以上		+18 nm
极性基团　—OH		
	α-	+35 nm
	β-	+30 nm
	γ-	+50 nm
—OAc	α, β, γ-	+6 nm
—OR		
	α-	+35 nm
	β-	+30 nm
	γ-	+17 nm
	δ-	+31 nm
—SR	β-	+85 nm
—Cl	α-	+15 nm
	β-	+12 nm
—Br	α-	+25 nm
	β-	+30 nm
—NR$_2$	β-	+95 nm
环外双键		+5 nm
同环共轭双键		+39 nm
溶剂校正：		
1,4-二氧六环		+5 nm
乙醚		+7 nm
己烷		+11 nm
甲醇		0
氯仿		+1 nm
水		−8 nm
环己烷		+11 nm
乙醇		0

应用 Woodward-Fieser 规则计算不饱和醛、酮、酸、酯的 λ_{max} 应注意以下几点。

(1) 共轭不饱和羰基化合物碳原子的编号为 $—^{\delta}C\!\!=\!\!^{\gamma}C\!\!—\!\!^{\beta}C\!\!=\!\!^{\alpha}C\!\!—\!\!C\!\!=\!\!O$ 。

(2) 环上羰基不作为环外看待。

(3) 有两个共轭不饱和羰基时,应优先选择波长较大的为母体进行计算。

(4) 共轭不饱和羰基化合物 K 带 λ_{max} 受溶剂极性的影响较大,计算结果需要进行溶剂校正。

例 2-2 计算地奥酚 K 带的 λ_{max}。

解:

	母体基本值　215 nm
	OH 取代 α 位 1 个　35 nm
	烷基取代 β 位 2 个　2×12 nm

λ_{max} 计算值　274 nm　（在乙醇中实测值 270 nm）

四、芳香化合物的紫外光谱

芳香化合物在紫外光谱中有三个吸收带,即 E_1 带、E_2 带和 B 带,都是由 $\pi\rightarrow\pi^*$ 跃迁所引起的吸收带,E_1 带在 184 nm 处($\varepsilon=60000$)有强吸收,E_2 带在 204 nm($\varepsilon=7900$)处有中强吸收,B 带在 230~270 nm($\varepsilon=204$)范围内表现为精细结构,但 B 带吸收强度较弱。其中 E_1 带因在远紫外区,一般不讨论。当苯环含有取代基时,E_2 带和 B 带的吸收峰将发生变化,取代基类型不同,对吸收带的影响也不同。

(一) 单取代苯

1. 烷基取代苯　烷基对苯环电子结构产生很小的影响。由于超共轭效应,一般导致 E_2 带和 B 带红移。同时 B 带的精细结构特征有所降低。如甲苯,E_2 带最大吸收峰 208 nm(7900),B 带最大吸收峰 262 nm(260)。

2. 助色团取代苯　含有未成键电子对的助色团(—OH、—OR、—NH₂、—NR₂、—X 等)与苯相连时,产生 p-π 共轭,使 E_2 带、B 带最大吸收峰均红移。B 带吸收强度增大,精细结构消失。若助色团为强推电子基,B 带的变化更为显著。如苯胺水溶液,E_2 带 230 nm(8600),B 带 280 nm(1450)。不同助色团的红移顺序为—NH₃⁺ < —CH₃ < —Cl,—Br < —OH < —OCH₃ < —NH₂ < SH,O⁻ < —N(CH₃)₂。

3. 生色团取代苯　含有 π 键的生色团(—C＝C—、—C＝O、—N＝O)与苯相连时,π-π 共轭,产生更大的共轭体系,在 200~250 nm 范围出现 E_2 带($\varepsilon>10^4$),同时 B 带也产生较大红移。不同生色团的红移顺序为—SO₂NH₂ < —COO⁻,—CN < —COOH < —COCH₃ < —CHO < —Ph < —NO₂,见表 2-6。若取代基是含有 n 电子的生色团,谱图中还会出现低强度的 R 吸收,较 B 带红移。如苯乙酮的 B 带 278 nm,R 带 319 nm,在极性溶剂中,R 带有可能被 B 带掩盖。

表 2-8　单取代苯的最大特征吸收峰

取代基	E₂ 带 λmax/nm	εmax/ (L·mol⁻¹·cm⁻¹)	B 带 λmax/nm	εmax/ (L·mol⁻¹·cm⁻¹)	溶剂
—H	203.5	7400	254	204	甲醇
—NH₃⁺	203	7500	254	160	酸性水溶液

NOTE

续表

取代基	E$_2$ 带 λ$_{max}$/nm	ε$_{max}$/ (L·mol^{-1}·cm^{-1})	B 带 λ$_{max}$/nm	ε$_{max}$/ (L·mol^{-1}·cm^{-1})	溶剂
—CH$_3$	206	7000	261	225	甲醇
—Cl	210	7600	265	240	乙醇
—OH	210.5	6200	270	1450	水
—OCH$_3$	217	6400	269	1480	2%甲醇
—NH$_2$	230	8600	280	1430	
—SH	236	10000	269	700	己烷
—ONa	236.5	6800	292	2600	碱性水溶液
—OPh	255	11000	272	2000	环己烷
—N(CH$_3$)$_2$	250	13800	296	2300	庚烷
—COO$^-$	224	8700	268	560	
—COOH	230	10000	270	800	
—COCH$_3$ *	240	13000	278	1100	乙醇
—CHO**	240	15000	280	1500	乙醇
—C$_6$H$_5$	246	20000	被掩盖		乙醇
—NO$_2$ ***	252	10000	280	1000	己烷
—CH=CHPh(cis)	283	12300	被掩盖		乙醇
—CH=CHPh(trans)	295	25000	被掩盖		乙醇

注:n→π* 跃迁,R 带: * 319(50), ** 328(20), *** 330(125)。

在碱性溶液中,苯酚转化为苯氧负离子,助色效应增强,较苯酚最大吸收峰红移,加入盐酸又恢复到苯酚的吸收带;在酸性溶液中,苯胺分子中—NH$_2$ 以—NH$_3^+$ 形式存在,p-π 共轭消失,与苯胺相比最大吸收峰蓝移,加碱又恢复到苯胺的紫外吸收带。

（二）二取代苯

二取代苯最大吸收峰与两个取代基的类型及其相对位置有关,规则如下。

（1）当两个取代基均为吸电子取代基或供电子取代基时,其对 λ$_{max}$ 的影响与两个取代基的相对位置无关,而且一般不超过单取代基时 λ$_{max}$ 的较大者。如:

	COOH	NO$_2$	COOH	COOH	COOH NO$_2$
λ$_{max}$	230 nm	265 nm	268 nm	255 nm	255 nm
ε$_{max}$	11600	7800	11000	7600	347

（2）当一个吸电子取代基（如—NO$_2$、—C=O）和一个供电子取代基（—OH、—OCH$_3$、—X）相互处于（在苯环）对位时,由于两个取代基效应相反,产生协同作用,故 λ$_{max}$ 产生显著的红移,且吸收带 λ$_{max}$ 远大于两者单取代时的 λ$_{max}$。如:

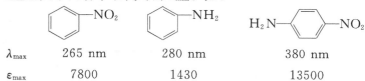

	NO$_2$	NH$_2$	H$_2$N—NO$_2$
λ$_{max}$	265 nm	280 nm	380 nm
ε$_{max}$	7800	1430	13500

NOTE

（3）当一个吸电子取代基（如—NO$_2$、—C$=$O）和一个供电子取代基（—OH、—OCH$_3$、—X）相互处于（在苯环）邻位、间位时，二取代物的吸收光谱 λ_{max} 与单取代物时 λ_{max} 的区别很小。如：

λ_{max}	282.5 nm	280 nm
ε_{max}	5400	4800

（三）多取代苯

多取代苯化合物中，取代基的类型及其相对位置对其紫外光谱的影响比二取代苯更加复杂，空间位阻对吸收光谱 λ_{max} 也影响较大。

对于 R—C$_6$H$_4$COX 型苯的多取代衍生物，其紫外吸收 K 带 λ_{max} 按照 Scott 规则进行计算，其计算方法见表 2-9。

表 2-9　计算 R—C$_6$H$_4$COX 型苯的多取代衍生物 K 带 λ_{max} 的 Scott 规则

基本值	位置	λ_{max}/nm
X＝烷基或环烷基		246
X＝H		250
X＝OH 或 OR		230
X＝CN		224
增加值		
R＝烷基或环烷基	邻-,间-	3
	对-	10
R＝OH,OR	邻-,间-	7
	对-	25
R＝O$^-$	邻-	11
	间-	20
	对-	78
R＝Cl	邻-,间-	0
	对-	10
R＝Br	邻-,间-	2
	对-	15
R＝NH$_2$	邻-,间-	13
	对-	58
R＝NHAc	邻-,间-	20
	对-	45
R＝NHMe	邻-,间-,对-	73
R＝NMe$_2$	邻-,间-	20
	对-	85

例 2-3　计算下列化合物的 λ_{max}。

解：

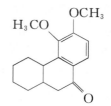

母体基本值　246 nm
邻位环残基　3 nm
间位—OCH₃ 取代　7 nm
对位—OCH₃ 取代　25 nm

λ_{max}计算值　281 nm　（实测值 278 nm）

（四）稠环芳香化合物

一类如萘、蒽等为线形稠环体系的分子，对称性较强，一般表现为苯的三个典型谱带。与苯相比，这三个谱带都强烈红移而产生明显的振动精细结构，随着环的增加逐渐可达可见光区。另一类如菲等角形稠环体系分子，也可表现出三个典型的苯谱带，与苯相比都出现在长波区。这类吸收谱线较复杂，在 E 带以外的短波区出现新的谱带，见表 2-10 和图 2-7。由于稠环芳香化合物的芳烃母体较大，取代基效应相应地显得很小，所以稠环芳烃衍生物的吸收光谱与其母体相似。

表 2-10　典型稠环芳烃的紫外吸收

化合物	环数	E₁ λ_{max}/nm	E₁ ε_{max}/(L·mol⁻¹·cm⁻¹)	E₂ λ_{max}/nm	E₂ ε_{max}/(L·mol⁻¹·cm⁻¹)	B λ_{max}/nm	B ε_{max}/(L·mol⁻¹·cm⁻¹)	溶剂
苯	1	189	55000	203	7400	254	205	水
萘	2	220	100000	275	10000	310	650	乙醇
蒽	3	251	200000	355	7500	—	—	甲醇-乙醇
并四苯	4	274	350200	471	12500	—	—	乙醇
并五苯	5	303	160000	528	6000	428	700	三氯苯
菲	3	251	90000	292	20000	345	390	甲醇-乙醇
䓛	4	267	160000	306	15500	360	1000	乙醇

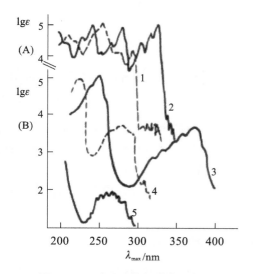

图 2-7　几种稠环芳烃的紫外光谱
1.菲；2.䓛；3.蒽；4.萘；5.苯

NOTE

27

（五）杂芳环化合物

五元杂环芳香化合物分子中杂原子(O、N、S)上未成键电子对参与了芳环共轭,故这类化合物常不显示 n→π* 吸收带。在乙醇溶剂中测得最大吸收峰为呋喃 208 nm,吡咯 211 nm,噻吩 215 nm。生色团、助色团的引入使最大吸收峰红移。α-醛基呋喃在乙醇中出现两条吸收带:227 nm、272 nm。五元杂环芳香化合物的光谱与烯烃有相似之处,与苯光谱的相似性:呋喃＜吡咯＜噻吩,这是由于硫原子的电负性与碳原子相近,其 3p 电子较氮、氧原子的 2p 电子能更好地与丁二烯的 π 电子共轭。

吡咯与苯的紫外光谱非常相似。六元环中杂原子 N 的存在,引起分子对称性的改变。苯为禁阻跃迁的 B 带,吡啶分子为允许跃迁,使 B 带强度增大,如表 2-11 所示。

表 2-11 典型杂芳环的紫外吸收

化合物	λ_{1max}/ nm	ε_{1max}/ (L·mol^{-1}·cm^{-1})	λ_{2max}/ nm	ε_{2max}/ (L·mol^{-1}·cm^{-1})	λ_{3max}/ nm	ε_{3max}/ (L·mol^{-1}·cm^{-1})	溶剂
苯	184	6800	204	8800	254	250	己烷
呋喃	207	9100	—	—	—	—	环己烷
吡咯	208	7700	—	—	—	—	己烷
噻吩	231	76100	—	—	—	—	环己烷
吡啶	198	6000	251	2000	270	450	己烷
喹啉	226	34000	281	3600	308	3850	甲醇

溶剂极性的改变对吡啶及其同系物的 B 带有较大的影响。溶剂极性增加将产生显著的增色效应,这是由氮原子上的未成键电子对与极性溶剂形成氢键所引起的。

2-OH 和 4-OH 吡啶的紫外吸收波长较短,而吸收强度增大,这是因为有吡啶酮的结构存在。在极性介质中,有利于吡啶酮的异构化。2-NH$_2$ 和 4-NH$_2$ 吡啶也存在这种互变异构。

$$\text{（吡啶互变异构结构式）}$$

第三节　紫外光谱在有机化合物结构研究中的应用

紫外光谱对鉴定共轭有机化合物的基本结构具有重要的意义。紫外光谱主要反映分子中生色团与助色团形成的共轭体系特征,不能反映整个分子的化学结构,特别是对于在近紫外区没有明显吸收的饱和烷烃类,因此单靠紫外光谱难以得到化合物大量的精确结构信息,必须借助其他的波谱方法才能完成结构的鉴定。紫外光谱在有机化合物结构研究中主要有以下几个方面的应用。

一、分子紫外光谱的几个经验规律

根据紫外光谱,可以推断化合物的某些结构信息。

(1) 如果化合物在 200～400 nm 之间无明显吸收峰,则该化合物无共轭系统,或为饱和化合物。

（2）如果在 270～350 nm 范围有弱吸收带(R 带)，且 200 nm 以上没有其他吸收，说明该化合物含有带孤对电子的非共轭的生色团。如醛、酮、羧基或 —C≡C—O— 、—C≡C—N— 等。

（3）如果在紫外光谱中产生许多吸收峰，甚至出现在可见光区，表明该化合物结构中含有长共轭体系或稠环芳香发色团。如果化合物有颜色，则至少有 4 个共轭的生色团。

（4）在紫外光谱中，其长波吸收峰表现为强吸收，表明有共轭烯结构或 α、β 不饱和醛酮结构存在。

（5）化合物的紫外光谱中的长波吸收在 250 nm 以上，且 ε 在 1000～10000 之间，表明该化合物存在芳环系统。

（6）若紫外吸收谱带对酸、碱敏感，当化合物在碱性溶液中 λ_{max} 红移，加酸可恢复至中性介质中的 λ_{max}，表明有酚羟基存在。酸性溶液中 λ_{max} 蓝移，加碱可恢复至中性介质中的 λ_{max}，表明分子中存在芳氨基。

二、确定化合物的共轭体系

根据紫外光谱可以推测发色基团之间是否有共轭关系，如果有共轭关系，根据 K 带波长就可以推断取代基的种类、位置和数目。

例 2-4 分子式为 $C_{10}H_{16}$ 的水芹烯有 α-、β-两种异构体。红外光谱：α-水芹烯，1640 cm^{-1} (w)、1387 cm^{-1}(m)、1369 cm^{-1}(m)、820 cm^{-1}(s)、700 cm^{-1}(m-s)；β-水芹烯，1800 cm^{-1}(w)、1645 cm^{-1}(m)、1383 cm^{-1}(m)、1370 cm^{-1}(m)、890 cm^{-1}(s)。紫外光谱：α-水芹烯，$\lambda_{max}=263$ nm($\varepsilon_{max}=2500$)；β-水芹烯，$\lambda_{max}=231$ nm($\varepsilon_{max}=9000$)。

这两种水芹烯经催化氢化都得到 $C_{10}H_{20}$（   ），请确定 α-、β-水芹烯的结构。

解：这两种结构可以这样推定。

红外光谱中 1640 cm^{-1} 和 1645 cm^{-1} 为双键的伸缩振动，1380 cm^{-1} 和 1370 cm^{-1} 附近的为异丙基的偕二甲基特征双谱带，这表明双键不在叉链上。β-水芹烯的红外光谱 890 cm^{-1} 谱带还表明有末端烯键结构(—C≡CH$_2$)，1800 cm^{-1} 附近弱谱带为泛频，紫外光谱 231 nm(9000) 为 K 带，表示有共轭双键。只有以下结构符合：

按 Woodward-Fieser 规则计算：

$$217+2\times5+5=232 \text{ nm}$$

与实测的 231 nm 接近，如上 β-水芹烯结构推测正确。α-水芹烯中和附近谱带表明烯的取代类型包括 和 ，没有末端烯键。可以写出 4 种可能结构式 A、B、C、D。

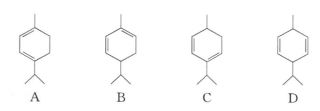

A   B   C   D

紫外光谱 263 nm(2500)指出两个双键是共轭的,D 可以否定。其余 3 个共轭双烯结构中 A 有 4 个取代基,B、C 都含有 3 个取代基,含 3 个取代烃基的 λ_{max} 计算值:$253+3\times5=268$ nm,与实测值 263 nm 接近。如按 4 个取代基计算相差更远。所以,α-水芹烯结构可能为 B 或 C。对于这两者的进一步辨认,除与红外标准图谱比较外,还可以用核磁共振谱来鉴定。α-水芹烯的结构确定为 B。

例 2-5 松香酸和左旋海松酸的分子式都是 $C_{20}H_{30}O_2$,经测定它们的结构分别为下面的两个结构式。经 UV 测定,松香酸的 $\lambda_{max}=237.5$ nm$(\varepsilon_{max}=16000)$,左旋海松酸的 $\lambda_{max}=272.5$ nm$(\varepsilon_{max}=7000)$。试确定它们的结构式。

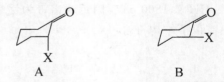

解:从结构看,A、B 的区别仅在于共轭双键的位置不同,A 中共轭双键跨两个环,B 为同环二烯。可用 Woodward-Fieser 规则计算:

A 的 $\lambda_{max}=217+4\times5+5=242$ nm

B 的 $\lambda_{max}=253+4\times5+5=278$ nm

这说明结构式 A 代表松香酸,结构式 B 代表左旋海松酸。

三、确定化合物的构型与构象

(一)α-取代酮的构象

α-取代环己酮有以下两个构象。在构象 A 中,羰基的 π 电子与 C—X 键(竖键)的 σ 电子重叠,因此波长较大。在构象 B 中,发生蓝移。在 α-取代环己酮中,竖键取代物的 λ_{max} 比环己酮大,而横键取代物的 λ_{max} 比环己酮小,见表 2-12,在表中 Δλ 为 α-取代物与环己酮的波长差。

表 2-12 α-取代环己酮的波长比较

取 代 基	波长的移动 Δλ/nm	
	竖键	横键
—Cl	+20	−7
—Br	+28	−5
—OH	+17	−12
—OAc	+10	−5

(二)骨架的推定

例 2-6 喹啉的氰基化反应得到两个固体化合物 A、B,它们的熔点不同,试判断低熔点的产物是哪一个。

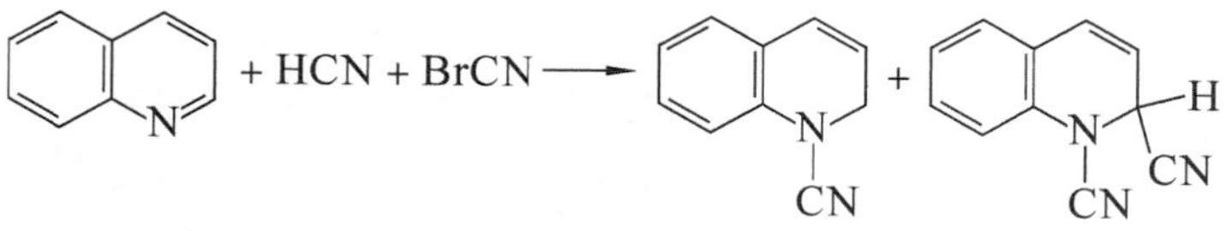

解：化合物 A 中紫外吸收主要来自 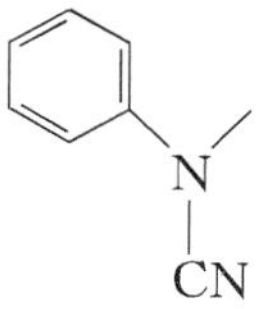 部分，而 B 的紫外吸收主要来自

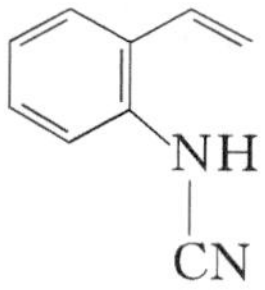

部分，为了与以上基本骨架对照，可选用以下两个模型化合物：

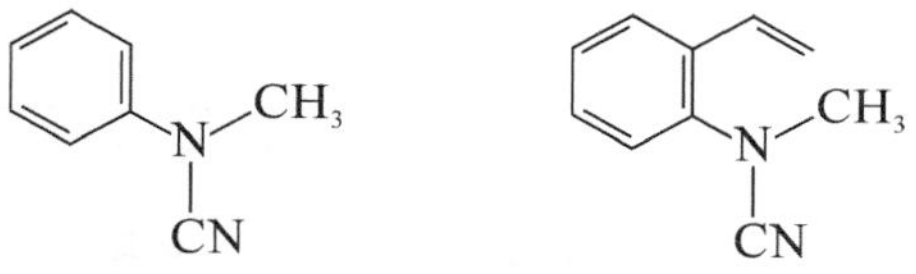

测得它们的紫外光谱，结果 C 的紫外光谱与低熔点的产物相似，证明低熔点产物为 A。D 的紫外光谱与高熔点的产物相似，高熔点产物为 B。

四、确定化合物互变异构

（一）几何异构

在几何异构体中，顺式异构体的 λ_{max} 一般比反式异构体的对应值短，并且 ε_{max} 也较小。例如，反式肉桂酸的分子为平面型，因此双键与在同一平面上的苯环容易产生共轭。顺式肉桂酸的苯环由于立体障碍，不可能与侧链双键在同一平面上，因此共轭较差。

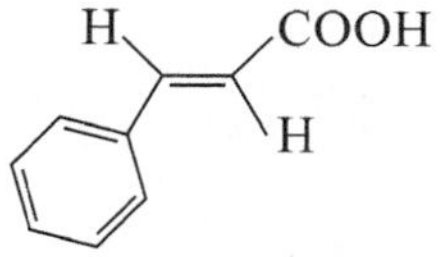

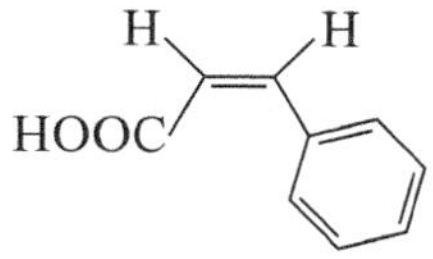

反式肉桂酸，$\lambda_{max} = 273$ nm，$\varepsilon_{max} = 20000$ 顺式肉桂酸，$\lambda_{max} = 264$ nm，$\varepsilon_{max} = 9500$

（二）结构异构体的判断

在天然产物的分离、分析和有机合成中，往往得到各种结构异构体。它们具有相同的官能团和类似的骨架结构，如位置异构、顺反异构等。对于这类异构体的判断，紫外光谱往往可以得到较好的解释。

例 2-7 一个分子式为 $C_7H_{10}O$ 的有机化合物，经 IR 测定有一个共轭的酮羰基，但不能确定是六元环酮还是开链脂肪酮。在乙醇中测得紫外光谱 $\lambda_{max} = 257$ nm，试判断结构。

解： 该化合物的不饱和度为 3，共轭羰基用去 2 个不饱和度，剩下的 1 个可能是环，也可能是双键，如果是六元环可有下面六种可能：

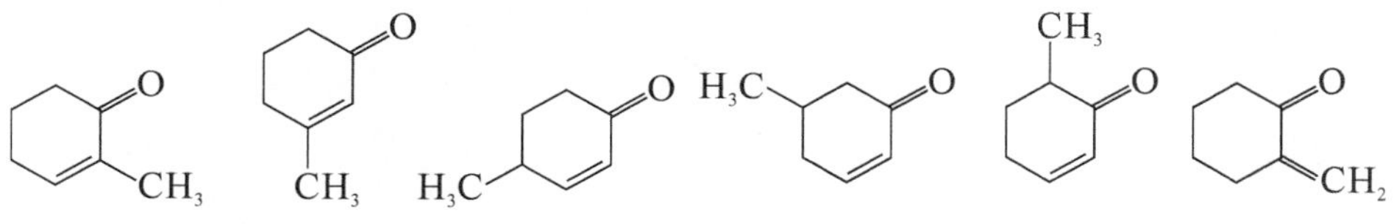

按 Woodward-Fieser 规则计算,A 的 λ_{max} 应为 237 nm;B 的 λ_{max} 应为 239 nm;C、D、E 的 λ_{max} 均应为 227 nm,F 的 λ_{max} 应为 230 nm,均与实测值相差太远。但如果是开链脂肪酮,按不饱和度可多一个双键,并与原有共轭体系共轭,除去共轭体系 5 个碳,还有一个甲基在羰基碳上,另一个甲基可在 α、β、γ、δ 位:

$H_2C=CH-CH=C(CH_3)_3-C(CH_3)=O$ $H_2C=CH-C(CH_3)=CH-C(CH_3)=O$

G   H

$H_2C=C(CH_3)-CH=CH-C(CH_3)=O$ $H_3C-CH=CH-CH=CH-C(CH_3)=O$

I   J

G 的 λ_{max} 为 255 nm,H 的 λ_{max} 为 257 nm,I 和 J 的 λ_{max} 都为 263 nm。G 和 H 与实测值相符,因此可以判定该化合物是开链脂肪酮,取代甲基的确切位置还有待于进一步鉴定。

本章小结

概　述	学习要点
紫外-可见光谱定义	电子光谱,研究分子中电子能级的跃迁,化学工作者感兴趣的是 190～800 nm 的紫外-可见光区。
紫外光谱的基本知识	基本术语:吸收曲线、红移、蓝移、发色团、助色团、增色效应、减色效应;电子跃迁类型及吸收带类型;影响紫外光谱吸收波长的因素
紫外光谱与 分子结构的关系 紫外光谱的应用	共轭烯类化合物的紫外光谱;共轭不饱和羰基化合物的紫外光谱

目标检测

目标检测
答案

1. 电子跃迁有哪几种类型?能在紫外光谱上反映出的电子跃迁有哪几种类型?

2. 什么是助色团?什么是生色团?请举例说明。

3. 有机化合物的紫外光谱中有哪几种类型的吸收带?它们产生的原因是什么?有什么特点?

4. 下列两对异构体,能否用紫外光谱加以区别?

(1)   和

(2)   和

5. 计算地奥酚 K 带的 λ_{max}。

6. 叔醇经浓硫酸脱水得到产物 A,已知 A 的分子式为 C_9H_{14},紫外光谱测得其 $\lambda_{max}=242$ nm,试确定 A 的结构。

参 考 文 献

[1] 潘铁英,张玉兰,苏克曼.波谱解析法[M].上海:华东理工大学出版社,2009.
[2] 孟令芝,龚淑玲,何永炳.有机波谱分析[M].4 版.武汉:武汉大学出版社,2016.
[3] 孔令义.波谱解析[M].北京:人民卫生出版社,2011.
[4] 李丽华.波谱原理及应用[M].北京:中国石化出版社,2016.
[5] 宦双燕.波谱分析[M].北京:中国纺织出版社,2008.
[6] 邓芹英,刘岚,邓慧敏.波谱分析教程[M].2 版.北京:科学出版社,2007.
[7] 黄承志.基础仪器分析[M].北京:科学出版社,2018.

(内蒙古医科大学　周昊霏)

第三章　红外光谱

学习目标

1. 掌握：红外光谱的基本原理；分子的主要振动方式；影响吸收峰位置和强度的主要因素；基频峰、特征峰、相关峰、特征区和指纹区等概念。
2. 熟悉：红外光谱中的主要区段；主要化合物的特征吸收；红外光谱的解析程序。
3. 了解：红外样品的制备技术；红外光谱在结构解析中的应用。

第一节　红外光谱的基本知识

一、红外光谱

红外光谱(infrared spectrum，IR)属于分子振动-转动光谱，是以连续波长的红外光照射样品，若某一波长红外光的频率与分子中某个基团的某种振动形式的固有频率相同，分子就会吸收该频率的辐射，并由其振动(转动)引起偶极矩的净变化，产生分子振动(转动)能级从基态到激发态的跃迁，使相应于这些区域的透射光强度减弱，而产生的一种分子吸收光谱。记录红外光的透射比(T)与其波长(λ)或波数($\overline{v}$)的关系曲线，即得到红外光谱。

绝大部分化合物都有其特征的红外光谱。根据光谱中吸收峰的位置、数目、强度和形状，可以判断化合物中可能存在的官能团，从而对化合物进行定性分析和结构分析。

红外光谱具有特征性强、适用范围广、分析速度快、样品用量少、不破坏样品和易实现在线分析等优点，广泛应用于药物分析、食品分析、环境监测和化学化工等领域。

二、红外吸收的产生条件

一般来说，在红外光谱分析中，当照射光的能量 E 恰好等于分子中两个振动能级间的能量差 ΔE 时，分子才有可能吸收照射光的能量而发生由低振动能级到高振动能级的跃迁，产生红外光谱。

红外光谱产生的第二个条件是红外照射光与物质分子之间存在偶合作用，即分子振动时偶极矩的变化($\Delta\mu$)不为零。因为红外光谱是偶极矩诱导产生的，即能量转移的机制是通过振动过程所导致的偶极矩的变化和交变的电磁场(红外光)的相互作用而发生的。但并非所有的分子振动都会产生红外吸收，只有引起偶极矩变化($\Delta\mu\neq0$)的分子振动才能观察到红外光谱，这种振动称为红外活性振动；不发生偶极矩变化($\Delta\mu=0$)的分子振动不能产生红外吸收，称为非红外活性振动。

极性分子内部正负电荷的中心不重合，分子振动时偶极矩一般会发生变化，因而极性分子一般具有红外吸收。同核双原子分子如 H_2、O_2、Cl_2 等，分子对称性较强，只有伸缩振动，且振动过程中无偶极矩变化,因此没有红外吸收。对称性分子如 CO_2 的对称伸缩振动,因为正负电荷中心重合,偶极矩的变化始终为零,因而属于非红外活性振动,不产生红外吸收;但是在其不对称伸缩振动过程中,偶极矩会发生变化,因而这种振动会产生红外吸收,属于红外活性振动。

三、红外线的区划

红外光介于可见光区和微波光区之间,其波数范围为 12800～33 cm^{-1}(0.76～300 μm)。根据红外线的波长,将红外光区划分为近红外光区、中红外光区和远红外光区等三个区域,如表 3-1 所示。

表 3-1 红外光区的划分

范 围	波长 $\lambda/\mu m$	波数 $\bar{v}/cm^{-1}$	跃 迁 类 型
近红外光区	0.76～2.5	12800～4000	—OH、—NH 及—CH 伸缩振动的倍频吸收
中红外光区	2.5～25	4000～400	分子振动的基频吸收
远红外光区	25～300	400～33	分子转动跃迁

其中,绝大多数有机化合物的基频吸收均出现在中红外光区,因而人们对中红外光研究最多,仪器和实验技术也最为成熟和简单。我们通常所说的红外光谱指的就是中红外光谱。

红外光谱的纵坐标一般为透射比或透射率 $T(\%)$,因而红外吸收峰为倒峰;横坐标一般为波数 $\bar{v}$,范围为 4000～400 cm^{-1}。典型的红外光谱如图 3-1 所示。

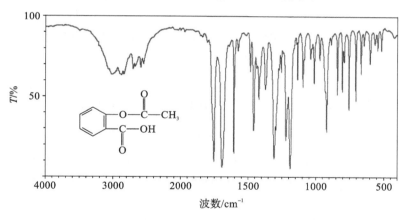

图 3-1 乙酰水杨酸(阿司匹林)的红外光谱

四、分子振动模型

分子是原子与原子之间通过化学键连接组成的,具有柔曲性,因而可以发生振动。大多数分子是由多原子构成的,振动方式较为复杂。为更好地理解分子的振动以及跃迁,我们可以把多原子分子看成若干个双原子分子的集合,而双原子分子的振动则较为简单,只存在伸缩振动,可将其振动简化为简谐振动。

(一)双原子分子的振动及其频率

我们把两个不同质量 m_1、m_2 的原子 A 和 B 看成是两个小球,把连接两个原子的化学键看成质量可以忽略不计的弹簧,弹簧的长度 r 就是化学键的键长,则双原子分子的振动可模拟为不同质量的小球各自在其平衡位置附近沿着键轴的方向作简谐振动,如图 3-2 所示。

根据虎克(Hooke)定律,其谐振子的振动频率为

35

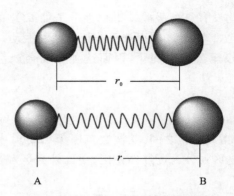

图 3-2　双原子分子伸缩振动示意图

$$v = \frac{1}{2\pi}\sqrt{\frac{K}{\mu}} \tag{3-1}$$

其中 K 为化学键力常数（N/cm），与键能和键长有关。化学键力常数越大，化学键越强。单键、双键和三键的 K 分别近似为 5 N/cm、10 N/cm、15 N/cm。μ 为两个原子的折合质量，$\mu = \frac{m_1 m_2}{m_1 + m_2}$。

而红外光谱中常用波数（$\bar{v}$）表示频率。

$$\bar{v} = \frac{1}{2\pi c}\sqrt{\frac{K}{\mu}} = 1307\sqrt{\frac{K}{\mu'}} = 1307\sqrt{\frac{K}{\frac{M_A M_B}{M_A + M_B}}} \tag{3-2}$$

式（3-2）中，K 为化学键力常数（N/cm），μ' 表示两个原子的摩尔折合质量，M_A、M_B 为两个原子的摩尔质量，单位是 g/mol。

（二）双原子分子的核间距与位能

简谐振动过程中的位能 U 与两个原子之间的距离 r 以及平衡距离 r_0 之间的关系为

$$U = \frac{1}{2}K(r - r_0)^2 \tag{3-3}$$

式（3-3）中，U 为振动过程中的位能；K 为化学键力常数（N/cm）。当 $r = r_0$ 时，$U = 0$；当 $r > r_0$ 或 $r < r_0$ 时，$U > 0$。因而简谐振动过程中位能的变化可以用图 3-3 位能曲线中的 a 曲线描述。

而对于分子振动，由位能曲线图 3-3 可知：

（1）振动能（位能）是原子间距离 r 的函数，振幅越大，振动能越大。

（2）振幅越大，对应的振动量子数越大，位能曲线的能级差越小。

（3）常态下，处于较低振动能级的分子的振动与简谐振动极为相似。而只有当 $V \geqslant 3$ 时，分子振动的位能曲线才显著偏离简谐振动的位能曲线。

（4）从基态（$V=0$）跃迁到第一激发态（$V=1$）引起的红外吸收峰称为基频峰（fundamental band）。基频峰对应的跃迁概率最大，因而强度很大，是红外光谱研究的主要吸收峰，其振动符合简谐振动的相关规律。

从基态（$V=0$）跃迁到第二激发态（$V=2$）或更高激发态所引起的弱吸收峰统称为倍频峰。此外，根据跃迁的能级不同，还存在合频峰和差频峰等。这些弱的吸收峰统称为泛频峰。泛频峰一般吸收强度较弱，难以辨认，却增加了光谱的特征性。

（5）当振幅超过一定值时，化学键会发生断裂，分子发生离解，位能曲线趋近于一条水平线，此时的能量等于离解能。

 NOTE

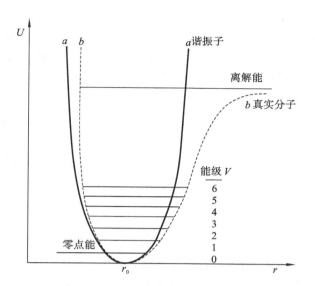

图 3-3　双原子分子振动的位能曲线

（三）双原子分子的振动能量

分子在实际振动过程中的总能量 $E_v = U + T$，T 为动能。当 $r = r_0$ 时，$U = 0$，则 $E_v = T$。当两原子距离平衡位置最远时，$T = 0$，$E_v = U$。根据量子力学，分子振动过程中的总能量为

$$E_v = (V + 1/2)h\nu \tag{3-4}$$

式（3-4）中，ν 为分子的振动频率，V 为振动量子数（$V = 0, 1, 2 \cdots$），h 为普朗克常数。当分子处于基态时，$V = 0$，$E_v = 1/2 h\nu$，此时振动的振幅很小，此振动能称为零点能。

由于振动能级是量子化的，由式（3-4）可得，分子发生振动跃迁时的振动能级差为

$$\Delta E_v = \Delta V \cdot h\nu \tag{3-5}$$

当分子受到红外光照射，且红外光的能量恰好等于振动能级差 ΔE_v 时，分子将吸收红外辐射由基态跃迁到激发态，振动的振幅增大。因此有：

$$\Delta E_v = h\nu_L \tag{3-6}$$

式（3-6）中，ν_L 是所吸收的红外光的频率。

结合式（3-5）与式（3-6），可得 $h\nu_L = \Delta V \cdot h\nu$，即 $\nu_L = \Delta V \cdot \nu$。由此可知，只有当红外辐射频率为分子振动频率的 ΔV 倍时，分子才可能吸收红外辐射产生红外光谱。基频峰的峰位置（频率）恰好等于分子振动频率。

五、分子振动方式

（一）基本振动方式

有机化合物分子在红外光谱中的基本振动形式可以分为两大类：一类为伸缩振动（ν），另一类为弯曲振动（δ）。

1. 伸缩振动（stretching vibration, ν）　伸缩振动指键长沿键轴方向发生周期性变化的振动，其键长有变化，键角无变化。伸缩振动又分为对称伸缩振动（symmetrical stretching vibration, ν^s）和不对称伸缩振动（symmetrical stretching vibration, ν^{as}）。如亚甲基的对称伸缩振动是指亚甲基上的两个碳氢键同时伸长或缩短；其不对称伸缩振动是指两个碳氢键交替伸长和缩短。

2. 弯曲振动（bending vibration）　弯曲振动指键角发生周期性变化，而键长不变的振动。弯曲振动又具体可以分为以下 3 种振动方式。

（1）面内弯曲振动（in-plane bending vibration，β）指在由几个原子构成的平面内发生的弯曲振动。面内弯曲振动可以分为剪式振动（scissoring vibration，δ）和面内摇摆振动（rocking vibration，ρ）。剪式振动指的是振动中键角的变化类似剪刀的开闭的振动，而面内摇摆振动指的是基团作为一个整体在平面内摇摆的振动。

（2）面外弯曲振动（out-of-plane bending vibration，γ）指在垂直于几个原子构成的平面外发生的弯曲振动，可以分为面外摇摆振动（wagging vibration，ω）和卷曲振动（twisting vibration，τ）。面外摇摆振动指基团的端基原子同时向面上或面下的运动。卷曲振动是指基团的端基原子同时向平面的反方向振动。比如亚甲基的两个氢原子同时向垂直于平面的相同方向振动就称为面外摇摆振动；若两个氢原子分别向垂直于平面的不同方向振动则称为卷曲振动。

（3）变形振动（deformation vibration，δ）指多个化学键端的原子相对于分子的其余部分的弯曲振动，可以分为对称变形振动（δ^s）和不对称变形振动（δ^{as}）。对称变形振动指的是分子中三个化学键（—CH_3中的三个碳氢键）与分子轴线构成的夹角同时变大或变小；若三个化学键与分子轴线构成的夹角交替的变大和变小则称为不对称变形振动。

图 3-4 以甲基和亚甲基为例来说明红外光谱中的各种振动形式。

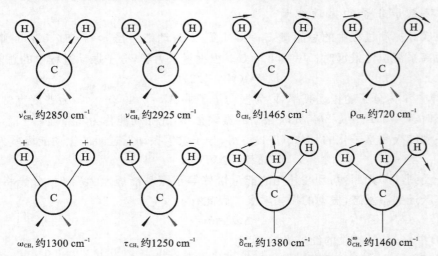

$\nu^s_{CH,}$约2850 cm^{-1}　　$\nu^{as}_{CH,}$约2925 cm^{-1}　　$\delta_{CH,}$约1465 cm^{-1}　　$\rho_{CH,}$约720 cm^{-1}

$\omega_{CH,}$约1300 cm^{-1}　　$\tau_{CH,}$约1250 cm^{-1}　　$\delta^s_{CH,}$约1380 cm^{-1}　　$\delta^{as}_{CH,}$约1460 cm^{-1}

图 3-4　亚甲基及甲基中碳氢键的振动示意图

（二）分子振动自由度

双原子分子只存在伸缩振动一种振动形式，所以只产生一个基本振动吸收峰。对于多原子分子，随着原子数目的增加，可能出现一个以上的基本振动吸收峰，而且吸收峰的数目与分子的振动自由度有关。

我们在研究多原子分子时，常将多原子分子的复杂振动分解为许多简单的简谐振动，这些基本振动的数目称为分子的振动自由度。分子的振动自由度与分子中各原子在空间坐标中的运动状态的总和有关。

原子在三维空间的位置用 x、y、z 三个坐标表示，即每个原子有 3 个运动自由度。当原子结合形成分子时，自由度的数目不损失。所以含有 N 个原子的分子，分子自由度的数目为 $3N$。而分子的总自由度又由平动、振动和转动自由度构成，即分子自由度 $3N$＝平动自由度＋振动自由度＋转动自由度。

由于分子是由化学键将原子连接而成的一个整体，其质心向任何方向的移动都可以分解为沿 x、y 和 z 三个坐标方向的移动，所以分子的平动自由度等于 3。

转动自由度是由原子围绕着通过其质心的轴转动引起的。只有原子在空间的位置发生改变的转动，才能形成一个转动自由度。

对于非线性分子，如图 3-5 所示，当围绕 x、y 和 z 轴转动时，原子的空间位置均会发生变化，因而有 3 个转动自由度。所以，非线性分子的振动自由度＝分子自由度－（平动自由度＋转动自由度）＝$3N-(3+3)=3N-6$。

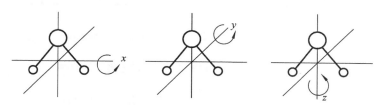

图 3-5　非线性分子的转动自由度示意图

对于线性分子，当围绕其键轴（比如 x 轴）发生转动时，原子的空间位置未发生改变（图 3-6），因而，线性分子的转动自由度仅为 2。所以线性分子振动自由度＝分子自由度－（平动自由度＋转动自由度）＝$3N-(3+2)=3N-5$。

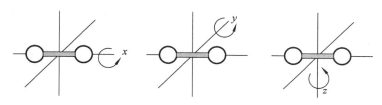

图 3-6　线性分子的转动自由度示意图

例 3-1　（1）水分子的振动自由度为多少？基本振动形式有几种？红外光谱上有几个吸收峰？

（2）二氧化碳分子的振动自由度为多少？基本振动形式有几种？红外光谱上有几个吸收峰？

解：（1）H_2O 属于非线性分子，振动自由度为 3，有 3 种基本振动形式，包括对称伸缩振动、不对称伸缩振动和剪式振动，红外光谱上可以看到 3 个吸收峰。

（2）CO_2 属于线性分子，振动自由度为 4，有 4 种基本振动形式，包括对称伸缩振动、不对称伸缩振动、剪式振动和面外摇摆振动，但是红外光谱上只能看到 2 个吸收峰。

理论上，每个振动自由度代表一个独立的振动，每个独立的振动将产生一个红外吸收峰，即振动自由度与红外吸收峰的数目相同。但实际上，绝大多数化合物的红外吸收峰数目远小于振动自由度数目，其原因可能如下：

（1）振动过程中分子瞬间偶极矩的变化为零，即非红外活性振动，不产生红外吸收；

（2）频率完全相同的两种不同振动形式彼此谱线发生简并；

（3）弱的吸收峰位于强、宽吸收峰附近被掩盖；

（4）某些振动频率在仪器可以检测到的中红外区域以外；

（5）仪器分辨率或灵敏度不够，有些极弱的峰观察不到或难以检测。

六、影响红外光谱吸收峰位置的因素

（一）基本振动频率

分子的振动可以近似地看作简谐振动，可以利用谐振子的振动频率计算公式（3-2）近似地计算分子振动频率，而基频峰的峰位置恰好等于分子振动频率，因而利用式（3-2）可以计算基

频峰的频率或波数。常见基团的基频峰的分布情况如图 3-7 所示。

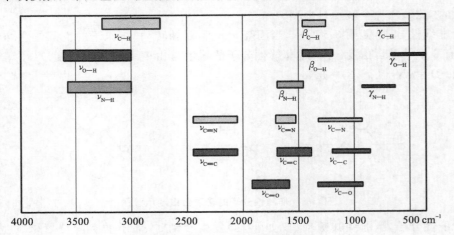

图 3-7　常见基团的基频峰分布图

另外,我们也可以判断不同基团的基频峰的频率或波数的相对大小。

(1) 化学键力常数大小近似的基团,其折合质量越大,则伸缩振动基频峰的波数越小,吸收峰越靠近红外光谱图的右侧。例如:$\nu_{C-H} > \nu_{C-C} > \nu_{C-O}$。

(2) 折合质量相同的基团,其化学键力常数越大,伸缩振动基频峰的波数也越大,吸收峰越靠近红外光谱图的左侧。例如:$\nu_{C\equiv C} > \nu_{C=C} > \nu_{C-C}$。

(3) 如果化学键力常数和折合质量均不相同,则以影响最大的因素为准。例如:$\nu_{C=C}$ 与 ν_{C-H} 进行比较,由于折合质量的影响较为显著,所以 $\nu_{C=C} < \nu_{C-H}$。

(4) 同一基团的振动形式不同,基频峰的位置也不同。一般 $\nu > \beta > \gamma, \nu^{as} > \nu^{s}$。

(二) 吸收峰位置的影响因素

实际中分子各个基团的振动不是孤立存在的,会受到邻近基团和分子其他化学结构的影响。同一基团在不同的化合物中,因化学环境不同,其吸收峰的位置也可能不同。比如 $\nu_{C=O}$ 在不同的羰基化合物中,该吸收峰会在 $1950 \sim 1650$ cm^{-1} 范围内变化。因此,了解影响吸收峰位置的因素,有助于对化合物的结构进行准确判定。

影响吸收峰位置的因素大致可以分为两类:内部因素和外部因素。

1. 内部因素

(1) 电子效应(electronic effect)。

①诱导效应(inductive effect,I 效应):由于取代基的吸电子诱导效应,被取代基团周围的电子云分布发生变化,从而引起化学键力常数的变化并使基团的特征频率发生改变的现象。诱导效应沿化学键传递,可以分为推电子诱导效应(+I 效应)和吸电子诱导效应(-I 效应)。

如羰基的伸缩振动频率($\nu_{C=O}$),随着取代基电负性增大,吸电子诱导效应(-I 效应)增强,羰基双键性能增强,化学键力常数 K 增大,吸收峰向高波数移动。

$$
\begin{array}{cccc}
\underset{\displaystyle 1715\ \text{cm}^{-1}}{R-\overset{O}{\underset{|}{C}}-R'} &
\underset{\displaystyle 1800\ \text{cm}^{-1}}{R-\overset{O}{\underset{|}{C}}\to Cl} &
\underset{\displaystyle 1828\ \text{cm}^{-1}}{Cl\to\overset{O}{\underset{|}{C}}\to Cl} &
\underset{\displaystyle 1928\ \text{cm}^{-1}}{F\to\overset{O}{\underset{|}{C}}\to F}
\end{array}
$$

又如甲酸(HCOOH)、乙酸(CH_3COOH)和硬脂酸($CH_3(CH_2)_{16}COOH$)的 $\nu_{C=O}$ 分别在 1739 cm^{-1}、1722 cm^{-1} 和 1703 cm^{-1} 左右,原因在于烷基的推电子诱导效应(+I 效应)。

②共轭效应(conjugation effect,C 效应或 M 效应):双键发生共轭后,共轭效应使 π 电子

离域增大,电子云密度平均化,引起双键的电子云密度降低,化学键力常数 K 减小,双键的吸收峰向低频方向移动,振动频率降低。例如 $\nu_{C=O}$:

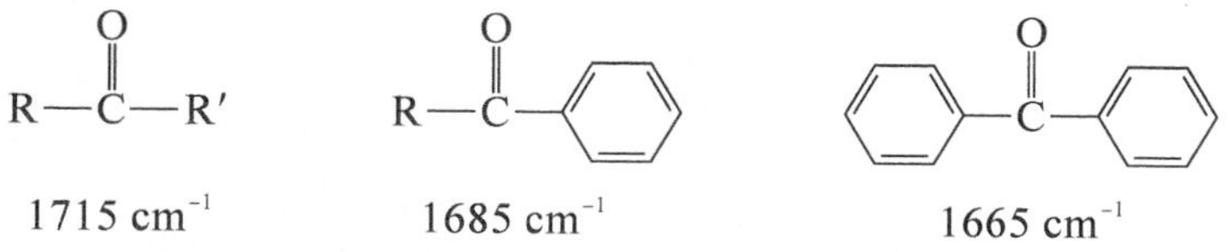

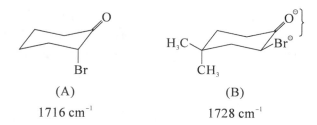

③诱导效应与共轭效应共存:当化合物结构中共轭效应和诱导效应同时存在时,以占主导地位的影响因素决定。例如,酮类的 $\nu_{C=O}$ 一般在 1715 cm^{-1} 左右,酯类化合物由于诱导效应强于共轭效应,所以波数一般比酮类的要高,在 1735 cm^{-1} 附近;而硫酯类化合物中由于硫的电负性比氧要小,共轭效应强于诱导效应,因而硫酯类化合物中 $\nu_{C=O}$ 比酮类化合物中的 $\nu_{C=O}$ 要小,一般在 1690 cm^{-1} 左右。

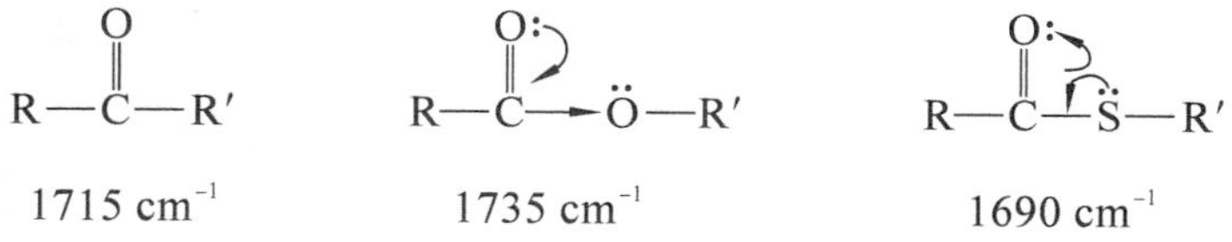

（2）空间效应（steric effect）。

①场效应（field effect,F 效应）:通过空间作用使电子云密度发生变化,从而引起吸收峰位置发生变化的效应。如环状 α-卤代酮中的 $\nu_{C=O}$,（A）（B）两个化合物中,均含有羰基和 C—Br 键,但在（B）中,C—Br 处于平伏状态,与羰基在空间中较为接近,与羰基产生同电荷的反拨,使得羰基的双键性能增加,吸收峰的波数或频率增加。

②空间位阻效应（steric hindrance effect）:分子中由于某些基团的空间位阻影响,分子的几何形状发生变化,从而使基团的电子云密度发生变化,振动吸收峰频率发生变化的效应。共轭效应对空间位阻最为敏感。共轭体系具有共平面的特征,若有邻近基团体积较大或位置太近而使共平面受到破坏,就会导致共轭效应减弱,原先因共轭效应而处于低频的振动吸收向高频位移。如 $\nu_{C=O}$:

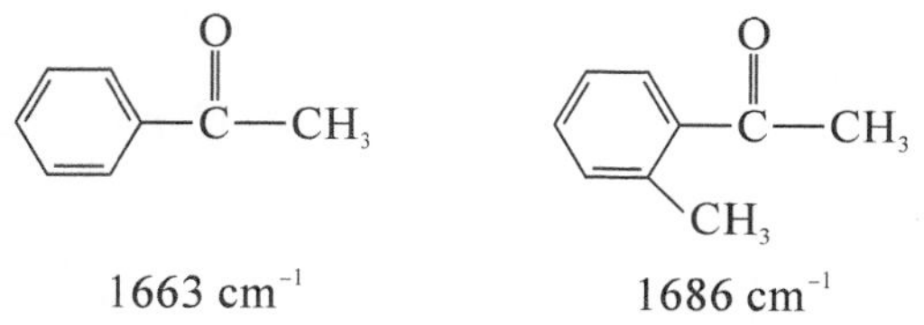

③跨环共轭效应（transannular effect）:一种特殊的空间电子效应。如下所示化合物中,由于氨基与羰基的空间位置接近,将产生跨环共轭效应,使羰基的吸收频率降低,仅为 1675 cm^{-1} 左右。如果加入高氯酸使该化合物成盐,则 $\nu_{C=O}$ 消失,在 3365 cm^{-1} 处出现新的吸收峰,为 —OH 的伸缩振动峰。

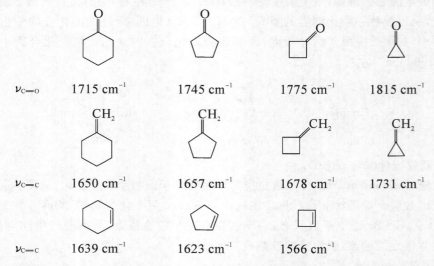

④环张力效应(ring strain effect)：由于环张力的影响，环状化合物吸收频率一般比同类链状化合物高。一般来说，环状化合物随着环元素的减少，环张力的增加，环外双键$\nu_{C=C}$和环上$\nu_{C=O}$的振动频率升高；环内双键$\nu_{C=C}$的振动频率随着环张力的增加或环内角的减小而降低。

$\nu_{C=O}$	1715 cm^{-1}	1745 cm^{-1}	1775 cm^{-1}	1815 cm^{-1}

$\nu_{C=C}$	1650 cm^{-1}	1657 cm^{-1}	1678 cm^{-1}	1731 cm^{-1}

$\nu_{C=C}$	1639 cm^{-1}	1623 cm^{-1}	1566 cm^{-1}

（3）氢键效应(hydrogen bond effect)：氢键的形成使参与形成氢键的基团的电子云密度平均化，化学键力常数降低，吸收频率向低频方向移动；由于不同分子中氢键的形成程度不同，对化学键力常数的影响不同，会使吸收频率有一定范围，从而使吸收峰变宽；形成氢键后，相应基团振动时的偶极矩变化增大，因此吸收峰强度增大。氢键可以分为分子内氢键和分子间氢键。

①分子内氢键(intramolecular hydrogen bond)：分子内氢键的形成与样品分子的浓度无关，可使吸收峰向低波数方向发生大幅度移动。

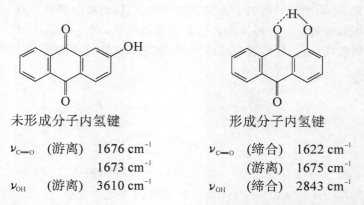

未形成分子内氢键   形成分子内氢键

$\nu_{C=O}$	（游离）	1676 cm^{-1}
		1673 cm^{-1}
ν_{OH}	（游离）	3610 cm^{-1}

$\nu_{C=O}$	（缔合）	1622 cm^{-1}
	（游离）	1675 cm^{-1}
ν_{OH}	（缔合）	2843 cm^{-1}

②分子间氢键(intermolecular hydrogen bond)：分子间氢键的形成受浓度影响较大。在极稀溶液中，易形成氢键的基团处于游离状态，随着浓度的增加，分子间氢键的形成可能性增加，吸收峰逐渐向低频方向移动。因此，通过观测样品稀释过程中峰位置的变化，可以判断是否有分子间氢键的存在。

$\nu_{C=O}$（游离）1760 cm^{-1} 　　　　$\nu_{C=O}$（缔合）1700 cm^{-1}

（4）互变异构（tautomerism）：分子发生互变异构时，吸收峰也会发生位移，在红外光谱上能够观察到各互变异构体的吸收峰。例如，乙酰乙酸乙酯的酮式和烯醇式的互变异构：

H$_3$C—C—CH$_2$—C—OC$_2$H$_5$ ⇌ H$_3$C—C=CH—C—OC$_2$H$_5$

酮式 　　　　　　　　　　　烯醇式

$\nu_{C=O}$　1738 cm^{-1} 　　　　　　$\nu_{C=O}$　1650 cm^{-1}

$\nu_{C=O}$　1717 cm^{-1} 　　　　　　ν_{OH}　3000 cm^{-1}

（5）振动偶合效应（vibration coupling effect）：当两个或两个以上的振动频率相同或相近的基团靠得很近时，其相应的吸收峰常发生裂分而形成两个峰的现象。

常见的振动偶合有以下几种：

①酸酐、丙二酸等二羰基类化合物中，由于振动偶合，$\nu_{C=O}$常发生裂分。比如酸酐中的$\nu_{C=O}$分别出现在 1820 cm^{-1}和 1760 cm^{-1}附近。

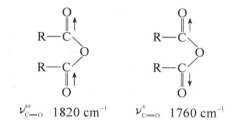

$\nu_{C=O}^{as}$　1820 cm^{-1} 　　　　$\nu_{C=O}^{s}$　1760 cm^{-1}

②含有异丙基或叔丁基的化合物中，由于振动偶合，甲基的对称面内弯曲振动峰（1380 cm^{-1}左右）发生裂分产生双峰。

③伯胺或伯酰胺类化合物中，两个 N—H 发生振动偶合，通常在 3500～3100 cm^{-1}有两个伸缩振动吸收峰。

④费米共振（Fermi resonance）：当泛频峰（或倍频峰）位于某些强的基频峰附近时，弱的泛频峰（或倍频峰）的吸收强度常常增强，或发生谱峰裂分，这种泛频峰与基频峰之间的振动偶合现象，称为费米共振。如苯甲醛在 2830 cm^{-1}和 2730 cm^{-1}处产生两个特征吸收峰，就是由于苯甲醛中醛基的 ν_{C-H} 的基频峰（2800 cm^{-1}左右）和 δ_{C-H}（1390 cm^{-1}左右）的倍频峰（2780 cm^{-1}左右）发生费米共振形成的。

2. 外部因素

（1）物态效应：同一化合物在不同的聚集状态下，红外吸收光谱可能不同。气态分子由于分子间作用力小，其红外光谱常可提供游离化合物的结构信息。液态分子的分子间作用力较大，易产生缔合而形成氢键，因此吸收峰向低频方向移动，且峰变宽。

（2）溶剂效应：通常溶剂极性越大，极性基团的伸缩振动频率降低。例如，羧酸中 $\nu_{C=O}$在非极性溶剂、乙醚、乙醇和碱液中的频率分别在 1760 cm^{-1}、1735 cm^{-1}、1720 cm^{-1}和 1610 cm^{-1}左右。

（3）仪器效应：不同的红外光谱仪的分辨率或灵敏度等参数不同，所得到的光谱不同。特

NOTE

别是棱镜光谱与光栅光谱在 4000～2500 cm^{-1}范围内尤为明显。

七、影响红外光谱峰强度的因素

（一）吸收峰强度的表示

物质对红外光的吸收符合朗伯-比尔定律，吸收峰的强度可以用摩尔吸光系数 ε 表示。通常 ε>100，为极强吸收（vs）；ε 为 20～100，为强吸收（s）；ε 为 10～20 时，为中强吸收（m）；ε 为 1～10，为弱吸收（w）；ε<1 时，为极弱吸收（vw）。

（二）影响吸收峰强度的因素

影响吸收峰强度的因素主要有振动过程中偶极矩的变化和能级跃迁概率的大小。

1. 偶极矩变化的影响 分子振动时偶极矩的变化大小不仅决定红外光谱产生与否，还将影响吸收峰的强度。根据量子理论，吸收峰的强度与分子振动时偶极矩变化的平方成正比。因此，振动时瞬间偶极矩变化越大，吸收强度越大。

而瞬间偶极矩变化的大小与分子对称性、原子电负性、振动形式等因素有关。

（1）分子的对称性：分子的对称性越高，振动过程中偶极矩的变化越小，吸收峰强度越弱，完全对称的分子振动过程中偶极矩变化为零，不吸收红外光，无吸收峰产生。

（2）原子的电负性：化学键两端连接的两个原子电负性差别越大，瞬间偶极矩的变化越大，伸缩振动时的红外吸收峰越强，如 $\nu_{C=O}$ 吸收峰强于 $\nu_{C=C}$ 吸收峰。

（3）振动形式：不同的振动形式对分子电荷分布的影响不同，吸收峰强度也不同，通常伸缩振动一般比弯曲振动的吸收峰要强（$\nu^{as}>\nu^s$），伸缩振动吸收峰强于弯曲振动吸收峰（$\nu>\delta$）。

此外，氢键的形成、费米共振、共轭效应等也会影响吸收峰的强度。

2. 能级跃迁概率的影响 当处于基态的分子吸收外界辐射能量，产生振动能级跃迁到激发态，达到平衡时，处于激发态的分子占总分子的百分数，称为跃迁概率。跃迁概率越大，对光的吸收能力越强，吸收峰强度越强。红外吸收中，从基态（V=0）跃迁到第一激发态（V=1）的概率最大，因而基频峰的强度一般大于泛频峰的强度。此外，试样浓度加大，吸收峰强度也会增强，也是跃迁概率增大的结果。

第二节 红外光谱的重要吸收

一、特征区与指纹区

根据红外光谱与化合物结构的关系，红外光谱大致可分为两个区域：特征区（4000～1300 cm^{-1}）和指纹区（1300～400 cm^{-1}）。

（一）特征区

习惯上把 4000～1300 cm^{-1} 区域称为特征区，是化学键和基团的特征振动频率区，又称为官能团区。特征区主要包括含氢的各种单键、双键和三键的伸缩振动及部分面内弯曲振动峰。吸收峰较稀疏，强度较强，易辨认，一般用于鉴定基团的存在。

（1）4000～2500 cm^{-1} 为 O—H、N—H、C—H 的伸缩振动区域。

（2）2500～1600cm^{-1} 为 C≡N、C≡C、C=O、C=C 的伸缩振动区域。

（3）1600～1450 cm^{-1} 为苯环骨架的伸缩振动区域。

（4）1600～1300 cm^{-1} 主要为—CH$_3$、—CH$_2$—、—CH—及—OH 的面内弯曲振动区域。

NOTE

（二）指纹区

红外光谱上 $1300\sim400$ cm^{-1} 的低频区称为指纹区。指纹区主要包括单键的伸缩振动及各种弯曲振动吸收峰，特点是吸收峰密集、难以辨认，但能体现化合物的细微特征。主要由 C—O、C—N、C—X 等单键的伸缩振动以及 C—H 等含氢基团的弯曲振动和 C—C 骨架振动所产生。两个结构相近的化合物只要其化学结构上存在微小的差别，指纹区一般就会产生明显的区别。因此，指纹区在确定化合物结构中也发挥着重要作用。

二、特征峰与相关峰

（一）特征峰

可用于鉴别基团或化学键存在的吸收峰称为特征峰或特征频率。红外光谱中每一个吸收峰均对应分子中某一个基团或化学键的某种振动形式，同一基团的振动频率总是出现在一定区域。例如，在 $1950\sim1650$ cm^{-1} 区域内出现很强的吸收峰时，一般认为是羰基的伸缩振动吸收峰 $\nu_{C=O}$。由于该吸收峰的存在，可以鉴定化合物中存在羰基，因此，$\nu_{C=O}$ 就是羰基的特征峰。

（二）相关峰

由一个官能团引起的一组相互依存又相互佐证的特征峰，称为相关峰。一个基团可能有多种振动方式，而每一种红外活性振动一般都能产生一个相应的吸收峰，这些相互依存、相互佐证的特征峰就称为该基团的相关峰。比如，羧基的相关峰包括 $\nu_{C=O}$、ν_{C-O}、ν_{O-H}、γ_{O-H}、β_{O-H} 等五个特征峰。相关峰的数目与基团的活性振动及光谱的波数范围有关，利用一组相关峰可以确定一个官能团的存在。

三、主要化合物的特征吸收

（一）烷烃类化合物

烷烃类化合物的主要吸收峰有 C—H 的伸缩振动峰（ν_{C-H}）和弯曲振动峰（δ_{C-H}）。

1. ν_{C-H} 直链饱和烷烃的 ν_{C-H} 一般在 $3000\sim2800$ cm^{-1} 范围内，环烷烃随着环张力的增大，ν_{C-H} 逐渐增高。

—CH$_3$：ν_{C-H}^{as}：$2970\sim2940$ cm^{-1}（s），ν_{C-H}^{s}：$2875\sim2865$ cm^{-1}（m）。

—CH$_2$：ν_{C-H}^{as}：$2932\sim2920$ cm^{-1}（s），ν_{C-H}^{s}：$2855\sim2850$ cm^{-1}（m），环烷烃随着环张力增加，ν_{C-H} 向高波数方向移动。

—CH：在 2890 cm^{-1} 附近，但是通常被—CH$_3$ 和—CH$_2$—的伸缩振动峰掩盖。

2. δ_{C-H} 甲基、亚甲基的弯曲振动在 $1490\sim1350$ cm^{-1} 范围内，其中甲基表现出对称与不对称面内弯曲振动两种形式。

—CH$_3$：δ_{C-H}^{as}：约 1450 cm^{-1}（m），δ_{C-H}^{s}：约 1380 cm^{-1}（s）。δ_{C-H}^{s}（约 1380 cm^{-1}）是甲基的特征峰，当化合物中存在异丙基[—CH(CH$_3$)$_2$]或叔丁基[—C(CH$_3$)$_3$]时，由于振动偶合，1380 cm^{-1} 峰将发生裂分，形成双峰。其中前者是等强度裂分，后者是非等强度裂分。

—CH$_2$—：δ_{C-H}：约 1465 cm^{-1}（m），经常与 δ_{C-H}^{s} 叠合在一起。此外，在有—(CH$_2$)$_n$—结构的化合物中，当 $n>4$ 时，—CH$_2$—的面内摇摆振动峰 ρ_{CH_2} 在 720 cm^{-1} 左右。

正己烷的红外光谱图如图 3-8 所示，其中 2959 cm^{-1} 左右和 2875 cm^{-1} 左右分别是—CH$_3$ 的 δ_{C-H}^{as} 与 ν_{C-H}^{s}，2928 cm^{-1} 左右和 2862 cm^{-1} 左右分别是—CH$_2$ 的 δ_{C-H}^{as} 与 ν_{C-H}^{s}，1466 cm^{-1} 左右可能为—CH$_3$ 的 δ_{C-H}^{as} 与—CH$_2$ 的 δ_{C-H}，1379 cm^{-1} 左右为—CH$_3$ 的 δ_{C-H}^{s}，726 cm^{-1} 左右为—(CH$_2$)$_4$—结构中—CH$_2$ 的 ρ_{CH_2}。

NOTE

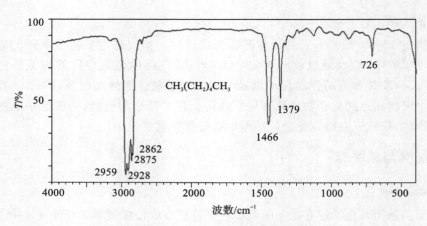

图 3-8 正己烷的红外光谱

（二）烯烃类化合物

烯烃类化合物的特征峰主要有 $\nu_{=C-H}$、$\nu_{C=C}$ 及 $\gamma_{=C-H}$ 三类吸收峰。

1. $\nu_{=C-H}$ 烯烃类化合物的 $\nu_{=C-H}$ 吸收峰的波数多大于 3000 cm^{-1}，一般在 3100～3010 cm^{-1}，强度较弱。

2. $\nu_{C=C}$ 无共轭的 $\nu_{C=C}$ 一般在 1670～1620 cm^{-1}，强度较弱。随着取代基的不同，$\nu_{C=C}$ 的位置有所不同，强度也会发生变化。特别是，当碳碳双键与取代基发生 π-π 共轭或 n-π 共轭时，由于共轭效应，吸收峰将向低波数方向位移 10～30 cm^{-1}，强度增加。$\nu_{C=O}$ 也可能发生在此区域，但是由于氧原子的电负性强于碳原子，因此羰基振动过程中偶极矩的变化大于碳碳双键振动的偶极矩变化，羰基吸收峰更强。

3. $\gamma_{=C-H}$ $\gamma_{=C-H}$ 一般位于 990～690 cm^{-1}，强度较强，是烯烃类化合物最重要的振动形式，可用于判断双键的取代类型。不同的取代类型与 $\gamma_{=C-H}$ 的振动频率的关系如表 3-2 所示。图3-9为1-戊烯的红外光谱图，其中 $\gamma_{=C-H}$ 位于 993 cm^{-1} 和 912 cm^{-1}。

表 3-2 不同取代类型的烯烃类化合物的 $\gamma_{=C-H}$

取 代 类 型	振动频率/cm^{-1}	吸收峰强度
$RHC=CH_2$	990 和 910	s
$R_2C=CH_2$	890	m～s
$RCH=CHR'$（顺）	690	m～s
$RCH=CHR'$（反）	970	m～s
$R_2C=CHR$	840～790	m～s

例 3-2 请问下列化合物的红外光谱特征有何不同？

$$H_3C \quad\quad CH_3 \quad\quad H_3C \quad\quad H \quad\quad H_3C \quad\quad H$$
$$C=C \quad\quad\quad C=C \quad\quad\quad C=C$$
$$H \quad\quad\quad H \quad\quad\quad H \quad\quad CH_3 \quad\quad H \quad\quad H$$
$$\quad\quad A \quad\quad\quad\quad\quad\quad B \quad\quad\quad\quad\quad\quad C$$

解：三个化合物均存在特征吸收：$\nu_{=C-H}$ 在 3100～3010 cm^{-1}；$\nu_{C=C}$ 在 1690～1620 cm^{-1}。但是 A 分子比较对称，故峰强稍弱些。

同时，由于双键的取代类型不同，故 $\gamma_{=C-H}$ 在 1000～690 cm^{-1} 所处位置不同。A：690 cm^{-1} 处；B：970 cm^{-1} 处；C：990 cm^{-1} 和 910 cm^{-1} 处。

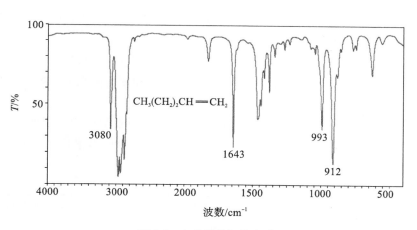

图 3-9　1-戊烯的红外光谱

（三）炔烃类化合物

炔烃类化合物的特征峰主要有 $\nu_{C\equiv C}$、$\nu_{\equiv C-H}$ 和 $\gamma_{\equiv C-H}$ 吸收峰。

1. $\nu_{C\equiv C}$　$\nu_{C\equiv C}$ 一般发生在 2260～2100 cm^{-1}，强度较弱。其中 RC≡CH 型炔烃中，$\nu_{C\equiv C}$ 出现在 2140～2100 cm^{-1}；RC≡CR′ 型炔烃中，$\nu_{C\equiv C}$ 出现在 2260～2190 cm^{-1}，且当两个取代基的性质相差较大时，分子极性增强，吸收峰的强度增大。值得注意的是，由于碳碳三键具有直线型结构，故当 C≡C 处于分子的对称中心时，$\nu_{C\equiv C}$ 为非红外活性振动，无吸收峰产生。

2. $\nu_{\equiv C-H}$　$\nu_{\equiv C-H}$ 一般在 3360～3300 cm^{-1}，吸收峰强且尖锐，可与 ν_{N-H}、ν_{O-H} 区别，易于辨识。同时，我们发现，$\nu_{\equiv C-H} > \nu_{=C-H} > \nu_{-C-H}$，这主要是由于 C 原子杂化轨道种类不同。C 原子杂化轨道中，s 轨道的成分越多，化学键越稳定，键常数 K 越大，振动频率越高。

3. $\gamma_{\equiv C-H}$　$\gamma_{\equiv C-H}$ 一般发生在 680～610 cm^{-1}，吸收峰较强。

图 3-10 为 1-戊炔的红外光谱图，其中 3307 cm^{-1} 左右是 $\nu_{\equiv C-H}$ 的吸收峰，2120 cm^{-1} 左右是 $\nu_{C\equiv C}$ 的吸收峰，630 cm^{-1} 左右是 $\gamma_{\equiv C-H}$ 的吸收峰。

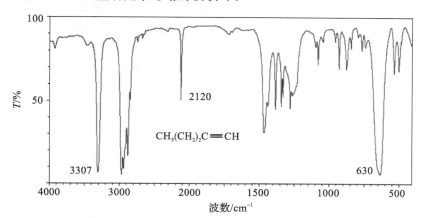

图 3-10　1-戊炔的红外光谱

（四）芳香化合物

芳香化合物的红外吸收主要有 $\nu_{=C-H}$、$\nu_{C=C}$、泛频区、$\gamma_{=C-H}$ 等吸收峰。

1. $\nu_{=C-H}$　苯环上的 =CH— 的伸缩振动与烯烃类化合物中的 $\nu_{=C-H}$ 类似，通常发生在 3030 cm^{-1} 左右，中等强度。

2. $\nu_{C=C}$（苯环骨架振动）　通常在 1650～1450 cm^{-1} 范围内可能出现多个吸收峰，约为 1600 cm^{-1}、1580 cm^{-1}、1500 cm^{-1} 和 1450 cm^{-1}，其中 1600 cm^{-1} 左右和 1500 cm^{-1} 左右最为重

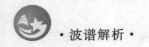

要，与苯环上的 ν_{-C-H} 结合，可用于判断苯环的存在。当苯环与其他取代基共轭后，会在 1580 cm^{-1} 左右处出现一个吸收峰。

3. 泛频区　芳香化合物在 2000～1666 cm^{-1} 范围内出现的吸收峰称为泛频峰。泛频峰强度较弱，但是泛频峰的形状和数目可以作为判断芳香化合物取代类型的重要依据，它与取代基的性质无关。

4. γ_{-C-H}　苯环的 γ_{-C-H} 在 900～650 cm^{-1} 出现较强的吸收峰，由苯环的相邻氢的振动偶合产生，是识别苯环上取代基位置和数目的极其重要的特征峰，常见的苯环各种取代形式的 γ_{-C-H} 如表 3-3 所示。

表 3-3　常见的不同取代类型的芳香化合物苯环上的 γ_{-C-H}

取代类型	吸收峰位置/cm^{-1}	吸收峰强度
单取代	750 和 700	s,s
邻二取代	750	s
间二取代	900～860,810～750,725～680	m,s,m～s
对二取代	860～800	s
1,2,3-三取代	810～750,725～680	s,m
1,2,4-三取代	900～860,860～800	m,s
1,3,5-三取代	865～810,730～675	s,m

甲苯、邻二甲苯、间二甲苯和对二甲苯的红外光谱图如图 3-11 所示。

（五）醇、酚和醚类化合物

1. 醇和酚类化合物　醇和酚类化合物都含有羟基，二者的主要特征吸收是 ν_{O-H}、ν_{C-O} 和 δ_{O-H}。

（1）ν_{O-H}：游离的醇或酚的 ν_{O-H} 一般位于 3650～3600 cm^{-1}，峰形尖锐。当形成氢键后，ν_{O-H} 向低波数方向移动到 3500～3200 cm^{-1}，且吸收峰变强，峰形变宽。

（2）ν_{C-O}：ν_{C-O} 一般为位于 1250～1000 cm^{-1} 范围内的强峰，根据其具体位置，可用于判断羟基的碳链取代情况。其中伯醇约为 1050 cm^{-1}，仲醇约为 1100 cm^{-1}，叔醇约为 1150 cm^{-1}，酚为 1200～1300 cm^{-1}。如图 3-12 和图 3-13 中正丙醇和苯酚的红外光谱所示，ν_{C-O} 分别在 1066 cm^{-1} 左右和 1236 cm^{-1} 左右。

（3）δ_{O-H}：δ_{O-H} 一般在 1400～1200 cm^{-1} 范围内，容易与其他吸收峰发生干扰，不易辨识，应用范围有限。

2. 醚类化合物　醚类化合物的主要特征吸收是 ν_{C-O}。脂肪醚 ν_{C-O} 一般出现在 1150～1050 cm^{-1} 处，强度较大，如图 3-14 中二甘醇的红外光谱所示。而芳香醚和烯醚类化合物 ν_{C-O} 表现出对称和不对称两种形式，分别出现在 1275～1200 cm^{-1}（s）和 1075～1020 cm^{-1}（m）。

例 3-3　图 3-15 为丙二醇的红外光谱，试分析如何通过红外光谱图鉴定二甘醇与丙二醇？

解：由图 3-14 和图 3-15 可以看出，二甘醇和丙二醇分别为醚类和醇类化合物，二者的红外光谱非常相似。由于都含有羟基，所以均具有 ν_{O-H}（3400 cm^{-1} 左右）和 ν_{C-O}（1050 cm^{-1} 左右）峰。但是，二甘醇中含有醚键，而丙二醇中没有。所以二甘醇红外光谱中 1126 cm^{-1} 左右处对应的 ν_{C-O-C} 是其特征峰。据此，可鉴别二甘醇和丙二醇。

（六）羰基类化合物

羰基类化合物的特征峰是 $\nu_{C=O}$，一般出现在 1900～1650 cm^{-1}。由于振动过程中偶极矩变化较大，所以峰强度较强，在红外光谱上较易识别，是判断羰基存在的有力证据。常见的羰

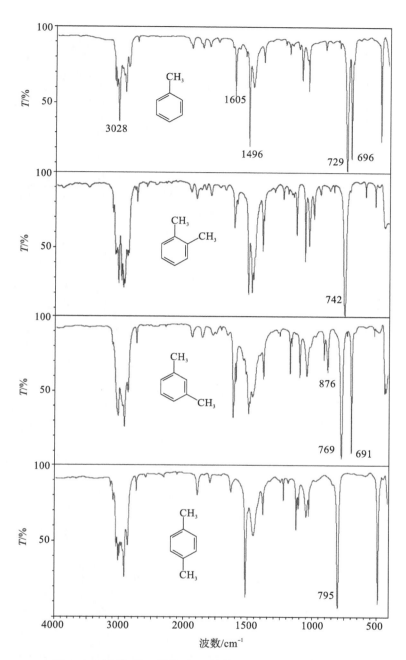

图 3-11　甲苯、邻二甲苯、间二甲苯和对二甲苯的红外光谱

基化合物主要包括酮、醛、羧酸、酯、酸酐、酰卤和酰胺等。由于诱导效应和共轭效应等因素的影响,不同类型的羰基化合物中 $\nu_{C=O}$ 的峰位置不同,具体见表 3-4。

表 3-4　各种羰基类化合物中 $\nu_{C=O}$ 的峰位置

酸酐 I	酰氯	酸酐 II	酯	醛	酮	羧酸	酰胺
1810 cm^{-1}	1800 cm^{-1}	1760 cm^{-1}	1735 cm^{-1}	1725 cm^{-1}	1715 cm^{-1}	1710 cm^{-1}	1690 cm^{-1}

1. 酮类化合物　一般脂肪酮类化合物的 $\nu_{C=O}$ 发生在 1715 cm^{-1}(vs)左右,如图 3-16 中丙酮的红外光谱所示。发生共轭时,吸收峰向低波数方向移动。环酮类化合物随着环张力的增加,$\nu_{C=O}$ 频率增大,出现在 1815～1715 cm^{-1}(s)。

2. 醛类化合物　醛类化合物的 $\nu_{C=O}$ 一般在 1725 cm^{-1} 左右。发生共轭时,吸收峰也向低

NOTE

49

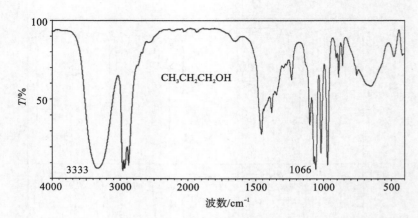

图 3-12　正丙醇的红外光谱

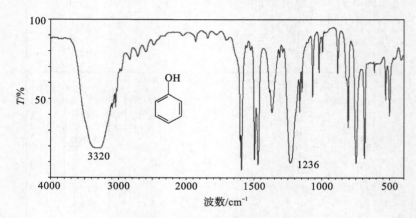

图 3-13　苯酚的红外光谱

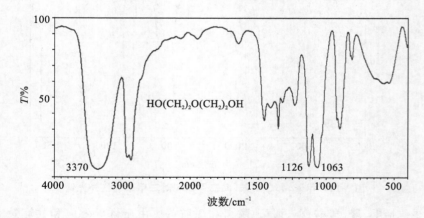

图 3-14　二甘醇的红外光谱

波数方向移动,如图 3-17 中苯甲醛的红外光谱所示。除此之外,醛类化合物还具有醛基氢的 ν_{C-H} 振动吸收,这在其他类型的羰基类化合物中是没有的。醛基氢的 ν_{C-H} 振动由于费米共振,分别在 2820 cm^{-1} 左右和 2720 cm^{-1} 左右处出现两个中等强度的吸收峰。其中 2820 cm^{-1} 左右处吸收峰与烃基氢的 ν_{C-H} 较为接近,有时会被掩盖,但是 2720 cm^{-1} 左右处吸收峰尖锐,特征性较强,易于辨别。

　　3. 酰卤类化合物　酰卤类化合物的特征吸收峰主要有 $\nu_{C=O}$、ν_{C-X}。脂肪酰卤的 $\nu_{C=O}$ 一般位于 1800 cm^{-1} 左右。当与其他基团发生共轭时,$\nu_{C=O}$ 位移到 1850～1765 cm^{-1}。ν_{C-X} 位于 1250～910 cm^{-1},峰形较宽。图 3-18 为丙酰氯的红外光谱,其中 1792 cm^{-1} 左右是 $\nu_{C=O}$ 吸收

50

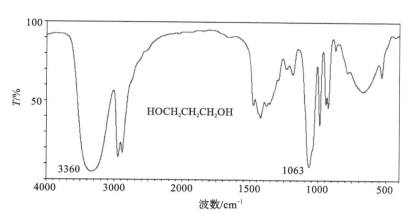

图 3-15 丙二醇的红外光谱

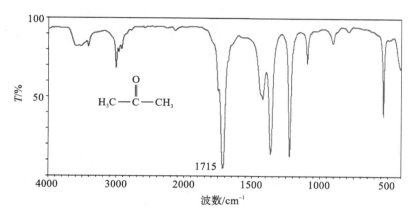

图 3-16 丙酮的红外光谱

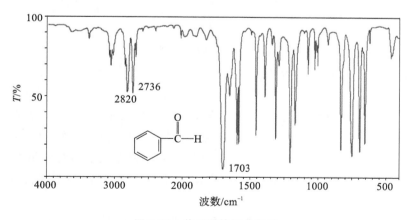

图 3-17 苯甲醛的红外光谱

峰，917 cm^{-1}左右为 ν_{C-Cl} 吸收峰。

4. 羧酸类化合物 羧酸类化合物的主要特征吸收有 $\nu_{C=O}$、ν_{O-H}、ν_{C-O} 和 γ_{O-H}。丙酸的红外光谱如图 3-19 所示。

（1）$\nu_{C=O}$：游离羰基的 $\nu_{C=O}$ 一般在 1760 cm^{-1} 左右。缔合羰基 $\nu_{C=O}$ 由于氢键的影响，一般在 1725～1705 cm^{-1}，峰宽且强。发生共轭时，$\nu_{C=O}$ 向低波数方向移动到 1690～1680 cm^{-1}。

（2）ν_{O-H}：羧基中游离羟基的 ν_{O-H} 一般位于 3550 cm^{-1} 左右，峰型尖锐。缔合羟基的 ν_{O-H} 一般发生在 3000～2500 cm^{-1}，峰形变宽、变钝，且强度增加，常与脂肪族的 C—H 伸缩振动重叠。

NOTE

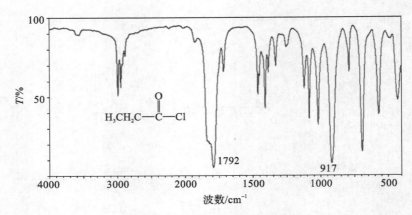

图 3-18 丙酰氯的红外光谱

（3）ν_{C-O}：多在 1320～1200 cm^{-1} 范围内产生中等强度的多重峰。

（4）γ_{O-H}：一般在 950～900 cm^{-1} 范围内产生较宽的吸收峰，强度变化很大，可用于辅助判断羧基的存在。

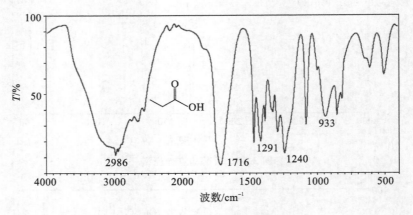

图 3-19 丙酸的红外光谱

5. 酯类化合物 酯类化合物的特征峰有 ν_{C-O} 和 ν_{C-O}。乙酸乙酯的红外光谱如图 3-20 所示。

（1）ν_{C-O}：一般的酯类化合物的 ν_{C-O} 出现在 1745～1720 cm^{-1} 附近。若羰基与周围基团发生共轭，则吸收峰向低波数方向移动。环内酯由于环张力，ν_{C-O} 向高波数方向移动。

（2）ν_{C-O}：位于 1300～1050 cm^{-1} 范围，表现出不对称伸缩振动和对称伸缩振动两个吸收峰。其中前者位于 1300～1150 cm^{-1}，峰强较大，峰形宽，特征性强；后者位于 1150～1000 cm^{-1}，峰强较小。

6. 羧酸酐类化合物 羧酸酐由于两个羰基的振动偶合，导致 ν_{C-O} 在 1860～1800 cm^{-1}（ν_{C-O}^{as}）和 1780～1740 cm^{-1}（ν_{C-O}^{s}）有两个强的吸收峰，两个吸收峰一般相距 60 cm^{-1}。而酸酐中 ν_{C-O} 为一宽而强的吸收峰，位于 1300～900 cm^{-1} 处。乙酸酐的红外图谱如图 3-21 所示。

7. 酰胺类化合物 酰胺类化合物的主要特征吸收是 ν_{N-H}、ν_{C-O}（酰胺 I 峰）、δ_{N-H}（酰胺 II 峰）和 ν_{C-N}（酰胺 III 峰）。乙酰胺的红外光谱如图 3-22 所示。

（1）ν_{N-H}：多位于 3500～3100 cm^{-1} 范围。游离伯酰胺的 ν_{N-H} 由于振动偶合在 3500 cm^{-1} 左右和 3400 cm^{-1} 左右产生两个强度大致相当的双峰；形成氢键缔合时，ν_{N-H} 向低波数方向移动到 3300 cm^{-1} 左右和 3180 cm^{-1} 左右处。游离仲酰胺在 3500～3400 cm^{-1} 出现一个单峰，缔合仲酰胺一般位于 3330～3060 cm^{-1}。叔酰胺中不存在 N—H 键，故没有 ν_{N-H}。另外，相比于

NOTE

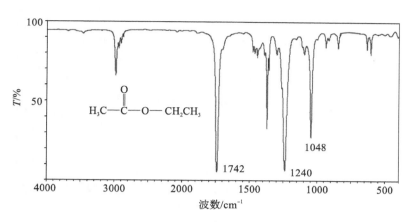

图 3-20　乙酸乙酯的红外光谱

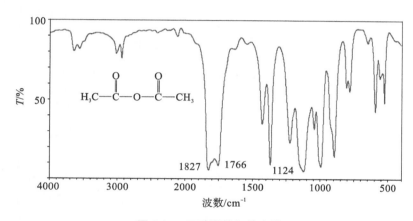

图 3-21　乙酸酐的红外光谱

缔合的 ν_{O-H}，无论是游离的还是缔合的 ν_{N-H}，其吸收峰均较弱且尖锐。

（2）$\nu_{C=O}$（酰胺 I 峰）：由于受到氨基氮上孤对电子与羰基共轭效应的影响，羰基双键性降低，化学键力常数 K 减小，$\nu_{C=O}$ 向低波数方向移动。伯酰胺：游离态约 1690 cm^{-1}，缔合态约 1650 cm^{-1}。仲酰胺：游离态约 1680 cm^{-1}，缔合态约 1640 cm^{-1}。叔酰胺：1680～1630 cm^{-1}。

（3）δ_{N-H}（酰胺 II 峰）：伯酰胺 δ_{N-H} 位于 1640～1600 cm^{-1}，仲酰胺位于 1570～1510 cm^{-1}。游离态在高波数区，缔合态在低波数区。酰胺 II 峰波数比酰胺 I 峰略低，二者可能产生相互干扰，存在重叠现象。

（4）ν_{C-N}（酰胺 III 峰）：伯酰胺 1420～1400 cm^{-1}，仲酰胺 1300～1260 cm^{-1}，均为强峰，叔酰胺无此吸收峰。

（七）含氮类化合物

1. 胺类化合物　胺类化合物的主要特征吸收为 ν_{N-H}、δ_{N-H} 和 ν_{C-N}。正丙胺、二丙胺和三丙胺的红外光谱图如图 3-23 所示。

（1）ν_{N-H}：一般位于 3500～3300 cm^{-1}。游离伯胺在 3490 cm^{-1} 左右和 3400 cm^{-1} 左右出现双峰；游离仲胺在 3500～3400 cm^{-1} 出现单峰；叔胺无此吸收峰。形成氢键缔合后，吸收峰相应地往低波数方向移动。脂肪胺 ν_{N-H} 强度较弱，芳香胺 ν_{N-H} 强度较强。与 ν_{O-H} 相比，ν_{N-H} 稍尖锐一些，位于低频区。

（2）δ_{N-H}：伯胺 δ_{N-H} 位于 1650～1570 cm^{-1} 处，仲胺 δ_{N-H} 位于 1500 cm^{-1} 左右处。伯胺的 δ_{N-H} 吸收强度中等；仲胺的吸收强度较弱，不易观察。

（3）ν_{C-N}：脂肪胺位于 1250～1020 cm^{-1}（w～m）处，芳香胺位于 1380～1250 cm^{-1}（s）处。

 NOTE

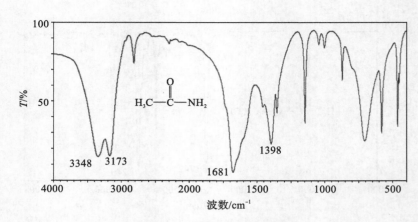

图 3-22　乙酰胺的红外光谱

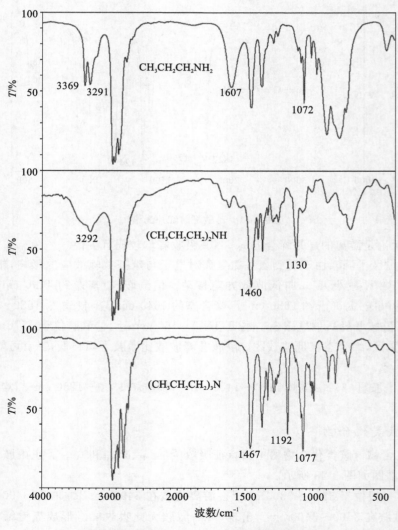

图 3-23　正丙胺、二丙胺和三丙胺的红外光谱

2. 硝基类化合物　硝基类化合物的主要特征吸收为 ν_{N-O} 和 ν_{C-N}。

（1）ν_{N-O}：在 1600～1500 cm^{-1} 和 1390～1330 cm^{-1} 分别产生硝基的不对称和对称伸缩振动的强吸收峰。

（2）ν_{C-N}：多出现在 $920 \sim 800 \ cm^{-1}$。

图 3-24 为硝基苯的红外光谱，$1521 \ cm^{-1}$ 左右和 $1347 \ cm^{-1}$ 左右的吸收峰为 $\nu_{N=O}$，$852 \ cm^{-1}$ 左右的吸收峰为 ν_{C-N}。

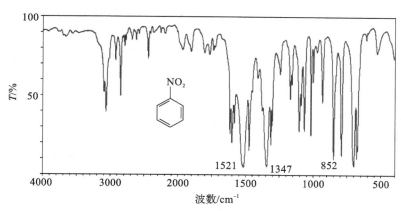

图 3-24 硝基苯的红外光谱

3. 腈类化合物 腈类化合物的主要特征峰为 $\nu_{C\equiv N}$，在 $2260 \sim 2215 \ cm^{-1}$ 出现中等强度的尖峰，易于识别。与 $\nu_{C\equiv C}$ 相比，$\nu_{C\equiv N}$ 吸收峰较强。图 3-25 为乙腈的红外光谱，其中 $2254 \ cm^{-1}$ 左右处的强吸收峰即为 $\nu_{C\equiv N}$。

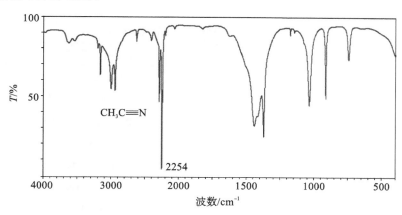

图 3-25 乙腈的红外光谱

第三节 红外光谱在结构解析中的应用

一、样品制备技术

红外光谱分析的试样可以是固体、液体或气体，一般要求：①试样为纯物质（纯度高于98％）；②试样不含水（水可产生红外吸收且可侵蚀盐窗）；③试样的浓度或厚度要适当；④应选择符合所测光谱波段要求的溶剂配制溶液。

（一）固体样品

1. 溴化钾压片 溴化钾压片是测量固体粉末试样常用的一种方法。一般取 2～3 mg 试样与 200～300 mg 干燥的 KBr 在玛瑙研钵中研磨均匀，然后在压片机上压成透明薄片，以供测量。

知识拓展
3-1

NOTE

2. 薄膜法　一般适用于高分子化合物的测定。可将试样直接加热熔融,经涂制或压制成膜;也可将试样溶解在低沸点的易挥发溶剂中,涂在盐片上,待溶剂挥发成膜后进行测量。

3. 糊法　将干燥后的试样研细,与少量液体石蜡或全氟代烃等溶剂混合,调制成均匀糊状,再夹在盐片中进行测量。由于液体石蜡为高碳饱和烷烃,所以该方法不适于研究饱和烷烃。

4. 溶液法　对于较难研细的试样,可选择合适的溶剂将其溶解形成溶液,按照液体试样的方式进行测量。

（二）液体样品

1. 液体池法　当试样沸点较低、挥发性较大时,可将试样注入封闭的液体池中再进行测量,液层厚度一般为 $0.01\sim1$ mm。

2. 液膜法　当试样沸点较高时,可直接取少量试样滴在两盐片之间,形成液膜测量。

（三）气体样品

气体试样可在玻璃气槽内进行测定,它的两端粘有红外透光的 KBr 或 NaCl 窗片。先将气槽抽真空,再将试样注入直接进行测量。

二、红外光谱的八大区域

红外光谱的测量范围一般是 $4000\sim400$ cm^{-1}。为便于记忆,可将其分为八大重要区域,见表 3-5。

表 3-5　红外光谱的八大重要区域

波长/μm	波数/cm^{-1}	振 动 类 型
$2.7\sim3.3$	$3750\sim3000$	ν_{O-H}、ν_{N-H}
$3.0\sim3.3$	$3300\sim3000$	ν_{C-H}(炔、烯、芳环)
$3.3\sim3.7$	$3000\sim2700$	ν_{C-H}(甲基、饱和亚甲基及次甲基、醛基)
$4.2\sim4.9$	$2400\sim2100$	$\nu_{C\equiv C}$、$\nu_{C\equiv N}$
$5.3\sim6.1$	$1900\sim1650$	$\nu_{C=O}$(酮、醛、羧酸、酯、酸酐、酰卤、酰胺)
$5.9\sim6.2$	$1675\sim1500$	$\nu_{C=C}$、$\nu_{C=N}$
$6.8\sim7.7$	$1475\sim1300$	δ_{C-H}(面内)
$7.7\sim10.0$	$1300\sim1000$	ν_{C-O}(酚、醇、醚、酯、羧酸)
$10.0\sim15.4$	$1000\sim650$	γ_{-C-H}(不饱和碳氢面外弯曲振动)

三、红外吸收光谱的应用

（一）鉴定是否为某已知化合物

（1）将待测试样与其标准品在同一条件下测量得到红外光谱,若光谱完全一致则判定可能为同一种化合物,但也有可能不属于同一种化合物,如对映异构体。

（2）若无标准品,但有标准图谱时,则可与标准图谱进行对照,但必须注意测定仪器与测定条件(试样物理状态、浓度及使用的溶剂)是否一致。

（二）判断化合物的立体构型与构象

红外光谱具有很强的特征性。当化合物的立体构型与构象不同时,对应的吸收峰的位置和强度等也可能不同。如对于 2-丁烯,我们根据 γ_{-C-H} 所处的位置是 690 cm^{-1} 左右还是 970 cm^{-1} 左右,即可以判断其是顺式还是反式构型。又如 1,3-环己二醇和 1,2-环己二醇,二者在 3450 cm^{-1} 左右处都有一宽而强的 ν_{O-H} 吸收峰。当用 CCl$_4$ 稀释后,两者的峰位置和强度都不变,说明这两个化合物均可能形成了分子内氢键。而形成氢键需要空间位置接近,因而我们可以判断二者的优势构象。

顺式1,3-环己二醇　　　　　　　反式1,2-环己二醇

（三）跟踪化学反应的进行程度

对于比较简单的化学反应,某个基团的引入或消去可根据红外图谱中该基团相应的特征峰的存在或消失加以判定。比如羧酸与胺类化合物的酰胺缩合反应,可以根据羧基的 $\nu_{C=O}$ 在 1710 cm^{-1} 左右处的吸收峰的减弱或消失来判断反应进行的程度,也可以根据产物酰胺中 $\nu_{C=O}$ 在 1690 cm^{-1} 左右处的吸收峰的产生来进行判断。

（四）在定量分析中的应用

红外光谱是一种分子吸收光谱,与紫外光谱类似,红外吸收也满足朗伯-比尔定律。因此,利用红外光谱也可以进行某些化合物的定量分析。但是,由于红外光谱的能量较小,吸收峰太多,所以利用红外光谱定量的误差较大,一般应选择较强的特征峰的波长作为定量波长。

（五）未知结构化合物的结构鉴定

红外光谱是测定有机化合物结构的强有力手段,由光谱上吸收峰的强度、位置、形状等因素可判断各种官能团的存在与否,结合紫外光谱、核磁共振谱和质谱等方法,可以对未知的复杂化合物进行结构鉴定。

四、红外光谱的解析步骤与实例

（一）红外光谱解析的一般步骤

1. 了解试样的来源、纯度、性质和分子式等相关情况　了解试样的来源、纯度、性质和分子式等相关情况,对结构解析有很大帮助。了解试样的来源可以估计试样的范围,试样的熔点、沸点、旋光度等性质均是确定化合物结构的佐证。试样的分子式可用于确定试样的不饱和度,以估计试样中是否含有双键、三键或苯环,对于结构确定非常重要。

不饱和度表示分子中碳原子的饱和程度,即分子结构中距离达到饱和时所缺一价元素的"对数"。不饱和度的计算公式如下:

$$\Omega = \frac{2 + 2n_4 + n_3 - n_1}{2} \tag{3-7}$$

式(3-7)中,n_1、n_3、n_4 分别为分子中一价元素(H、X)、三价元素(N)和四价元素(C)的数目。当 $\Omega=0$ 时,分子为链状饱和状态;当 $\Omega=1$ 时,分子中含有一个双键或一个环;当 $\Omega=2$ 时,分子含有一个三键,或两个双键,或一个双键和一个环;当 $\Omega=4$ 时,分子可能含有一个苯环。

例 3-4　试计算苯甲醛(C$_7$H$_6$O)的不饱和度。

解:$\Omega=(2+2\times7+0-6)/2=5$

57

苯甲醛分子中含有一个苯环和一个双键,所以不饱和度为 5。

2. 图谱的解析 红外图谱解析的目的是找出吸收峰对应的官能团。解析顺序一般为"先特征,后指纹;先强峰,后次强峰;先粗查,后细找;先否定,后肯定;一抓一组相关峰"。

"先特征,后指纹;先强峰,后次强峰"是指先解析特征区的第一强峰,并找出其相关峰,再解析特征区的次强峰,以此类推。"先粗查"是指根据红外光谱的八大区域(表 3-5),对强峰进行初步的归属。"后细找"是指根据粗查的结果,细找主要基团的红外特征峰。若找到所有的相关峰,便可以基本确定某个官能团或化学键的存在。"先否定,后肯定"是因为否定某个官能团的存在比肯定某个官能团的存在要容易得多。因此,在图谱解析时,采取先否定的方法,以逐步缩小未知物的范围。

总之,在解析的过程中,要充分利用基团的特征峰,"一抓一组相关峰"是指先识别特征区的第一强峰,找出其相关峰,并进行峰归属,再识别特征区的第二强峰,找出其相关峰,并进行峰归属。

3. 结构的拼凑 根据图谱解析得到的官能团,结合其他相关信息,拼凑出试样可能具有的结构。

4. 结构的确认 对于一些复杂的化合物,有时还需要与标准图谱进行对照。常用的标准图谱有国家药典委员会编写的药品红外光谱集、Sadtler 红外光谱集等。

（二）红外光谱解析实例

例 3-5 已知某未知化合物分子式为 C_4H_8O,其红外光谱如图 3-26 所示,试推测该未知化合物可能的化学结构。

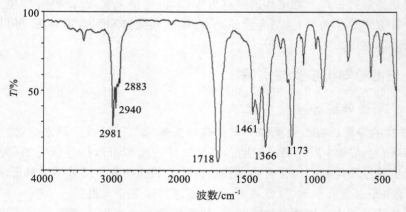

图 3-26　未知化合物 C_4H_8O 的红外光谱

解：(1)不饱和度计算 $\Omega = (4 \times 2 + 2 - 8)/2 = 1$,推测分子中存在一个双键或环;

(2) $1718\ cm^{-1}$ 处是羰基的特征峰,证明有碳氧双键存在,可能是醛或酮类化合物;

(3) $2981\ cm^{-1}$、$2940\ cm^{-1}$、$2883\ cm^{-1}$ 附近的多重峰对应甲基、亚甲基的伸缩振动峰;

(4) $2820\ cm^{-1}$、$2720\ cm^{-1}$ 处无明显的吸收峰存在,说明化合物中不存在醛基,也就说明该化合物为酮类;

(5) 由于该化合物除羰基中的碳原子以外,共含有 3 个碳原子,而该化合物又是酮类,所以该化合物的结构只能是：

$$H_3C-CH_2-\overset{\overset{\displaystyle O}{\|}}{C}-CH_3$$

例 3-6 已知某化合物分子式为 C_8H_8O,其红外光谱如图 3-27 所示,试根据其红外光谱推测该未知化合物的化学结构。

NOTE

58

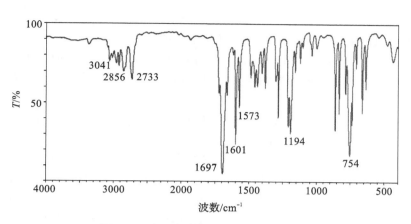

图3-27 未知化合物 C_8H_8O 的红外光谱

解：(1)不饱和度计算 $\Omega = (8 \times 2 + 2 - 8)/2 = 5$，推测分子中可能存在苯环；

(2) $3041\ cm^{-1}$、$1601\ cm^{-1}$、$1573\ cm^{-1}$ 等处出现苯环的振动峰，证明有苯环存在；

(3) $754\ cm^{-1}$ 处出现单峰说明苯环上存在邻位取代；

(4) $1697\ cm^{-1}$ 处是羰基的特征吸收峰，说明有羰基存在；

(5) $2856\ cm^{-1}$、$2733\ cm^{-1}$ 处的双峰符合醛基上 C—H 伸缩振动峰，说明化合物中存在醛基；

(6) $1465\ cm^{-1}$、$1395\ cm^{-1}$ 等处出现的一些稍弱的峰符合甲基的弯曲振动峰，证明化合物中存在甲基。

综上，可知该化合物最可能的结构如下：

$$
\begin{array}{c}
\overset{\displaystyle CH_3}{\underset{\displaystyle C-H}{}} \\
\overset{}{\underset{\displaystyle O}{}}
\end{array}
$$

本章小结

红外光谱	学习要点
基本知识	红外吸收的产生条件、分子振动模型、常见的振动方式、振动自由度、峰位置的影响因素、峰强度的影响因素
重要吸收	特征区、指纹区、特征峰、相关峰、常见化合物的特征峰
红外光谱在结构解析中的应用	样品制备技术、红外光谱八大重要区域、红外光谱解析步骤

目标检测

一、选择题

1. 在有机化合物的红外吸收光谱分析中，出现在 $4000 \sim 1300\ cm^{-1}$ 范围的吸收峰可用于鉴定官能团，这一段频率范围称为（　　）。

A. 指纹区　　　　　B. 特征区　　　　　C. 基频区　　　　　D. 合频区

2. 以下四种气体不吸收红外光的是（　　）。

知识拓展
3-2

目标检测
答案

NOTE

A. H_2O B. CO_2 C. HCl   D. N_2

3. 下列羰基化合物中 C ═O 伸缩振动频率最高的是（　　）。

A. RCOR′   B. RCOCl   C. RCOF   D. RCOBr

4. 试比较同一周期内下列情况的伸缩振动（不考虑生成氢键）产生的红外吸收峰,频率最小的是（　　）。

A. C—H   B. N—H   C. O—H   D. F—H

5. 预测 H_2S 分子的基频峰数目为（　　）。

A. 4   B. 3   C. 2   D. 约为 1

6. 某化合物红外光谱上 $3000\sim2800\ cm^{-1}$、$1460\ cm^{-1}$ 左右、$1375\ cm^{-1}$ 左右和 $720\ cm^{-1}$ 左右等处有主要吸收带,该化合物可能是（　　）。

A. 烷烃   B. 烯烃   C. 炔烃   D. 芳烃

7. 苯甲酰氯化合物只有一个羰基,却在 $1773\ cm^{-1}$ 左右和 $1736\ cm^{-1}$ 左右处出现两个吸收峰,这是因为（　　）。

A. 诱导效应   B. 共轭效应   C. 费米共振   D. 振动偶合

8. 预测以下各个键的振动频率所落的区域,不正确的是（　　）。

A. O—H 伸缩振动在 $4000\sim2500\ cm^{-1}$ B. C—O 伸缩振动在 $1500\sim1000\ cm^{-1}$

C. N—H 弯曲振动在 $4000\sim2500\ cm^{-1}$ D. C—N 伸缩振动在 $1500\sim1000\ cm^{-1}$

二、简答题

1. 简述产生红外吸收的两个条件。

2. 简述常见的分子振动方式。

3. 简述影响吸收峰位置的因素。

4. 某有机化合物 C_3H_6O,红外光谱中主要的吸收峰如下:$3300\ cm^{-1}$（宽峰）,$2960\ cm^{-1}$,$1645\ cm^{-1}$,$1430\ cm^{-1}$,$1030\ cm^{-1}$,$995\ cm^{-1}$,$920\ cm^{-1}$,试推测其结构。

5. 试预测 $CH_3CH_2C\equiv CH$ 在红外光谱上有哪些主要吸收。

6. 试说明 $(CH_3)_2C\!=\!C(CH_3)_2$ 在红外光谱上有哪些特征吸收。

7. 某未知化合物分子式为 C_5H_{12},其红外光谱如图 3-28 所示,请根据红外光谱推测其化学结构。

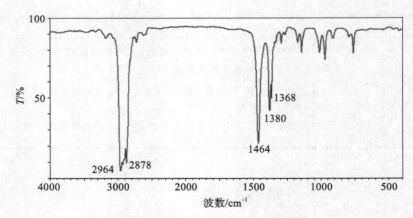

图 3-28　未知化合物 C_5H_{12} 的红外光谱

8. 某未知化合物分子式为 C_3H_6O,其红外光谱如图 3-29 所示,请分析该未知化合物可能是哪一类化合物。

9. 某未知化合物分子式为 C_8H_7N,其红外光谱如图 3-30 所示,请根据其红外光谱推测该未知化合物可能的化学结构。

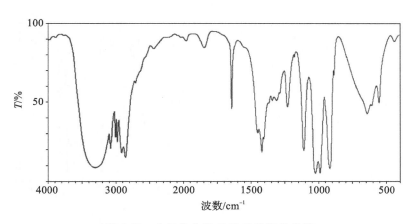

图 3-29 未知化合物 C_3H_6O 的红外光谱

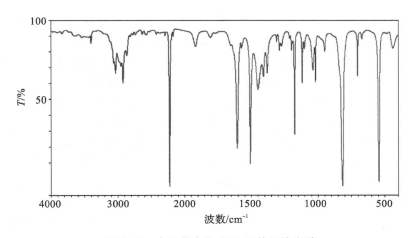

图 3-30 未知化合物 C_8H_7N 的红外光谱

10. 某白色结晶物 $C_{12}H_{11}N$，用 CCl_4 和 CS_2 作为溶剂，得到的红外光谱如图 3-31 所示，请推测该化合物可能的化学结构。

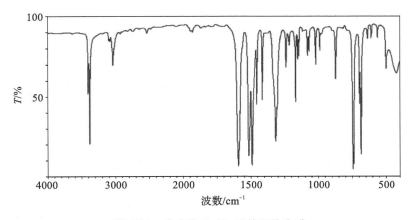

图 3-31 化合物 $C_{12}H_{11}N$ 的红外光谱

11. 某未知化合物分子式为 $C_8H_9NO_2$，其红外光谱如图 3-32 所示，请推测该未知化合物最合理的化学结构。

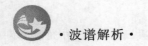
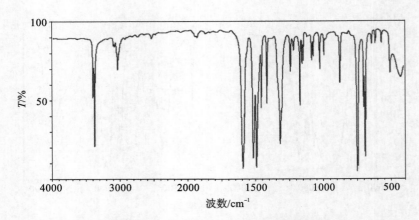

图 3-32 未知化合物 C₈H₉NO₂ 的红外光谱

参 考 文 献

[1] 孔令义.波谱解析[M].2 版.北京:人民卫生出版社,2016.

[2] 裴月湖.有机化合物波谱解析[M].4 版.北京:中国医药科技出版社,2015.

[3] 柴逸峰,邸欣.分析化学[M].8 版.北京:人民卫生出版社,2016.

[4] 汪敬武,陶移文.药物分析化学实务[M].北京:化学工业出版社,2017.

[5] 胡琴,彭金咏.分析化学[M].2 版.北京:科学出版社,2016.

[6] 冯卫生.波谱解析技术的应用[M].北京:中国医药科技出版社,2016.

[7] 宁永成.有机波谱学谱图解析[M].北京:科学出版社,2010.

[8] 何祥久.波谱解析[M].北京:科学出版社,2017.

（南华大学　刘　阳）

NOTE

第四章　核磁共振氢谱

　学习目标

　　1. 掌握:核磁共振的基本原理;化学位移的定义及其影响因素;峰面积与氢分子数目的关系;N+1规律及其偶合常数与分子结构的关系。

　　2. 熟悉:核磁共振氢谱的三个参数的定义及其应用;常见有机化合物的氢谱特征;核磁共振氢谱的解析程序。

　　3. 了解:核磁共振测定技术;高级偶合系统。

　　核磁共振(nuclear magnetic resonance,NMR)是核磁矩不为零的原子核,在外磁场作用下自旋能级发生能级分裂,共振吸收某一定频率的射频辐射发生核能级的跃迁产生所谓 NMR 现象。核磁共振与紫外光谱、红外光谱一样,都属于吸收光谱。不同在于紫外光谱是分子吸收紫外-可见光发生电子能级跃迁,红外光谱是分子吸收红外光发生振动和转动能级跃迁,而核磁共振是分子吸收射频频率电磁波引起在外磁场中的原子核发生核能级跃迁。

　　早在 1924 年,Pauli 预言了有些核同时具有自旋和磁量子数,这些核在磁场中会发生分裂;1946 年,哈佛大学的 Purcel 和斯坦福大学的 Bloch 各自首次发现并证实 NMR 现象,并于 1952 年分享了诺贝尔奖;1953 年 Varian 开始开发商用仪器,并于同年做出了第一台高分辨 NMR 仪。1956 年,Knight 发现元素所处的化学环境对 NMR 信号有影响,而这一影响与物质分子结构有关。70 年代以来,使用强磁场超导核磁共振仪,大大提高了仪器灵敏度,在生物学领域的应用迅速扩展。脉冲傅里叶变换核磁共振仪使得 C、N 等元素的核磁共振得到了广泛应用。近几十年有关核磁共振的研究曾在三个领域(物理学、化学、生理学或医学)内获得了多次诺贝尔奖。

　　人们在发现核磁共振现象之后很快就产生了实际用途,化学家利用分子结构对氢原子周围磁场产生的影响,发展成核磁共振谱,用于解析分子结构。从此,核磁共振技术得到迅速发展,随着时间的推移,核磁共振谱技术从最初的一维氢谱发展到 ^{13}C 谱、二维核磁共振谱等高级谱图,核磁共振技术解析分子结构的能力也越来越强。进入 1990 年代以后,发展成依靠核磁共振信息确定蛋白质分子三级结构的技术,使得溶液中蛋白质分子结构的精确测定成为可能。目前核磁共振是测定有机化合物结构的有力工具,采用核磁共振及与其他仪器配合,已鉴定了十几万种化合物。在核磁共振技术中,核磁共振氢谱(简称氢谱,^{1}H-NMR)、核磁共振碳谱(简称碳谱,^{13}C-NMR)和二维核磁共振是目前应用最多的结构解析工具。^{1}H-NMR 可提供分子中氢的类型、氢个数分布及氢化学环境等结构信息,是有机化合物结构研究的有力工具。

　　本章主要介绍核磁共振的基本理论及 ^{1}H-NMR 在有机化合物结构研究方面的基本知识及应用。

NOTE

第一节 核磁共振基本理论

一、核磁共振的基本原理

1. 原子核的自旋 核磁共振的研究对象是核磁矩不为零的原子核。这类原子核具有自旋的性质。实验证实,除了一些原子核中质子数和中子数均为偶数的核以外,大多数的原子核同陀螺一样,都围绕着某个轴做自身旋转运动,这种现象称为核的自旋运动。原子核本身具有质量,所以原子核自旋运动的同时会产生一个自旋角动量 P。又由于原子核是带电粒子,故在自旋的同时产生核磁矩。核磁矩与角动量都是矢量,方向是平行的。核的自旋可用自旋量子数 I 来描述。

核的自旋角动量是量子化的,不能取任意数。核的自旋角动量的大小取决于核的自旋量子数 I。不同原子核有不同的 I 值。I 为 0 的原子核,没有自旋行为,也没有磁矩,不产生 NMR 信号,因此我们研究的对象为 I 不等于零的原子核,这类原子核会产生自旋现象,也会产生 NMR 吸收信号。

因此知道某个原子的质量数及质子数,就可以知道它的自旋量子数是零还是整数或半整数,并可推测它有无自旋现象。

依据 I 取值的不同可将原子核分成三类。

①$I=0$ 的核。其中子数、质子数均为偶数,如 ^{12}C、^{16}O、^{32}S 等。核磁矩为零,不产生核磁共振信号。

②I 为半整数的核。其中子数与质子数中其一为偶数,另一为奇数,如:

$I=1/2$:^1H、^{13}C、^{15}N、^{19}F、^{31}P、^{37}Se 等。

$I=3/2$:^7Li、^9Be、^{11}B、^{33}S、^{35}Cl、^{37}Cl 等。

$I=5/2$:^{17}O、^{25}Mg、^{27}Al、^{55}Mn 等。

这类核是核磁共振研究的主要对象,特别是 $I=1/2$ 的核,这类核在磁场中能级分裂数目少,共振谱线简单,核磁共振的谱线窄,最适宜核磁共振检测,因此被研究得最多。

③I 为整数的核。其中子数、质子数均为奇数,如:

$I=1$:$^2H(D)$、^6Li、^{14}N 等。

$I=2$:^{58}Co 等。

$I=3$:^{10}B 等。

这类核有自旋现象,但其原子核具有非球形电荷分布,具有电四极矩,在磁场中能级分裂数目多,共振谱线复杂,所以目前研究得较少。

总之,只有自旋量子数 $I>0$ 的原子核才具有自旋现象,具有核磁矩与角动量,显示出磁性,才可以成为核磁共振研究的对象。而组成有机化合物的主要元素是 C、H、O,而 ^1H 天然丰度大,在磁场中的原子核信号灵敏度高,因此最早研究的 NMR 谱是核磁共振氢谱;随着傅里叶转换-NMR(FT-NMR)的问世,^{13}C-NMR、2D-NMR、3D-NMR 也得到越来越多的研究。

2. 核磁矩 $I=0$ 的原子核没有自旋运动。$I\neq0$ 的原子核有自旋运动,由于原子核带有电荷,因此核电荷也围绕着旋转轴旋转而产生一个循环电流,有循环电流就会产生一个自旋磁场(H),因此凡是 $I\neq0$ 的原子核都会产生磁场,一般是用核磁矩(μ)来描述这种磁性质。

根据量子力学理论,原子核的自旋角动量 P 的值为

$$P = \frac{h}{2\pi}\sqrt{I(I+1)}$$

(4-1)

式(4-1)中,h 为普朗克常数;I 为核的自旋量子数。

自旋量子数不为零的原子核都有核磁矩,核磁矩的方向服从右手法则(图 4-1),其大小与自旋角动量成正比。

$$\mu = \gamma P \tag{4-2}$$

式中,γ 为核的磁旋比。γ 是原子核的一种属性,不同核有其特征的 γ 值。

如:^1H 的 $\gamma_{1_H} = 2.68 \times 10^8 / (sT)$,$^{13}C$ 的 $\gamma_{13_C} = 6.73 \times 10^7 / (sT)$ 等。

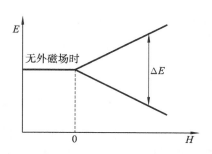

图 4-1 氢核的自旋
(a) 核自旋方向与核磁矩方向;(b) 右手法则

二、核的能级分布

在没有外磁场时,原子核的核磁矩取向是任意无序的,不表现出磁性。在外磁场中,原子核的核磁矩就会相对于外磁场发生定向排列,如图 4-2 所示。当核磁矩取向任意时,原子核只有一个简并的能级,但如何发生定向排列,原先简并的能级就会分裂成几个不同能级,如图 4-3 所示。

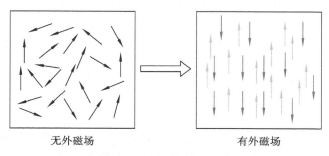

无外磁场   有外磁场

图 4-2 原子核在有无外磁场时的核磁矩取向变化

图 4-3 自旋核在磁场中能级分裂图

按照量子力学理论,磁性核在外加磁场中的自旋取向不是任意的,原子核在外磁场中的自旋取向数应满足:

$$自旋取向数 = 2I+1 \tag{4-3}$$

由式(4-3)可知,$I = \frac{1}{2}$ 的核在外磁场中的自旋取向数 $2I+1 = 2 \times \frac{1}{2} + 1 = 2$,每一种取向可用磁量子数 m 来表示。m 的取值为 $I, I-1, I-2, \cdots, -I+1, -I$,共 $2I+1$ 个。因此,^1H 的 m 取值有两个:$m = +\frac{1}{2}$ 和 $-\frac{1}{2}$。同样,当 $I = 1$ 时,核磁矩在外磁场中有三种取向,即 $m = 1、0、-1$,如图 4-4 所示。

由于每一种取向都对应于一定的核磁能级,其能级的能量 E 为

$$E = -\mu_z H_0 = -\gamma \cdot m \cdot \frac{h}{2\pi} H_0 \tag{4-4}$$

式(4-4)中,$\mu_z = \gamma \cdot m \cdot \frac{h}{2\pi}$($\mu_z$ 为核磁矩在磁场方向上的分量),$\frac{h}{2\pi} m = P_z$(P_z 为角动量在 z 轴上的分量)。

对于氢核,$m = -\frac{1}{2}$ 和 $+\frac{1}{2}$ 的核磁能级的能量分别为

$$m = -\frac{1}{2} \quad E_{-\frac{1}{2}} = -(-\frac{1}{2}) \cdot \gamma \cdot \frac{h}{2\pi} H_0 \quad 高能态$$

$$m = +\frac{1}{2} \quad E_{+\frac{1}{2}} = -\frac{1}{2} \cdot \gamma \cdot \frac{h}{2\pi} H_0 \quad 低能态$$

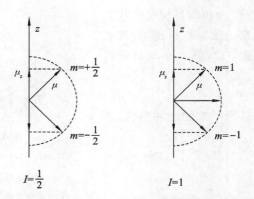

图 4-4　磁场中不同 I 的原子核的核磁矩空间取向

两个取向间的能量差

$$\Delta E = E_{-\frac{1}{2}} - E_{+\frac{1}{2}} = \gamma \cdot \frac{h}{2\pi} H_0 \tag{4-5}$$

由式(4-5)可知,氢原子核由低能级($E_{+\frac{1}{2}}$)向高能级($E_{-\frac{1}{2}}$)跃迁时需要的能量 ΔE 与外磁场强度(H_0)及原子核磁旋比成正比。增加外磁场强度,则发生原子核的能级跃迁时需要的能量也增大,反之,则减小。

对于自旋量子数 $I \neq \frac{1}{2}$ 的原子核,在外加磁场中的自旋取向较复杂,不是我们研究的对象。如 ^{14}N,自旋量子数 $I=1$,其在外加磁场中的自旋取向数$=2I+1=2\times1+1=3$。

三、核磁共振产生的必要条件

1. 原子核的进动　当核磁矩的方向与外磁场方向成一夹角时,核磁矩就会受到外磁场的磁力矩的作用,其夹角发生变化,有使这个夹角减小的趋势,最终导致核磁矩的方向与外磁场方向完全平行。但事实上其夹角并没有发生变化,而是自旋的核受到一定的扭力而导致自旋轴绕磁场方向发生回旋,核磁矩矢量(自旋轴)在垂直于外磁场的平面上绕外磁场轴做旋进运动,我们把原子核的这种旋进运动称为拉莫尔(Larmor)进动。这种情况与在地面上旋转的陀螺类似,具有一定转速的陀螺不会倾倒,其自旋轴围绕与地面垂直的轴以一定夹角旋转,如图4-5所示。

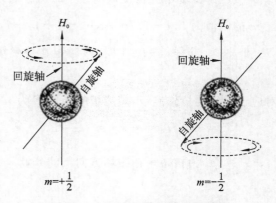

图 4-5　自旋核在外磁场中的回旋

进动频率 ν_0 与外磁场强度 H_0 的关系可用拉莫尔方程表示

$$\nu_0 = \frac{\gamma}{2\pi} \cdot H_0 \tag{4-6}$$

从式(4-6)可以看出,增加外磁场强度 H_0,则进动频率随之增大。如果固定外磁场强度,磁旋比小的原子核,进动频率也小。

2. 原子核的共振 具有自旋的原子核在外磁场中做回旋运动时,用电磁波去照射该原子核,当电磁波的频率与原子核的回旋频率相等时,原子核就吸收电磁波,由低能级跃迁到高能级,这种现象就叫作核磁共振。

总之,核磁共振产生的条件是,照射用的电磁波频率必须等于原子核的回旋频率,核磁共振才能发生,原子核由低能级跃迁到高能级,见图 4-6。

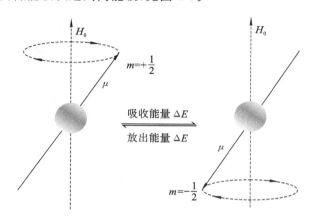

图 4-6 能级跃迁示意图

根据以上可知,当射频频率等于进动频率($\nu = \nu_0$)时发生能级跃迁,产生核磁共振,即

$$\nu = \frac{\gamma}{2\pi} \cdot H_0 \tag{4-7}$$

式(4-7)是核磁共振的基本公式(又称拉莫尔方程),ν 为电磁波频率。

由式(4-7)可知,ν 大小将取决于 H_0 大小。外磁场强度(H_0)增大时,照射用的电磁波频率也应相应增大,核磁共振才能发生;反之,则相应减少。

由于在核磁共振中,ν 与 H_0 都属于变量,因此要实现核磁共振,通常有两种方法:第一种方法是扫频,即固定 H_0,改变照射电磁波 ν;第二种方法是扫场,即固定 ν,改变 H_0。目前常用扫场来实现核磁共振。

不同的原子核磁旋比不同,所以不管是扫频还是扫场,不同的原子核发生核磁共振,共振峰的位置均不同,所以不存在相互掺杂干扰的问题。如当磁场强度为 2.35 T 时,^{1}H 的 $\gamma_{^1H} = 2.68 \times 10^8 /(\text{sT})$,其射频频率为 100 MHz,而 ^{13}C 的 $\gamma_{^{13}C} = 6.73 \times 10^7 /(\text{sT})$,其射频频率为 25 MHz。

四、核的弛豫

自旋核在外磁场 H_0 中平衡时,核自旋仅能取核磁矩与外磁场方向一致的低能态或高能态,形成核自旋的两种能级状态。如果这些核平均分配在这两种能级状态,就无法实现核磁共振信号的测定。处于不同能级的核数目服从玻尔兹曼分布(Boltzmann distribution),低能态核的数目比高能态核的数目稍微多些。如当 $H_0 = 1.4092$ T,温度为 27 ℃时,可以得到低能态($m = +\frac{1}{2}$)和高能态($m = -\frac{1}{2}$)的 ^{1}H 核数之比为 1.00000099。也就是说,低能态的核数仅仅比高能态核数多十万分之一。这十万分之一的分布差异正是我们能够检测到核磁共振信号的主要基础。在一定条件下,低能态的核能够吸收外部能量从低能态跃迁至高能态,并给出相应的吸收信号即核磁共振信号。

但由于高低能态的氢核数相差很少,随着核磁共振吸收不断进行,低能态的核就会越来少。一定时间后,高能态与低能态的核在数量上就会相等,核磁共振信号就会消失,这种现象称为"饱和"。

在实际过程中,高能态核能够通过一些非辐射途径回到低能态,这个过程称为自旋弛豫。自旋弛豫有两种形式:自旋-晶格弛豫、自旋-自旋弛豫。正是由于弛豫过程的存在,使得低能态的核总是占多数,因此有效地避免了"饱和"现象的发生。

1. 自旋-晶格弛豫 自旋-晶格弛豫是指高能态的核将能量转移给核周围的分子,如固体的晶格、液体同类分子或溶剂分子,而自旋核自己返回低能态。由于核外被电子包围着,所以这种能量的传递不像分子间那样通过热运动的碰撞传递,而是通过晶格场来实现的。这种弛豫对自旋核而言,总能量降低了,被转移的能量在晶格中变为平动或转动能,所以也称为纵向弛豫。弛豫过程可以用弛豫时间(也称为半衰期)T_1 来表示,它是高能态核寿命的量度。纵向弛豫时间 T_1 取决于样品中磁核的运动,样品流动性降低时,T_1 增大。气体、液(溶液)体的 T_1 较小,一般在 1 s 至几秒左右;固体或黏度大的液体,T_1 很大,可达数十、数百甚至上千秒。因此,在测定核磁共振波谱时,通常采用液体试样。

2. 自旋-自旋弛豫 自旋-自旋弛豫是指两个进动频率相同而进动取向不同(即能级不同)的磁性核,在一定距离内,发生能量交换而改变各自的自旋取向。交换能量后,高、低能态的核数目未变,总能量未变(能量只是在磁核之间转移),所以也称为横向弛豫。横向弛豫的时间用 T_2 表示。气体、液体的 T_2 与其 T_1 相似,约为 1 s;固体试样中的各核的相对位置比较固定,利于自旋-自旋间的能量交换,T_2 很小,弛豫过程的速度很快,一般为 $10^{-5} \sim 10^{-4}$ s。

五、核磁共振仪

核磁共振仪(图 4-7)一般由 6 个部分组成:磁铁、射频振荡器、探头、扫描发生器、射频接收器及记录仪。

1. 磁铁 磁铁是核磁共振波谱仪中最重要的部分,用来产生一个强的外磁场,使自旋核的能级发生分裂。核磁共振波谱仪测定的灵敏度和分辨率主要取决于磁铁的质量和强度。磁场强度越大,仪器越灵敏,做出来的图谱越简单,越容易解析。按磁铁的种类分为永久磁铁、电磁铁、超导磁铁三种。

2. 射频振荡器 射频振荡器用于产生射频,是用来提供固定频率电磁辐射的部件。其频率应与磁铁的强度相匹配。

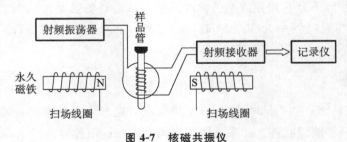

图 4-7 核磁共振仪

3. 扫描发生器 通过在扫描线圈内施加一定的直流电,产生约 10^{-5} T 的附加磁场来进行磁场扫描。

4. 探头 探头由试样管座、发送线圈、接收线圈、预放大器和变温元件等组成。用来装待测溶液的试样管一般是外径为 5 mm(测定碳谱的试样管外径更粗,一般为 10 mm)的硼硅酸盐玻璃管。在检测过程中,试样管通过试样管座中的小风轮推动以每分钟数百转的速度旋转,目的是使管内样品均匀地接受到磁场,提高分辨率。

5. 信号检测及记录处理系统 产生核磁共振时,射频接收器能检出被吸收的电磁波能量。此信号被放大后,用仪器记录下来就是 NMR 谱图。射频振荡器、射频接收器在样品管外面,它们两者互相垂直并且也与扫描线圈垂直。

6. 电子计算机(工作站) 用于控制测试过程、进行数据处理和图谱存储等。

第二节 核磁共振氢谱的基本参数

核磁共振氢谱是有机化合物结构研究的主要工具,从核磁共振氢谱中可以得到氢的类型、氢的个数分布及氢的化学环境等结构信息,即核磁共振氢谱通常包括化学位移、峰面积、偶合裂分和偶合常数几个参数。

(1)化学位移:同一类型的原子核由于化学环境不同而峰出现在不同位置的现象。

(2)峰面积:由图谱上给出的积分曲线表示。峰面积的比值与各峰所代表的氢的个数成正比。

(3)偶合裂分:氢核之间的相互作用使谱线发生分裂的现象,裂分峰之间的距离称为偶合常数。

一、化学位移及其影响因素

(一)化学位移的产生

由式(4-7)可知,在强度固定的磁场中,磁旋比相同的所有 ^1H 应具有相同的共振频率,在 ^1H-NMR 谱上只出现一个吸收信号,也就是说,无论这样的氢核处于分子的何种位置或处于何种基团中,在核磁共振图谱中,只产生一个共振吸收峰,这种图谱用于研究有机化合物结构毫无用处。实际上处于不同化学环境中的氢核所产生的共振吸收峰,会出现在图谱的不同位置上,如图 4-8 所示。这种因化学环境的变化而引起的共振谱线在图谱上的位移称为化学位移。

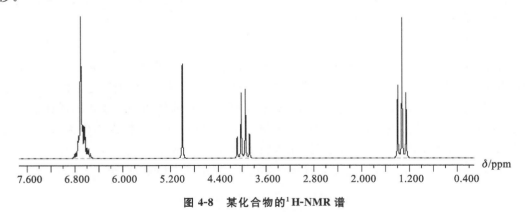

图 4-8 某化合物的 ^1H-NMR 谱

产生化学位移的原因在于氢核在分子中并不是孤立存在的,而是处于核外电子包围的环境里。在外加磁场 H_0 的诱导下核外电子产生一个与外加磁场方向相反的感应磁场 H_e,如图4-9 所示。其强度为

$$H_e = \sigma H_0 \tag{4-8}$$

式中,σ 为屏蔽常数,σ 正比于核外电子云密度,电子云密度越大,σ 越大。

由于感应磁场的存在,氢核实际受到的磁场强度 H 减弱,其值为

$$H = (1 - \sigma)H_0 \tag{4-9}$$

这种由于核外电子所产生的感应磁场削弱外磁场的效应称为屏蔽效应。

NOTE

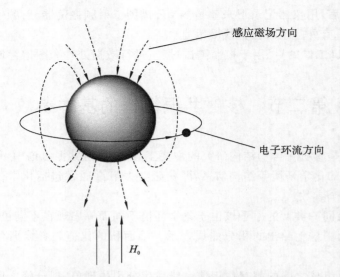

感应磁场方向

电子环流方向

H_0

图 4-9 原子核外电子对核的屏蔽效应示意图

由于屏蔽效应的存在,因此拉莫尔公式应修正为

$$\nu = \frac{\gamma}{2\pi}(1-\sigma)H_0 \tag{4-10}$$

由式(4-10)可知,若固定射频频率进行扫场时,由于屏蔽效应削弱了外磁场强度,因此需要增大外磁场强度才能达到共振条件。若固定外磁场强度进行扫频时,则需要改变射频频率才能达到共振条件。这样,处于不同化学环境的质子将在不同磁场位置产生共振信号。

在有机化合物中,氢原子以共价键与其他原子相连,各种类型氢原子受所处的化学环境的影响,氢核周围的电子云分布不同。而屏蔽常数与核外电子云密度有关,核外电子云密度大,屏蔽常数就大。当扫场时,屏蔽常数大的氢核在较大的外磁场下才能发生共振,共振信号出现在高场;反之,则出现在低场。在扫频时,屏蔽常数大的氢核,进动频率小,共振信号出现在核磁共振谱的低频端;反之,则出现在高频端。

(二)化学位移的表示及测量

根据式(4-10),理论上可以测出不同化学环境的氢核的共振频率 ν。但由于屏蔽常数相差很小,因此不同化学环境的氢核的 ν 很接近,差异仅约百万分之几,准确测定 ν 的绝对值非常困难。而且,由于 ν 的大小与 H_0 成正比,这样化学环境相同的氢核的 ν 值在不同的仪器中测得的数据也不同。因此,在实际测定中通常采用测定相对值,即选一标准物作为参照,各种峰与标准品峰之间相对差值称为化学位移,用 δ 表示,单位为 ppm。

当固定磁场强度 H_0 时,连续变化射频频率(扫频),化学位移 δ 为

$$\delta = \frac{\nu_{试样} - \nu_{标准}}{\nu_{标准}} \times 10^6 \ (\text{ppm}) \tag{4-11}$$

式中,$\nu_{试样}$ 和 $\nu_{标准}$ 分别为被测试样及标准物的共振频率。

若固定射频电磁波的频率 ν_0,连续变化外磁场强度(扫场),则上式可改为

$$\delta = \frac{H_{标准} - H_{试样}}{H_{标准}} \times 10^6 \ (\text{ppm}) \tag{4-12}$$

式中,$H_{标准}$ 和 $H_{试样}$ 分别为标准物及试样共振时的场强。

常用的标准物质一般为四甲基硅烷[$(CH_3)_4Si$, tetramethyl siliane],简称 TMS。采用 TMS 作为标准物质的原因是其具有以下特点:

①TMS 分子中的 12 个氢核处于完全相同的化学环境中,它们的共振条件完全一致,因此

在核磁共振谱中只有一个尖锐的单峰,易于辨认;

②TMS中氢核处于高电子密度区,受到的屏蔽效应比大多数其他化合物中的氢核都大,所以其他化合物的 ^1H 峰大多出现在 TMS 峰的左侧,便于谱图解析;

③TMS是化学惰性物质,性质稳定;易溶于大多数有机溶剂中;沸点低(27 ℃),便于从样品中除去。

由于 TMS 不溶于水,以重水为溶剂的样品,采用 4,4-二甲基-4-硅代戊磺酸钠(sodium 4,4-dimethyl-4-silapentanesulfonate,DSS)作为标准物质。

这两种标准物质的氢核屏蔽效应都很强,共振信号出现在高场,化学位移最小,所以其他化合物的 ^1H 峰大多出现在 TMS 峰的左侧。

例 4-1 分别在 1.4092 T 和 2.3487 T 的外磁场中,测定 CH_3Br 中 CH_3 的化学位移值 δ。

在 $H_0=1.4092$ T,$\nu_{射频}=60$ MHz($\nu_{TMS}\approx60$ MHz)的仪器上,测得 $\Delta\nu_{CH_3}=162$ Hz,即 $\nu_{试样}=\nu_{CH_3}=162$ Hz,则

$$\delta=\frac{162}{60\times10^6}\times10^6=2.70 \text{ ppm}$$

在 $H_0=2.3487$ T,$\nu_{射频}=100$ MHz($\nu_{TMS}\approx100$ MHz)的仪器上,测得 $\Delta\nu_{CH_3}=270$ Hz,即 $\nu_{试样}=\nu_{CH_3}=270$ Hz,则

$$\delta=\frac{270}{100\times10^6}\times10^6=2.70 \text{ ppm}$$

由此可见,化学位移与外磁场强度无关。核磁共振谱的横坐标用 δ 表示时,规定 TMS 的 δ 为 0(为坐标轴右端),一般氢谱横坐标 δ 为 0~10。向左,δ 值增大,磁场强度降低,频率增加。δ 与 σ、H 及 ν_0 的关系见图 4-10。

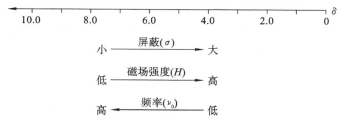

图 4-10 δ 与 σ、H 及 ν_0 的关系示意图

(三)化学位移的影响因素

化学位移是由核外电子的屏蔽效应产生的。而核外电子云密度决定了屏蔽效应大小,因此核外电子云密度的变化能够影响化学位移值的变化。如邻近电负性基团的存在使质子周围的电子云密度降低,则屏蔽效应减小,化学位移增大,移向低场,我们称之为去屏蔽效应;反之,若使质子周围的电子云密度升高,则屏蔽效应增加,化学位移减小,移向高场,我们称之为正屏蔽效应。影响化学位移的因素主要有周围原子或原子团电负性、磁的各向异性效应及氢键效应等。

1. 取代基电负性对化学位移的影响 化合物分子中存在含有某些具有强电负性的原子或原子团时,如卤素原子、硝基、氰基,由于其诱导(吸电子)作用,与其连接或邻近的磁核周围电子云密度降低,产生去屏蔽效应,共振峰向低场移动,化学位移值增大。所连接基团的电负性越强和电负性基团数目越多,化学位移值越大。如甲烷中氢核的化学位移受取代元素电负性的影响就很明显,如表 4-1 所示。

NOTE

表 4-1　甲烷中氢核的化学位移与取代元素电负性的关系

化学式	CH_3F	CH_3OH	CH_3Cl	CH_3Br	CH_3I	CH_4	TMS	CH_2Cl_2	$CHCl_3$
取代元素	F	O	Cl	Br	I	H	Si	2 个 Cl	3 个 Cl
电负性	4.0	3.5	3.1	2.8	2.5	2.1	1.8	—	—
氢核的 δ/ppm	4.26	3.40	3.05	2.68	2.16	0.23	0	5.33	7.24

　　值得注意的是,诱导效应是随共价键电子传递的,相隔共价键数目增多,诱导效应的影响逐渐减弱,通常相隔 3 个键以上的影响可以忽略不计。例如:溴甲烷、溴乙烷、1-溴丙烷和 1-溴丁烷中甲基上氢核的化学位移分别为 2.68、1.7、1.0 和 0.9 ppm。

　　2. 磁的各向异性效应对化学位移的影响　在讨论乙烷、乙烯和乙炔氢核的化学位移时,在杂化轨道的理论中,s 成分越多,则电子云越靠近碳原子,而远离氢原子,即碳键的电负性:$sp > sp^2 > sp^3$,按照诱导效应,理论上应该是乙炔氢核比乙烯出现在更低场,化学位移大,但实际上乙炔氢核化学位移小于乙烯氢核,出现在高场,乙烷、乙烯和乙炔质子化学位移 δ 分别为 0.90、5.80 和 2.90 ppm。此外,醛氢化学位移 δ 约为 10 ppm,苯质子的化学位移 δ 为 6～9 ppm,都是 sp^2 杂化轨道,但化学位移都比乙烯氢核化学位移大得多。上述这些例子可用磁的各向异性效应来解释。

　　在外磁场的作用下,核外的环电子流产生感应磁场,由于磁力线的闭合性质,感应磁场在不同区域对外磁场的屏蔽作用不同,在一些区域中感应磁场与外磁场方向相反,起抵抗外磁场的屏蔽作用,这些区域为正屏蔽区。处于此区的 ^1H 化学位移 δ 减小,共振吸收在高场(低频)。而另一些区域中感应磁场与外磁场的方向相同,起去屏蔽作用,这些区域为去(负)屏蔽区,位于此区的 ^1H 化学位移 δ 变大,共振吸收在低场(高频)。这种由于化学键(尤其是 π 键)在外磁场作用下,环电流所产生的感应磁场使分子中所处空间位置不同的氢核,受到的屏蔽或去屏蔽作用不同的现象,称为磁的各向异性效应。下面介绍几种常见的磁的各向异性效应。

　　(1) 双键(C=C、C=O):乙烯分子中的 π 电子对称地分布在双键所在平面的上、下方,π 电子在外磁场诱导下形成电子环流产生的感应磁场,在平面的上、下方与外场的方向相反,为正屏蔽区,而平面的周围为去屏蔽区,如图 4-11 所示。处于一个平面上的四个 ^1H 位于去屏蔽区,共振信号出现在低场,δ 较大(约为 5.25 ppm)。醛的情况与乙烯类似,再加上氧的诱导效应,使醛基上 ^1H 的 δ 很大(约为 9.7 ppm)。

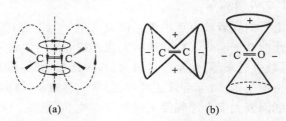

图 4-11　双键的电子环流(a)和双键的各向异性(b)

　　(2) 苯环:苯环的 6 个 π 电子形成大 π 键,π 电子云对称地分布在苯环平面的上、下方,在外磁场诱导下,易形成电子环流,产生感应磁场,其屏蔽情况如图 4-12 所示。在苯环中心及上下方的氢核实受外磁场强度降低,屏蔽效应增大,具有这种作用的空间称为正屏蔽区,以"+"表示,δ 减小。在平行于苯环平面四周的空间,氢核实受场强增加,相应的空间称为去屏蔽区或负屏蔽区,以"−"表示,δ 增大。而苯环上的 ^1H 刚好处于苯环平面的周围,受到的是去屏蔽效应,共振吸收峰移向低场,δ 增大(为 6～8 ppm)。

NOTE

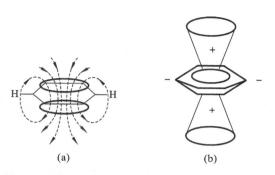

图 4-12 苯环的电子环流(a)和苯环的各向异性(b)

大环芳香化合物与苯环类似,环内及环平面的上下为正屏蔽区,环平面外侧为去屏蔽区。在十八碳环烯中,环平面外的氢核化学位移很大,在低场;而环里的氢核化学位移较小,甚至为负值,在高场。

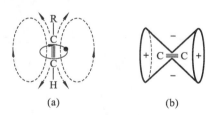

（3）三键:三键的 π 电子云与其他类型的 π 电子有很大区别,围绕键轴呈圆筒状对称分布,在外磁场诱导下,三键的键轴与外磁场方向平行,π 电子环流产生的感应磁场的方向,在键轴上与外磁场方向相反,为正屏蔽区,与键轴垂直方向为负屏蔽区,如图 4-13 所示。虽然 sp 杂化的诱导效应倾向于降低炔氢核的电子云密度,但因炔氢处于正屏蔽区,磁的各向异性效应产生的屏蔽作用占主导地位,与乙烯相比,δ 较小(约为 2.88 ppm)。

图 4-13 三键的电子环流(a)和三键的各向异性(b)

（4）单键的磁各向异性效应:C—C 单键的 σ 电子也能产生各向异性效应,但比上述 π 电子的磁各向异性效应要小得多,如图 4-14 所示,C—C 键的键轴方向就是去屏蔽区。因此,当碳上的氢被烷基取代后,剩下的氢核所受的去屏蔽效应增大,δ 增大,移向低场。例如:

$$RCH_3 \qquad R_2CH_2 \qquad R_3CH$$
$$\delta/ppm \quad 0.85\sim0.95 \ < \ 1.20\sim1.48 \ < \ 1.40\sim1.65$$

在刚性六元环上,受单键磁各向异性效应的影响,平伏键(e 键)氢核比同一碳原子上的竖直键(a 键)氢核更移向低场,如图 4-15 所示。

3. 氢键效应对化学位移的影响 氢键效应对氢核的化学位移影响很大。当分子形成氢键时,氢核周围的电子云密度降低,氢键中氢核的共振信号明显地移向低场,δ 增大。氢键分为分子间氢键和分子内氢键,溶液浓度、pH 值、温度和溶剂都影响分子间氢键的大小,因此,改变测试条件,其化学位移也变化,δ 值在较大的范围内变化。例如,羟基氢在极稀溶液中不

NOTE

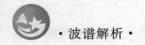

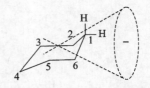

图 4-14　C—C 键的屏蔽区域（＋）和去屏蔽区域（－）　　　图 4-15　刚性六元环的 e 键氢核去屏蔽

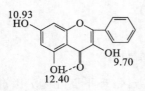

图 4-16　黄酮化合物中的分子内氢键

形成氢键时，δ 为 0.5～1.0 ppm，而在高浓度溶液中，形成氢键，则化学位移 δ 为 4～5 ppm。但形成分子内的氢键时，浓度的改变并不影响其化学位移的变化，δ 与浓度无关，只与自身结构有关。在 ^{1}H-NMR 中，常可根据分子内氢键判断分子中羟基的连接位置。图 4-16 中黄酮类化合物的 5-羟基与 7-羟基相比，其与邻近的羰基形成分子内氢键，其化学位移增大，出现在 δ 为 12.40 ppm 处。

4. 氢核交换对化学位移的影响　有些酸性氢核，如与 O、N、S 等电负性较大的原子相连的活泼氢（—OH、—COOH、—NH$_2$、—SH 等），彼此之间可以发生如下所示的氢核交换过程：

$$ROH_{(a)} + R'OH_{(b)} \rightarrow ROH_{(b)} + R'OH_{(a)}$$

交换过程的进行与否及速率快慢对氢核吸收峰的化学位移以及峰的形状都有很大影响。一般来说，交换速率为—OH＞—NH$_2$＞—SH。

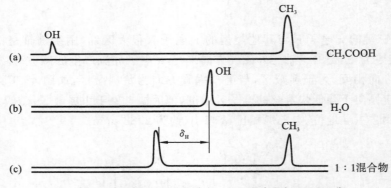

图 4-17　乙酸、水和乙酸与水的 1：1 混合物 ^{1}H-NMR 谱

以乙酸水溶液为例，乙酸与水的 ^{1}H-NMR 谱分别如图 4-17（a）、（b）所示。与水比较，乙酸—OH 中氢核吸收出现在低场，而甲基中氢核出现在高场。当两者以 1：1 等摩尔混合时，如图 4-17(c)所示，甲基中氢核峰虽然可以看到，但来自水和乙酸的—OH 吸收峰却看不到了，在相应的两个峰之间出现了一个新峰，该峰代表由水和乙酸中两个—OH 氢核快速交换所产生的平均峰。

分子中存在的活泼氢核通过加入含有活泼氢的氘代试剂（或在含有活泼氢的氘代试剂中测定）即可以消除。利用活泼氢与 D$_2$O 的 D 核快速交换，可以方便地确认活泼氢核的存在。在试样中加入重水（D$_2$O），使酸性氢核通过下列反应与 D$_2$O 交换而使其信号得以消除。

$$ROH + D_2O \rightarrow ROD + HOD$$

二、各类氢核的化学位移

综上所述，各类氢核因所处化学环境不同，共振信号出现在磁场的不同区域，即具有不同的化学位移。一般来说，化学位移的大小规律：芳烃＞烯烃＞炔烃＞烷烃，次甲基＞亚甲基＞甲基。在图谱解析中可根据实际测定的化学位移推断氢核的类型，表 4-2 列出了各官能团大

 NOTE

概化学位移,熟悉各官能团的大概化学位移就可以根据化学位移来推断各种官能团,进而推断分子结构。

表 4-2 一些常见基团氢核的化学位移

氢 核	δ/ppm	氢 核	δ/ppm	氢 核	δ/ppm
C—CH₃	0.8~1.5	C—CH₂—F	~4.36	R₂—C=CH₂	4.5~6.0
C=C—CH₃	1.6~2.7	C—CH₂—Cl	3.3~3.7	R—CH=CH—R′	4.5~8.0
O=C—CH₃	2~2.7	C—CH₂—Br	3.2~3.6	R—C≡CH	2.4~3.0
C≡C—CH₃	1.8~2.1	C=C—CH₂—C=C	2.7~3.9	Ar—H	6.5~8.5
Ar—CH₃	2.1~2.8	N—CH₂—Ar	3.2~4.0	R—CHO	9.0~10.0
S—CH₃	2.0~2.6	Ar—CH₂—Ar	3.8~4.1	R—OH	0.5~5.5
N—CH₃	2.1~3.1	O—CH₂—Ar	4.3~5.3	Ar—OH	4~8
O—CH₃	3.2~4.0	C=C—CH₂—Cl	4.0~4.6	Ar—OH(缔合)	10~16
C—CH₂—C	1.0~2.0	O—CH₂—O	4.4~4.8	R—SH	1~2.5
C—CH₂—C=C	1.9~2.4	Ar—CH₂—C=O	3.2~4.2	Ar—SH	3~4
C—CH₂—C≡C	2.1~2.8	O=C—CH₂—C=O	2.7~4.0	R—NH₂,R—NHR′	0.5~3.5
C—CH₂—C=O	2.1~3.1	C—CH—C	~2	ArNH₂,Ar₂NH,ARNHR	3~5
C—CH₂—Ar	2.6~3.7	C—CH—C=O	~2.7	RCONH₂,ArCONH₂	5~6.5
C—CH₂—S	2.4~3.0	C—CH—Ar	~3.0	RCONHR,ArCONHR	6~8.2
C—CH₂—N	2.3~3.6	C—CH—N	~2.8	(Ar)RCONHAr	7.8~9.4
C—CH₂—O	3.3~4.5	C—CH—O	3.7~5.2	R—COOH	10~13
C—CH₂—OAr	3.9~4.2	C—CH—X	2.7~5.9		

　　与杂原子相连的氢核,如—OH、—SH、—NH₂、—NH—等基团中的氢核,不同于连接在 C 原子上的氢核,该类氢核在酸或碱的催化下,发生快速交换,使氢核不再固定在杂原子上,交换的结果改变了吸收峰的位置,δ 很不固定。从峰形来看,羟基氢核的吸收峰一般较尖;氮上的氢的峰形有的尖、有的钝,甚至难以看到明显的峰形,RCONH₂ 中的 NH₂ 一般为双峰,这是由—CO—N 中的 C—N 单键不能自由旋转所致。另外杂原子电负性较大,氢核容易形成氢键,在稀释、改变溶剂或提高温度时吸收峰的位置均可发生变化。

　　—OH、—NH、—SH 的氢核受氢键效应影响较大,化学位移变化较大,测量时可加入重水使其消失。它们的特征如表 4-3 所示。

表 4-3 —OH、—NH、—SH 氢核的化学位移范围及其特征

氢 核	分 子 类 型	δ/ppm	备 注
—OH	醇类	0.5~5.0	因分子间氢键的影响,移向低场
	酚类	4.0~10.0	因分子内氢键的影响,化学位移更大
	烯醇	16.5~15.0	因强分子内氢键影响,位于很低场
	酸类	10~13.0	因强分子内氢键影响,位于很低场
—NH	脂肪胺	0.4~3.5	通常较宽
	芳香胺	3.5~6	
	酰胺	5.0~8.5	

氢　核	分子类型	δ/ppm	备　注
—S$\underline{H}$	脂肪巯基	1～2	
	芳香巯基	3～4	

在大量实践和统计的基础上，根据取代基对化学位移的影响具有加和性的原理，某些类别氢核的化学位移可以通过经验公式做出估算。

（一）甲基、亚甲基及次甲基的化学位移

甲基、亚甲基及次甲基的化学位移可用下式计算：

$$\delta = B + \sum S_i \tag{4-13}$$

式（4-13）中 B 为基础值。甲基（—CH$_3$）、亚甲基（—CH$_2$—）和次甲基（—CH—）中氢核的 B 值分别为 0.87、1.20、1.55 ppm。S_i 为取代基对化学位移的贡献值。S_i 与取代基种类及位置有关，同一取代基在 α 位比 β 位影响大，取代基的贡献值如表 4-4 所示。

例 4-2　计算以下化合物中各氢核的化学位移。

$$\underset{b\ \ \ \ \ \ \ e}{H_3C-CH_2}-\underset{}{\overset{\overset{O}{\parallel}}{C}}-O-\underset{f}{\overset{\overset{c}{\overset{CH_3}{\mid}}}{CH}}-\underset{d}{CH_2}-\underset{a}{CH_3}$$

解：　　　　$\delta_a = 0.87 + 0(R) = 0.87$ ppm（实测 0.90 ppm）

$\delta_b = 0.87 + 0.18(\beta\text{-COOR}) = 1.05$ ppm（实测 1.16 ppm）

$\delta_c = 0.87 + 0.38(\beta\text{-OCOR}) = 1.25$ ppm（实测 1.21 ppm）

表 4-4　取代基对甲基、亚甲基和次甲基氢核的化学位移的影响

取代基	氢核类型	α位移/ppm	β位移/ppm	取代基	氢核类型	α位移/ppm	β位移/ppm
—R		0	0	—CH=CH—R	CH$_3$	1.08	—
—CH=CH—	CH$_3$	0.87	—	—OH	CH$_3$	2.50	0.33
	CH$_2$	0.75	0.10		CH$_2$	2.30	0.13
	CH	—	—		CH	2.20	—
—Ar	CH$_3$	1.40	0.35	—OR	CH$_3$	2.43	0.33
	CH$_2$	1.45	0.53		CH$_2$	2.35	0.15
	CH	1.33	—		CH	2.00	—
—Cl	CH$_3$	2.43	0.63	—OCOR	CH$_3$	2.88	0.38
	CH$_2$	2.30	0.53		CH$_2$	2.98	0.43
	CH	2.55	0.03		CH	3.43	—
—Br	CH$_3$	1.80	0.83	—COR	CH$_3$	1.23	0.18
	CH$_2$	2.18	0.60		CH$_2$	1.05	0.31
	CH	2.68	0.25		CH	1.05	—
—I	CH$_3$	1.28	1.23	—NRR′	CH$_3$	1.30	0.13
	CH$_2$	1.95	0.58		CH$_2$	1.33	0.13
	CH	2.75	0.00		CH	1.33	—

NOTE

（二）烯氢的化学位移

烯氢的化学位移可用下式计算求得：

$$\delta_{C=C-H} = 5.28 \text{ ppm} + Z_{同} + Z_{顺} + Z_{反} \tag{4-14}$$

式(4-14)中 Z 是同碳、邻位顺式以及反式取代基对于烯氢化学位移的影响，如表 4-5 所示。

例 4-3 计算乙酸乙烯酯中三个烯氢的化学位移。

$$
\begin{array}{c}
\underset{\displaystyle CH_3COO}{\overset{\displaystyle H_c}{}} \!\! C=C \!\! \underset{\displaystyle H_b}{\overset{\displaystyle H_a}{}}
\end{array}
$$

解：查表（—OCOR）：$Z_{同}=2.09$ ppm，$Z_{顺}=-0.40$ ppm，$Z_{反}=-0.67$ ppm

$$\delta_a = 5.28+0+0-0.67 = 4.61 \text{ ppm（实测 4.43 ppm）}$$
$$\delta_b = 5.28+0-0.40+0 = 4.88 \text{ ppm（实测 4.74 ppm）}$$
$$\delta_c = 5.28+2.09+0+0 = 7.23 \text{ ppm（实测 7.23 ppm）}$$

表 4-5　取代基对烯氢化学位移的影响

取　代　基	取代基位移值/ppm			取　代　基	取代基位移值/ppm		
	$Z_{同}$	$Z_{顺}$	$Z_{反}$		$Z_{同}$	$Z_{顺}$	$Z_{反}$
—H	0	0	0	$\overset{O}{\overset{\|}{-CH}}$	1.03	0.97	1.21
—R	0.44	−0.26	−0.29	$\overset{O}{\overset{\|}{-C-N}}$	1.37	0.93	0.35
—Alkyl-ring[a]	0.71	−0.33	−0.30	$\overset{O}{\overset{\|}{-C-Cl}}$	1.10	1.41	0.99
—CH₂O—	0.67	−0.02	−0.07	—OR, R: aliph	1.18	−1.06	−1.28
—CH₂S—	0.67	−0.02	−0.07	—OR, R: conj[b]	1.14	−0.65	−1.05
—CH₂Cl—	0.72	0.12	0.07	—OCOR	2.09	−0.40	−0.67
—CH₂N—	0.66	−0.05	−0.23	—Ph	1.35	0.37	−0.10
—C≡C	0.50	0.35	0.10	—Cl	1.00	0.19	0.03
—C≡N	0.23	0.78	0.58	—Br	1.04	0.40	0.55
—C=C	0.98	−0.04	−0.21	—N—R, R: conj[b]	0.69	−1.19	−1.31
—C=C conj[b]	1.26	0.08	−0.01	—SR	1.00	−0.24	−0.04
—C=O	1.10	1.13	0.81	—SO₂	1.58	1.15	0.95
—C=O conj[b]	1.06	1.01	0.95				
—COOH	1.00	1.35	0.74				
—COOH conj[b]	0.69	0.97	0.39				
—COOR	0.84	1.15	0.58				
—COOR conj[b]	0.68	1.02	0.33				

注：[a] 指双键为环 $R\overset{\displaystyle C}{\underset{\displaystyle C}{\|}}$ 的一部分；

conj[b] 指取代基或双键进一步与其他基团共轭。

（三）芳氢的化学位移

芳氢由于受苯环的去屏蔽效应影响，化学位移位于低场，δ 为 9.5～6.0 ppm。取代苯环芳

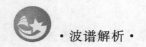

氢的 δ 可以用下式进行计算：

$$\delta = 7.30\ \text{ppm} - \sum S \tag{4-15}$$

式中 7.30 为芳氢的 δ；S 表示取代基对苯环芳氢的影响，如表 4-6 所示。

例 4-4 计算以下化合物中各氢核的化学位移。

$$
\begin{array}{c}
\text{H}_3\text{CO} \\
\\
\text{HO} \quad\quad\quad \text{COOCH}_3
\end{array}
$$

解：

$$\delta_a = 7.30 - (0.45 + 0.10 + 0.10) = 6.65\ \text{ppm}$$
$$\delta_b = 7.30 - (0.10 + 0.45 + 0.20) = 6.55\ \text{ppm}$$
$$\delta_c = 7.30 - (0.45 + 0.10 + 0.20) = 6.55\ \text{ppm}$$

表 4-6　取代基对苯环芳氢化学位移的影响

取 代 基	δ(邻)/ppm	δ(间)/ppm	δ(对)/ppm	取 代 基	δ(邻)/ppm	δ(间)/ppm	δ(对)/ppm
—OH	0.45	0.10	0.40	—CH=CHR	−0.10	0.00	−0.10
—OR	0.45	0.10	0.40	—CHO	−0.65	−0.25	−0.10
—OCOR	0.20	−0.10	0.20	—COR	−0.70	−0.25	−0.10
—NH$_2$	0.55	0.15	0.55	—COOH	−0.80	−0.25	−0.20
—CH$_3$	0.15	0.10	0.10	—Cl	0.00	0.00	0.00
—CH$_2$—	0.10	0.10	0.10	—Br	−0.10	0.00	0.00
—CH	0.00	0.00	0.00	—NO$_2$	−0.85	0.10	−0.55

三、峰面积与氢核数目

在 ^{1}H-NMR 谱中，各吸收峰的峰面积或积分高度与引起吸收的氢核数目成正比。核磁共振波谱仪一般都配有自动积分仪，可以对各吸收峰的峰面积进行自动积分，得到的数值用阶梯式积分曲线高度或数字表示出来。积分曲线的总高度和吸收峰的总峰面积相当，与分子式中氢核总数成正比；而每一个阶梯的高度与引起该吸收峰的氢核数目成正比。对于非活泼氢而言，通常峰的积分面积之比就是各峰代表的氢核数目之比，如图 4-18 所示。

目前氢核的峰面积已很少采用积分曲线的画法，更多的是在核磁共振波谱仪绘制谱图的横坐标之上直接给出各组峰的积分值，如图 4-19 所示。

四、峰的裂分及偶合常数

（一）峰的裂分

在 ^{1}H-NMR 谱中，共振峰并不总表现为单峰，通常有双峰、三重峰、四重峰或多重峰等形式。如图 4-20 中 1,1,2-三氯乙烷的 ^{1}H-NMR 谱所示，亚甲基为双峰，次甲基为三重峰。我们把这种情况称为峰的裂分现象。

1. 共振峰裂分的原因　相邻的两个磁性核的共振裂分是由它们之间自旋产生的相互干扰（自旋-自旋偶合）引起的，这种裂分称为自旋-自旋裂分（spin-spin splitting），简称自旋裂分。现以 HF 为例说明共振峰裂分产生的原因。

氟核（^{19}F）自旋量子数同氢核一样，为 1/2，在外加磁场中也有两种自旋方向相反的自旋取向。其中一种取向与外磁场平行，$m = +1/2$；另外一种取向与外磁场反向，$m = -1/2$。在 HF

NOTE

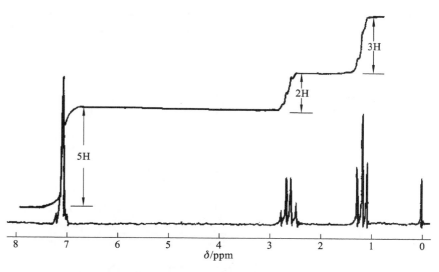

图 4-18 乙苯的¹H-NMR 谱

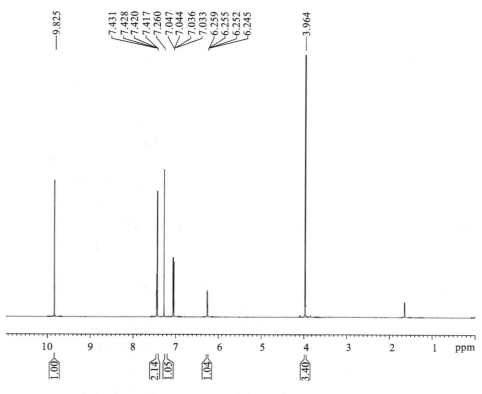

图 4-19 裂分峰的峰面积值

分子中,因为^{19}F与^1H相邻,所以^{19}F的这两种自旋相反的取向会通过键合电子的传递作用,对相邻^1H的实受磁场产生一定的影响。

当氟核(^{19}F)取向与外磁场平行,$m=+1/2$时,因与外磁场方向一致,增强了外磁场,使得^1H的实受磁场增大,所以^1H的共振峰移向低场,化学位移增加;反之,当氟核(^{19}F)取向与外磁场反向,$m=-1/2$时,因与外磁场方向相反,削弱了外磁场,使得^1H的实受磁场降低,所以^1H的共振峰移向高场,化学位移减少。而氟核(^{19}F)这两种取向的概率相等,所以 HF 中^1H的共振峰如图 4-21 所示,表现为一组双峰,在这组峰中,分裂的两个小峰的峰面积或者强度相等,总和与没有分裂的单峰面积一致,峰位则以未分裂的共振吸收峰为中心,呈对称、均匀分

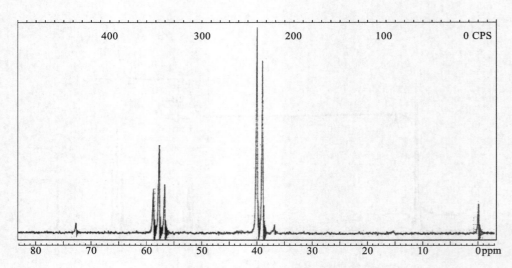

图 4-20　1,1,2-三氯乙烷(CHCl₂—CH₂Cl)的¹H-NMR 谱

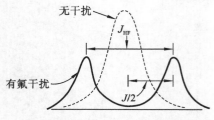

图 4-21　HF 中¹H 的共振峰裂分

布。我们把小峰之间的距离称为偶合常数,可用 J 表示。

同理,HF 中的¹⁹F 也会因相邻的¹H 的自旋干扰,偶合裂分为双峰。但如前所述,由于¹⁹F 的磁旋比和¹H 不同,故在相同的电磁辐射频率照射下,在 HF 的¹H-NMR 中可以看到¹⁹F 对¹H 的偶合影响,但不能看到¹⁹F 的共振信号。

2. 对相邻氢核有自旋偶合干扰作用的原子核　并非所有的原子核对相邻的氢核都有自旋偶合作用。$I=0$ 的原子核,如有机物中常见的¹²C、¹⁶O 等,因无自旋角动量,没有核磁矩,因此对相邻氢核将不会引起任何偶合作用。理论上,凡是 $I≠0$ 的磁性核对相邻氢核都有自旋偶合干扰作用。但由于³⁵Cl、⁷⁹Br、¹²⁷I 等原子核的电四极矩很大,无法看到偶合干扰现象;而¹³C、¹⁷O 等原子核的自然丰度很低,对氢核的自旋干扰所产生的影响可以忽略不计。因此,在¹H-NMR 中,一般只能观察到氢核对氢核的影响,这种氢核相互之间发生的自旋偶合称为同核偶合(homo-coupling)。

3. 相邻干扰核的自旋组合及对共振峰裂分的影响　以乙苯的¹H-NMR 谱(图 4-18)为例讨论氢核共振吸收峰的裂分规律,图中甲基和亚甲基分别裂分为三重峰和四重峰。在乙苯结构中,乙基中甲基上的三个氢核及亚甲基的两个氢核是两组各自化学环境完全相同的氢核。

我们首先分析甲基裂分为三重峰的原因。甲基相邻的是亚甲基,亚甲基上有两个氢核,每个氢核在磁场中都有两种取向,因此自旋状态可以有 4 种组合(↑↑,↑↓,↓↑,↓↓),产生三种不同的局部磁场。当两个 H_b 的自旋取向是↑↑结合,起到去屏蔽作用,使甲基氢核 H_a 的化学位移移向低场;当两个 H_b 的自旋取向是↑↓或↓↑结合,自旋作用相互抵消,对 H_a 没有影响,信号仍处在原来的位置;当两个 H_b 的自旋取向是↓↓结合,起到屏蔽作用,使甲基氢核 H_a 的化学位移移向高场。因此,甲基的氢核共振吸收峰被裂分为三重峰,其强度比为状态组合数之比(1:2:1),如图 4-22 所示。

图 4-22 乙苯中甲基上氢核的自旋裂分

亚甲基四重峰与邻近的甲基上有三个氢核有关，由于甲基上有三个氢，自旋状态可以有 8 种组合($\downarrow\downarrow\downarrow$，$\uparrow\uparrow\downarrow$、$\uparrow\downarrow\uparrow$、$\downarrow\uparrow\uparrow$，$\uparrow\downarrow$ $\downarrow$、$\downarrow\uparrow\downarrow$、$\downarrow\downarrow\uparrow$ 和 $\uparrow\uparrow\uparrow$)，产生四种不同的局部磁场。当甲基上三个氢核的自旋取向是 $\uparrow$ $\uparrow\uparrow$ 结合，亚甲基氢核的化学位移移向低场；当三个氢核的自旋取向是 $\uparrow\uparrow\downarrow$、$\uparrow\downarrow\uparrow$ 或 $\downarrow$ $\uparrow$ 结合，相当于受一个 $\uparrow$ 作用，亚甲基氢核的化学位移移向较低场；当三个氢核的自旋取向是

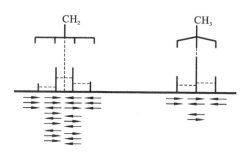

图 4-23 乙苯中 H_a 与 H_b 的自旋裂分图

$\uparrow\downarrow\downarrow$、$\downarrow\uparrow\downarrow$ 或 $\downarrow\downarrow\uparrow$ 结合，相当于受一个 $\downarrow$ 作用，亚甲基氢核的化学位移移向较高场；当三个氢核的自旋取向是 $\downarrow\downarrow\downarrow$ 结合，亚甲基氢核的化学位移移向高场。由于八种结合方式的概率相等，因此亚甲基氢核 H_b 的共振吸收峰呈现强度比为 $1:3:3:1$ 的四重峰。由此可知，亚甲基氢核受邻碳上三个相同的氢核的影响，其共振吸收裂分为四重峰。

图 4-23 所示为乙苯中甲基氢核和亚甲基氢核的自旋裂分。

综上所述，氢核共振吸收峰的裂分是有一定规律的。某组氢核的裂分峰数取决于邻近氢核的数目，在乙苯中亚甲基受相邻甲基 3 个氢核的偶合，其共振吸收裂分为四重峰，强度比为 $1:3:3:1$；同时甲基受亚甲基 2 个氢的偶合，其共振吸收裂分为三重峰，强度比为 $1:2:1$。依次类推，某类氢核与 n 个相邻氢核偶合，其多重峰的小峰数目为 $(n+1)$，此规律称为 $(n+1)$ 规律。各小峰强度(面积)之比符合二项式 $(a+b)^n$ 展开式的各项系数之比。

例如：$n=0$ 时， $(X+1)^0=1$ (1) 单峰(s)

$n=1$ 时， $(X+1)^1=X+1$ (1:1) 二重峰(d)

$n=2$ 时， $(X+1)^2=X^2+2X+1$ (1:2:1) 三重峰(t)

$n=3$ 时， $(X+1)^3=X^3+3X^2+3X+1$ (1:3:3:1) 四重峰(q)

…… ……

$(n+1)$ 规律只有在干扰核的 $I=1/2$，简单偶合及偶合作用相等时才适用。通过自旋偶合分支图，可以更好地理解 $(n+1)$ 规律的运用，见图 4-24。

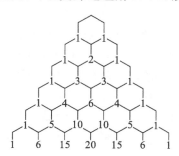

图 4-24 自旋偶合分支图

对于 $I\neq1/2$ 的干扰核，受干扰核吸收峰的裂分服从 $(2nI+1)$ 规律。以 ^2D 为例，其 $I=1$，在一氘碘甲烷分子(H_2DCl)中，^1H 核受一个 ^2D 核的干扰，裂分成 $2\times1\times1+1=3$ 重峰[$(2nI+1)$规律]，^2D 核受两个 ^1H 核的干扰，裂分为 $2+1=3$ 重峰[$(n+1)$规律]。

若某组氢核同时与两组数量分别为 n_1、n_2 个氢核相邻，发生简单偶合，有下列两种情况：

(1) 偶合常数相等。若两组氢核的偶合作用相同，即偶合常数值相等时，被偶合氢核的裂分仍符合 $(n+1)$规律,裂分峰数为(n_1+n_2+1)个。如1-氯丙烷(图4-25)中,H_a及H_c对H_b的偶合作用相同,偶合常数相等$(J_{ab}=J_{bc})$,故H_b受相邻甲基3个氢及相邻亚甲基2个氢的影响,裂分为$3+2+1$ $=6$重峰,峰高比为$1:5:10:10:5:1$。

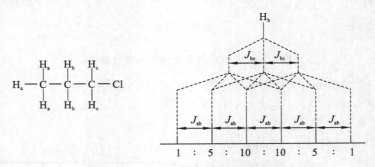

图 4-25　1-氯丙烷中 H_b 的裂分示意图

图 4-26　丙烯酸的结构

(2)偶合常数不等。若两组氢核的偶合作用不同,偶合常数不相等,则受偶合氢核的裂分不符合$(n+1)$规律,裂分峰数呈现$(n_1+1)(n_2+1)$个。如在丙烯酸中,结构见图4-26,H_b及H_c对H_a的偶合常数不同,故H_a先后受H_b和H_c的影响,裂分为$(1+$ $1)(1+1)=4$个小峰,即双二重峰,同理,H_b和H_c也分别裂分为双二重峰。

(二)偶合常数

在氢谱中,氢核受邻近氢核的自旋偶合产生裂分,裂分的小峰之间的距离称为偶合常数,可用J表示,单位是赫兹(Hz),它是核磁共振图谱所给出的三个重要参数之一。由于偶合裂分是自旋核之间的相互干扰产生的,J的大小表明自旋核之间偶合程度的强弱。与化学位移一样,J与外磁场的强度无关,是化合物分子结构的一种属性。偶合常数取决于相偶合的氢核间的结构关系,如氢核之间键的数目、电子云的分布(单键、双键、取代基的电负性、立体化学等)。

偶合的强弱与偶合核间的距离有关,J的大小与化合物分子结构有密切的关系,可以推断氢核之间的相互关系,再结合峰的裂分和化学位移就可以推断有机化合物的分子结构。根据相互偶合的氢核之间间隔的键数,偶合可分为偕偶(geminal coupling)、邻偶(vicinal coupling)及远程偶合(long range coupling)。

1. 偕偶　偕偶也称同碳偶合,是指同一碳原子上两个氢核之间的偶合,偶合常数用^2J或J_{gem}表示(左上角的数字为两氢核相距的单键数),一般为负值,双键上的偕偶常数可为正值。同碳偶合常数变化范围非常大,其值与结构密切相关。如乙烯中同碳偶合$J=2.3$ Hz,而甲醛中$J=42$ Hz。注意同碳偶合一般观察不到裂分现象。

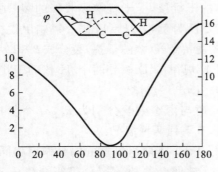

图 4-27　$^3J_{HH}$ 与两面角 φ 的关系

2. 邻偶　相邻两个碳原子上的氢核之间的偶合作用称为邻碳偶合,用^3J表示。在饱和体系中的邻碳偶合是通过三个单键进行的,偶合常数范围为$0\sim16$ Hz。邻碳偶合在核磁共振谱中是最重要的,在结构分析上十分有用,是进行立体化学研究最有效的信息之一。^3J与邻碳上两个氢核所处平面的夹角φ有关,称为Karplus曲线,如图4-27所示。

由图4-27可知,φ为$0°\sim30°$及$150°\sim180°$范围内时,^3J较大,特别是在$150°$以上时邻碳偶合

最强烈。而当 φ 为 $60°\sim120°$ 时，邻碳偶合最弱，^3J 的数值最小，在 $\varphi=90°$ 时达到极点，大小约为 0.3 Hz。

3. 远程偶合 远程偶合是指相隔四个或四个以上键的质子之间的偶合，J 值一般很小，其绝对值在 $0\sim3$ Hz 范围。远程偶合在饱和化合物中常可忽略不计，但是多元环中如果两氢核因"W"构型而被固定，^4J 能够被观测到。在不饱和体系（烯、炔、芳香化合物）中，由于 π 键传递偶合的能力较强，远程偶合比较容易观察到。

目前偶合常数的大小尚无完整的理论来说明和推算，但人们已积累了大量偶合常数与结构关系的经验数据，供使用时查阅，如表 4-7 所示。

表 4-7 质子自旋-自旋偶合常数表

类 型	J_{ab}/Hz	类 型	J_{ab}/Hz
H_a—C—H_b	$10\sim15$	H_aC=CH_b（环）	五元环 $3\sim4$ 六元环 $6\sim9$ 七元环 $10\sim13$
H_a—C—C—H_b	$6\sim8$	C=C(H_a)(H_b)	$0\sim2$
H_a—C—C—C—H_b	0	H_a 苯环 H_b	邻位 $6\sim10$ 间位 $1\sim3$ 对位 $0\sim1$
C=C—C—H_b, H_a	$0\sim2$	C=C—C=C, H_a H_b	$9\sim12$

五、核的等价性

实验中发现，在测定乙烷 CH_3—CH_3 的 ^{1}H-NMR 时，按照 $(n+1)$ 规律，理论上应该出现一个四重峰，但实际上只有一个相当于六个氢核的单峰，并没有出现多重峰，又如苯的 ^{1}H-NMR 也是如此，只有一个单峰。产生这种现象的原因与核的等价性有关。

在核磁共振中，核的等价性包括化学等价和磁等价。

1. 化学等价 化学等价核指在有机分子中，化学环境相同、化学位移相等的一组核。

2. 磁等价 在有机分子中，化学等价核还以相同的偶合常数与分子中其他的核相偶合，对组外核的偶合常数相等，这类核称为磁等价核，或称磁全同核（磁全同质子）。

如乙烷 CH_3—CH_3 的 ^{1}H-NMR 上只有一个相当于六个氢核的单峰，并没有出现多重峰，这六个氢核都是磁等价的。又如，室温下碘乙烷（CH_3CH_2I）中的甲基，由于甲基上的 3 个氢核能自由旋转，具有相同的化学位移（δ 为 1.69 ppm），且各氢核对亚甲基各氢核偶合，偶合常数相等（7.5 Hz），则甲基的 3 个氢核是磁等价的；亚甲基的 2 个氢核也具有相同的化学位移（δ 为 3.13 ppm），各氢核对甲基各氢核产生偶合，偶合常数也相等，则亚甲基各氢核也是磁等价的。

磁等价核具备以下特征：组内核化学位移相同；对组外任一个核具有相同的偶合常数；组内核虽偶合，但不裂分，^{1}H-NMR 谱中表现出单峰。

一些分子中氢核的等价关系如表 4-8 所示。

表 4-8　一些分子中氢核的等价关系

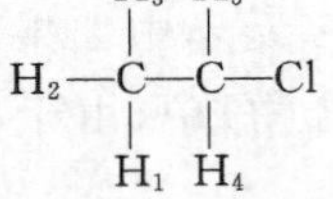 H₂—C—C—Cl (H₃ H₅ 上, H₁ H₄ 下)	H_1、H_2、H_3 和 H_4、H_5 分别是两组化学等价的核，也是磁等价的核
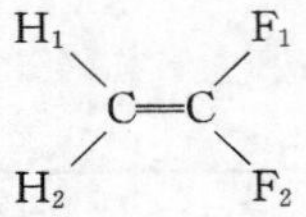 C=C (H₁ H₂ 左, F₁ F₂ 右)	因为 H_1、H_2 的化学环境一样，但 $J_{H_1F_1} \neq J_{H_2F_1}$，$J_{H_1F_2} \neq J_{H_2F_2}$，所以 H_1、H_2 是化学等价的核，而不是磁等价的核
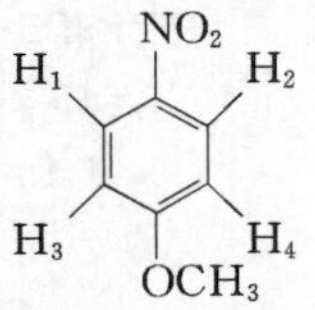 苯环 (NO₂ 上, OCH₃ 下, H₁ H₂ H₃ H₄)	H_1、H_2 及 H_3、H_4 分别是化学等价的核，而不是磁等价的核
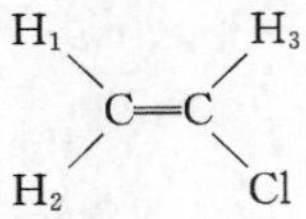 C=C (H₁ H₃ 上, H₂ Cl 下)	H_1、H_2、H_3 是化学不等价的核，磁不等价的核

综上可知，磁不等价氢核包括以下情况：

（1）化学不等价的核一定磁不等价。如 1-氯乙烯分子中，由于双键不能自由旋转，受取代基的影响，烯氢为化学不等价氢核，也是磁不等价氢核，所以三个烯氢分别裂分为双二重峰。

（2）化学等价的核也可能磁不等价。如 1,1-二氟乙烯分子中 H_1 和 H_2 是化学等价的，但是由于双键不能自由旋转，$J_{H_1F_1} \neq J_{H_2F_1}$，$J_{H_1F_2} \neq J_{H_2F_2}$，所以 H_1 和 H_2 磁不等价。

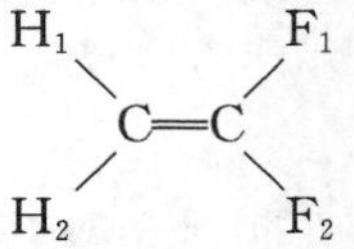

$$H_1, H_2 \quad C=C \quad F_1, F_2$$

（3）若单键带有双键性质，单键不能自由旋转，连于同一原子上的两个相同基团的氢核也磁不等价。例如，二甲基甲酰胺分子中，氮原子上的孤对电子与羰基产生 p-π 共轭，使 C—N 键带有部分双键性质，两个甲基氢核化学不等价，磁不等价。

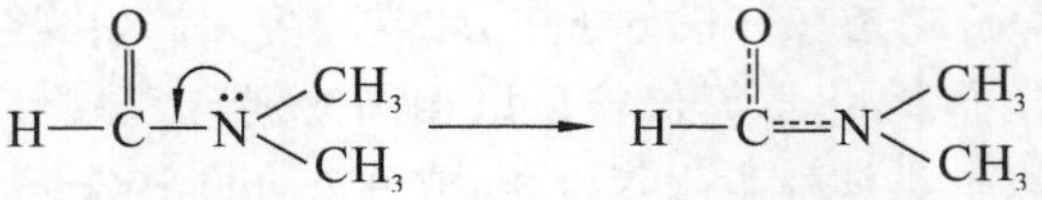

$$H-C(=O)-N(CH_3)_2 \longrightarrow H-C(-O)=N(CH_3)_2$$

（4）与不对称碳原子相连的 CH_2 的两个氢核磁不等价。如下图所示，C^* 为不对称碳原子，无论 R—CH_2— 的旋转速度有多快，亚甲基的两个氢核所处的化学环境总是不相同的，所以 H_1 与 H_2 化学不等价，磁不等价。

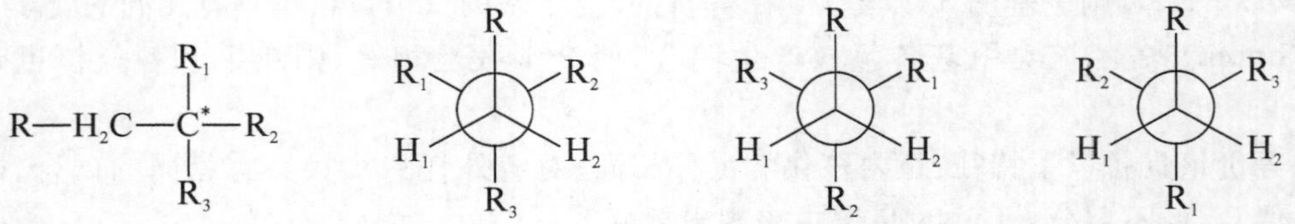

（5）一些构象固定的环上 CH_2 的两个氢核磁不等价。如环己烷中环是固定的，不能翻转，因此环上亚甲基的平伏氢 H_a 与直立氢 H_e 化学不等价，磁不等价。

（6）取代苯环上的氢核可能磁不等价。单取代芳环如 1-氯苯中 H_2 和 H_6 化学等价，但磁不等价；两取代基不同的 1,4-对二取代芳环，如对氨基苯甲酸中 H_2 和 H_6、H_3 和 H_5 化学等价，但磁不等价；取代基相同的 1,2-邻二取代芳环，如邻二羟基苯酚中 H_3 和 H_6、H_4 和 H_5 化学等价，但磁不等价。

六、自旋偶合体系

（一）自旋偶合系统的分类与命名原则

在 ^{1}H-NMR 中，分子中氢核之间并不一定都会相互作用发生偶合，通常相互作用（偶合）的许多氢核组构成一个自旋偶合系统，偶合系统内的核相互偶合，系统与系统之间的核不发生偶合，一个分子中可以有多个自旋偶合系统。例如化合物乙苯中，乙基中的 2 组氢核组构成 1 个偶合系统，在这个系统中，甲基和亚甲基相互偶合分别裂分为三重峰和四重峰；而苯基中的 5 个氢核组构成另一个偶合系统；乙基和苯基不能相互偶合，因此分属于两个不同的自旋偶合系统。

核磁共振氢谱根据谱图的复杂程度分为一级偶合图谱和高级偶合图谱。通常按照 $\Delta\nu/J$ 的值对偶合体系进行分类，$\Delta\nu/J \geq 10$ 为低级偶合（弱偶合），产生的谱图较为简单，称为一级图谱；$\Delta\nu/J < 10$ 为高级偶合（强偶合），产生的谱图复杂，称为二级图谱或高级图谱。根据偶合的强弱，可以把核磁共振划分为不同的自旋系统，其命名原则如下：

①化学位移相同的核构成一个核组，以一个大写英文字母标注，如 A。

②若核组内的核磁等价，则在大写字母右下角用阿拉伯数字注明该核组的核的数目。比如一个核组内有三个磁等价核，则记为 A_3。

③几个核组之间分别用不同的字母表示，若它们化学位移相差很大（$\Delta\nu/J > 10$），用相隔较远的 A、M、X 表示，如 CH_3CH_2I 中乙基用 A_3X_2 表示。反之，如果化学位移相差不大（$\Delta\nu/J < 10$），则用相邻的字母表示，如 A、B、C 表示，如 1,3,5-三氯苯中 3 个氢核相互偶合，构成 ABC 自旋系统。

④若核组内的核仅化学位移等价但磁不等价，则要在字母右上角标撇、双撇等加以区别。如对氨基苯甲酸的 4 个氢核构成的自旋系统命名为 $AA'BB'$。

（二）低级偶合图谱与高级偶合图谱

1. 低级偶合图谱 两组相互偶合的氢核的化学位移差 $\Delta\nu$ 远大于它们的偶合常数，即 $\Delta\nu/J \geq 10$，且每组组内氢核磁等价。符合上述条件产生的图谱称为低级偶合图谱（first order spectrum）。

低级偶合图谱一般具有以下几个特征：

(1) 磁等价氢核之间虽然偶合，但不引起峰的裂分，如碘乙烷中的甲基，甲基中三个质子为磁等价核，虽然偶合但不裂分。

(2) 裂分的数目符合 $n+1$ 规律，峰强比遵循 $(a+b)^n$ 展开式的各项系数之比。

(3) 裂分峰的中心即化学位移值。

(4) 裂分的峰大体左右对称，各裂分峰间距离相等，等于偶合常数 J。

(5) 两组互相偶合的信号彼此具有"向心性"，即内侧峰强度增加，外侧峰强度减小。

如在 2-甲基-3-戊酮(图 4-28)的 ^{1}H-NMR 中，存在两个自旋系统，分别是 A_2X_3 系统和 AX_6 系统。

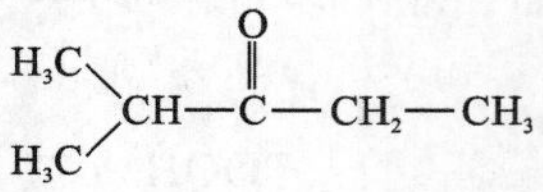

$$H_3C \quad\quad\quad O$$

图 4-28　2-甲基-3-戊酮的结构

低级偶合中常见的系统及其特征如表 4-9 所示。

表 4-9　常见的低级偶合系统及其特征

系统名称	结构特征	重峰数	峰形
A_n	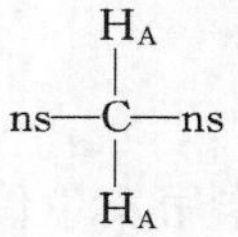	单峰	
AX	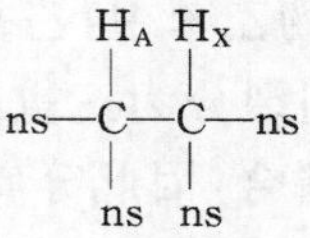	二重峰	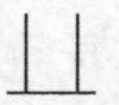 1∶1
		二重峰	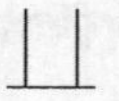 1∶1
AX_2	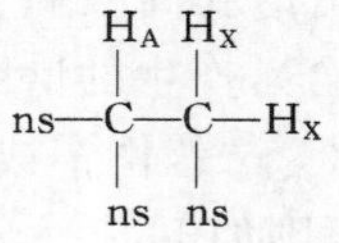	三重峰	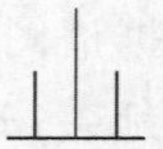 1∶2∶1
		二重峰	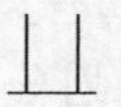 1∶1
A_2X_2	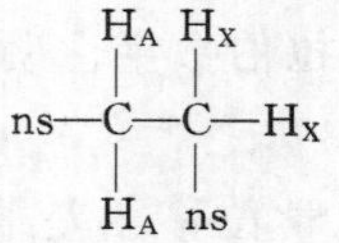	三重峰	 1∶2∶1
		三重峰	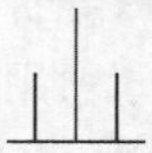 1∶2∶1
		四重峰	1∶1∶1∶1
AMX		四重峰	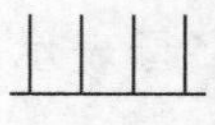 1∶1∶1∶1
		四重峰	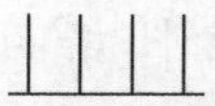 1∶1∶1∶1

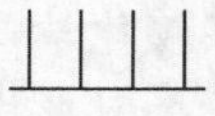

注：ns＝non splitting group，表示无裂分作用的原子或原子团。

2. 高级偶合图谱及其表示方法　不能满足低级图谱的两个条件时的谱图，称为二级偶合

图谱或者高级偶合图谱。高级图谱的图形复杂,与低级图谱相比,具有以下几个特征:

（1）相互偶合的核之间偶合作用较强,而化学位移相差不大,$\Delta\nu/J < 10$;

（2）裂分峰不服从 $n+1$ 规律,峰强比不遵循二项式展开式的各项系数之比;

（3）偶合常数一般不等于峰间距;

（4）化学位移一般不为重峰的中间位置,需计算求得。

高级偶合中涉及的氢核通常用相邻近的字母表示,如二旋系统用 AB 表示,三旋系统用 ABC、AB_2（或 A_2B）、ABX 等表示。

下面是几组常见的高级偶合系统:

（1）二旋（AB）系统:AB 系统是最简单的高级偶合,其共振信号由两组双重峰组成。随着 A、B 两组氢核的化学位移差值不断缩小,即 $\Delta\nu/J$ 降低,两组双峰不断接近,双峰内侧峰强度增加,外侧峰强度减小。

如与手性碳原子连接的亚甲基 $\left(\underset{|}{\overset{|}{-}}C^* -CH_2-\right)$。

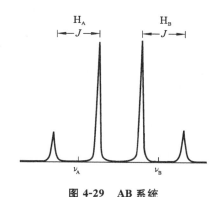

图 4-29　AB 系统

AB 系统的图谱特征如图 4-29 所示。

（2）三旋（ABC、AB_2、ABX）系统。

ABC 系统:此类系统在有机化合物中比较常见,图形比较复杂,最多可以有 15 个小峰,如丙烯腈、苯乙烯、丙烯酸乙酯及氯乙烯的氢核组均构成 ABC 系统。

AB_2 偶合系统:为 A 氢核和 2 个等价的 B 氢核偶合,共振峰最多可出现 9 个,分为 2 组,其中 A 有 4 个（1～4）,B 有 4 个（5～8）,有时可看到第 9 个很弱的综合峰。A 部分的谱线形成倾斜的四重峰,靠近 B_2 部分的峰较强,B_2 部分的谱线由二组双重峰组成,外面的双峰较弱,里面的双峰较强,有时第 5、6 个峰重合在一起,成为最强的单峰。下列氢核组为常见的 AB_2 系统:

$$\underset{A}{>}CH-\underset{B_2}{CH_2}- \qquad \underset{B}{>}CH-\underset{A}{\underset{|}{CH}}-\underset{B}{CH}< \qquad$$

ABX 系统:为 3 个不等价氢核相互偶合,与 AMX 系统的不同点是,其中 2 个氢核的化学位移很相近,谱图上最多可以出现 14 个峰,这 14 个峰可以分为 X 和 AB 两部分峰群,X 部分有时出现 6 个峰（9～14）,两边最外侧的 2 个峰很弱,故常只出现 4 个强度几乎相等的峰,AB 部分有 8 个峰（1～8）,分属两组,每组 4 个峰。

下列结构的氢核组可能为 ABX 系统:

AMX 与 ABX 系统的图谱特征如图 4-30 所示。

（3）四旋（$AA'BB'$）系统:若分子中 2 个 A 核和 2 个 B 核分别是化学等价、磁不等价的核,则构成 $AA'BB'$ 系统。$AA'BB'$ 系统产生的谱图的特征是对称性强,理论上有 28 个峰,AA' 有 14 个峰,BB' 有 14 个峰。但是由于谱线重叠或某些峰太弱,实际谱图往往远少于 28 个峰。

NOTE

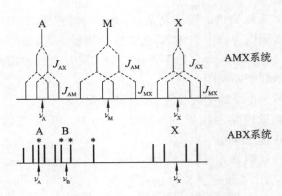

图 4-30 AMX 与 ABX 系统

对位双取代苯的 AA′BB′ 系统谱线较少,主峰类似于 AB 四重峰,每一主峰的两侧又有对称(指与主峰间距离对称)的两个小峰。

第三节 核磁共振氢谱测定技术

一、样品制备

将几毫克的待测样品小心装入 5 mm 核磁共振样品管中,加入氘代溶剂 0.5 mL,加入四甲基硅烷,使其浓度约为 1%,盖好样品管盖,振荡使样品完全溶解,然后将样品管插入核磁共振波谱仪的样品管储槽中(图 4-31)。

核磁管上尽量不要贴标签,以免影响核磁管轴向的均衡性,进而影响分辨率。选择溶剂的基本原则:样品易溶解,溶剂峰和样品峰没有重叠,黏度低且价格便宜。一般来说,试剂的氘化纯度为 99.5%~99.99%,因此总会出现一些未氘化的残留峰和杂质峰,如表 4-10 所示。有时溶剂中的 H_2O 峰会比残留峰更大,因此要熟悉所用的氘代溶剂可能出现的杂质峰。

核磁共振波谱法的样品通常都配制成溶液,在配制溶液时应注意选择适当的溶剂。在测定 ^{1}H-NMR 谱时,溶剂不应含质子,常用的溶剂有 CCl_4、CS_2 及氘代溶剂,如表 4-10 所示。氘代溶剂对样品的溶解能力一般比 CCl_4 和 CS_2 好,但价格较高。常用的氘代溶剂有 $CDCl_3$、C_6D_6、$(CD_3)_2CO$、$(CD_3)_2SO$(氘代 DMSO)等,水溶性的样品可以用

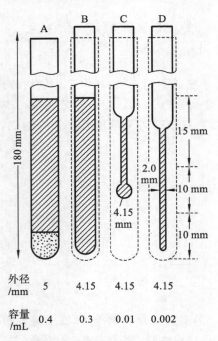

	A	B	C	D
外径 /mm	5	4.15	4.15	4.15
容量 /mL	0.4	0.3	0.01	0.002

图 4-31 核磁共振样品管

D_2O 作为溶剂,不含 ^1H 的溶剂还有 CF_2Cl_2、SO_2FCl 等。

表 4-10 某些氘代溶剂中残留 ^1H 的共振吸收位置

溶　剂	含 H 基团	化 学 位 移
$CDCl_3$	CH	7.28(单峰)
$(CD_3)_2CO$	CD_2H	2.05(五重峰)
C_6D_6	$CH(C_6D_5H)$	7.20(多重峰)
D_2O	HDO	约 5.30(单峰)
$(CD_3)_2SO$	CD_2H	2.5(五重峰)
CD_3OD	CD_2H	3.3(五重峰)
C_2D_5OD	CHD_2	1.17(五重峰)
	CHD	3.59(三重峰)
	OH	不定(单峰)
$(CD_3)_2NCDO$	CD_2H	2.76(五重峰)
	CHO	8.06(单峰)

二、强磁场 NMR 仪

在 ^1H-NMR 谱中,不同类型氢核化学位移范围在 0～20(主要在 δ 0～10),且氢核之间还存在相互偶合使得峰裂分,当氢核化学环境相似时,峰之间重叠严重,难以辨认。因此从图谱中准确分辨不同类型的氢核裂分情况、化学位移、自旋偶合系统等信息较困难,这种情况在高级偶合时尤为严重。

根据以上可知,$\Delta\nu/J$ 值决定谱图的复杂程度,而偶合常数(J)是一定值,不受磁场强度的影响,但信号之间化学位移的差值($\Delta\nu$)则随外磁场强度(H_0)的增强而加大,因而 $\Delta\nu/J$ 值也将随外磁场强度的增强而增大。故高级偶合谱图在改用强磁场 NMR 仪测定时,因信号之间的分离度得到了改善,可能简化为一级偶合谱图,有利于图谱解析。4-氯丁酸(Cl—CH_2—CH_2—CH_2—COOH)的 ^1H-NMR 谱如图 4-32 所示,(a)为采用 60 MHz 核磁共振仪测定的结果,B、C 两种氢核重叠严重,无法分辨;(b)为采用 100 MHz 核磁共振仪测定的结果,分离度得到一定的改善;(c)为采用 200 MHz 核磁共振仪测定的结果,三种氢信号得到明显的改善,可

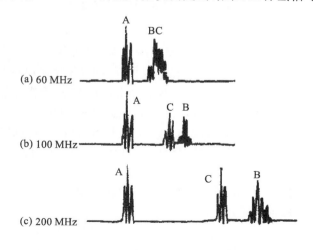

图 4-32 4-氯丁酸用不同磁场仪测定的 ^1H-NMR 谱

NOTE

以清楚地观察到 A 氢核和 C 氢核明显的三重峰,识别起来十分容易。

三、核磁双共振

在 ^{1}H-NMR 谱中,相邻氢核之间的自旋偶合造成的峰裂分包含了化合物结构的许多信息,因此可以利用自旋-自旋偶合作用来确定化合物的结构;但另一方面,偶合产生的峰裂分会使谱线复杂化,尤其是有多重偶合影响时容易出现错误判断,使得图谱解析困难。

在实际测定过程中,往往可以采用核磁双共振简化图谱,利于解析。核磁双共振又称双照射,指除了激发核共振的射频场(B_1)外,还可外加另外一个射频场(B_2)进行照射。核磁双共振包括自旋去偶实验和核 Overhauser 效应(NOE)。

1. 自旋去偶实验 在 ^{1}H-NMR 中采用同核去偶实验可选择性地消除某些核之间的偶合,从而简化图谱。去偶实验指通过选择照射偶合系统中某个氢核或某组氢核并使之饱和,该氢核变成单峰,则由该氢核造成的偶合裂分影响会消除,原先受其影响而偶合裂分的氢核信号在去偶谱中得到简化或者变为单峰(只有单重偶合影响时)。以乙酸异丙酯为例,采用 100 MHz 核磁共振仪测得的 ^{1}H-NMR 谱如图 4-33 所示,(a)为正常图谱,其上出现三组信号,按磁场由高到低顺序,分别为(CH_3)$_2$C(6H,二重峰)、CH_3CO(3H,单峰)及 OCH(1H,七重峰);(b)、(c)分别为对 OCH、(CH_3)$_2$C 照射后测得的去偶谱,分别变为单峰,表示两者相互偶合,构成了一组自旋偶合体系。这样,通过上述交叉去偶试验使得乙酸异丙酯的分子结构及信号归属得到了确认。

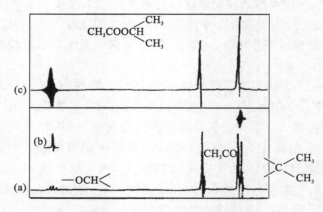

图 4-33 乙酸异丙酯的去偶实验

图 4-34 异香荚兰素的结构

2. 核 Overhauser 效应(NOE) 在测定时,两个不同类型质子位于相近的空间距离时,照射其中一个质子会使另一个质子的信号强度增强,这种现象就称为核 Overhauser 效应(NOE),简称为 NOE。两个核空间距离相近就可能发生 NOE,与相隔的化学键数目没有关系。NOE 的强度与距离的 6 次方成反比,故其数值大小直接反映了相关质子的空间距离,可用来确定分子中某些基团的空间相对位置、立体构型及优势构象,是研究立体化学的重要手段。

例如测定异香荚兰素(图 4-34)的 NOE 图谱,照射甲基时,H_c 质子的信号面积增加了13%,说明在结构中甲基和 H_c 空间上接近。

四、位移试剂

含氧或含氮的化合物,如醇、胺、酮、醚等,其中某些氢核信号可因加入特殊的化学试剂而发生位移,位移的程度随氢核与官能团之间距离的增加而减弱。这类试剂就称为位移试剂,多为镧系金属化合物,如表 4-11 所示。

图 4-35 是正庚醇在 60 MHz 仪器上测定的 ^{1}H-NMR 谱,(a)和(b)分别为加入位移试剂前后测得的图谱。从(a)可知,氢核共振峰完全重叠在一起,无法分辨。从(b)可知,加入位移试剂后,氢核信号按照它们与含氧基团(—OH 基团)距离的远近得到不同程度的位移。氢核距离含氧基团越近,其化学位移越大;氢核距离含氧基团越远,其化学位移越小,从而得到比较好的分离效果。

表 4-11 常用位移试剂

编 写 名	结 构	全 名	m. p. /℃	位移方向
Eu(dpm)$_3$ [Pr(dpm)$_3$]		tris^a (dipivalometanato) europium [praseodymium]	188 220	低磁场 高磁场
Eu(fod)$_3$ [Pr(fod)$_3$]		tris(1,1,1,2,2,2,3,3-heptafluoro-7,7-dimethy1-4,6-octanedionato) [praseodymium]	100~200 180~225	低磁场 高磁场

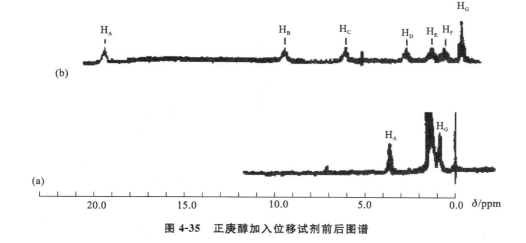

图 4-35 正庚醇加入位移试剂前后图谱

第四节 核磁共振氢谱在结构解析中的应用

一、核磁共振氢谱解析的基本步骤

核磁共振氢谱可提供氢的类型、氢核之间关系及氢的数目等结构信息,是推断有机化合物结构最重要的手段。通常解析核磁共振氢谱的步骤如下。

(1) 检查谱图：检查内标物 TMS 峰位是否准确、正常；积分曲线在无峰处应平直，内标物或某些峰应有尾波，尾波应呈衰减对称形；溶剂中残存的 ^1H 信号是否出现在预定的位置并从图中勾去以防混淆；信噪比(S/N)是否符合要求（一般 $S/N > 30$ 为宜）。如有问题，解释谱图时应当注意，必要时应重新测定。

(2) 计算不饱和度：给出一个已知分子式的化合物，首先应计算它的不饱和度 Ω，根据不饱和度判断化合物的可能类型。如当 $\Omega \geqslant 4$ 时，该化合物可能存在一个芳环结构。

(3) 确定谱图中各峰组和对应的氢原子数：谱图有多少组共振吸收峰，对应化合物中就有多少种不同类型的氢核；根据各峰面积积分曲线或数值，可知各组峰氢原子数比，再根据分子式中氢的数目，计算各组氢核的数目。注意，如果得到各组峰的氢原子数少于分子式中氢的数目，表明可能存在活泼氢。因此，如有重水加入前后测得的图谱，比较图谱可以解析活泼氢的存在与否。

(4) 解析在 δ 为 10～16 ppm 的低场区出现的信号峰：这类峰多数都是—COOH 或具有分子内氢键缔合的—OH。

(5) 参考峰的 δ、裂分峰型和 J，再根据每个峰组氢原子数目和 δ，解析低级偶合系统，推断结构单元。

(6) 根据推出的若干结构单元，组合成结构式，再结合化学方法，或 UV、IR 及 MS 等其他谱图进行结构确认，并对信号归属一一确认。

二、应用示例

例 4-5 某未知化合物的分子式为 $C_5H_{10}O_2$，其 ^1H-NMR 谱如图 4-36 所示，试推断该化合物的结构。

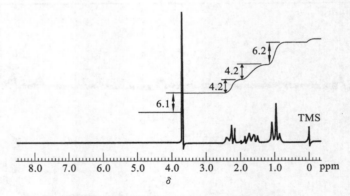

图 4-36 未知化合物 $C_5H_{10}O_2$ 的 ^1H-NMR 谱

解：

(1) 计算不饱和度：$\Omega = \dfrac{2 \times 5 - 10 + 2}{2} = 1$，推测应该含有一个双键或者环；

(2) 氢数目：根据积分高度，从低场到高场氢数目比值为 3∶2∶2∶3，分子式中氢总数为 10，因此从低场到高场氢数目分别为 3、2、2、3；

(3) ^1H-NMR 解析：3.7 ppm 处为单峰(3H)，化学位移较大，推测结构单元为—OCH₃；2.3 ppm 处为三重峰(2H)，1.7 ppm 处为多重峰(2H)，0.9 ppm 处为三重峰(3H)，根据 $n+1$ 规律，推测结构单元为—CH₂CH₂CH₃；

(4) 与分子式比较，还有一个 C 和 O，且不饱和度为 1，因此推测结构单元为羰基。

综上所述，将结构中各个结构单元连接在一起，推测未知化合物的结构应为

例 4-6 某未知化合物分子式为 $C_8H_8O_3$，为外观白色或微黄色结晶，熔点为 82～83 ℃，沸点为 284 ℃，其 ^{1}H-NMR 谱如图 4-37 所示，试推断该化合物的结构。

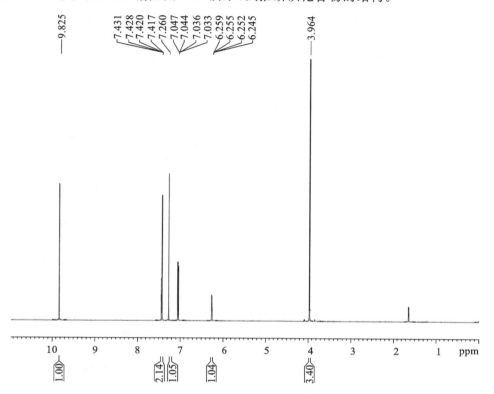

图 4-37 未知化合物 $C_8H_8O_3$ 的 ^{1}H-NMR 谱

解：计算得不饱和度为 5。图上共有五组不同化学环境的峰，从低场到高场的积分面积之比为 1∶2∶1∶1∶3，结合分子式 $C_8H_8O_3$ 可知，五种类型氢核的数目应分别为 1 个氢、2 个氢、1 个氢、1 个氢和 3 个氢。

根据不饱和度可知化合物可能含有苯环，图谱中在化学位移为 7 ppm 左右存在 2 个吸收峰（7.4、7.0 ppm 处），氢数目分别是 2 和 1，说明可能存在三取代苯环，在 7.4 ppm 处是 2 个氢，但其为三取代，因此推测该处可能是由两个化学位移接近的氢核组成，根据谱图中峰的裂分分析，该处峰应该裂分为二重峰和二重峰，而图谱中 7.0 ppm 处为四重峰，故其结构单元可能为

9.8 ppm 处是一个氢核的单峰，应该是醛基氢，存在—CHO 结构单元；3.96 ppm 处是 3 个氢的单峰，化学位移较大，是甲氧基（—OCH₃）结构单元。

已确定的结构单元与分子式比较，少了 1 个 O 和一个 H，因此 6.25 ppm 处应该是—OH 吸收峰。

结合结构单元及苯环氢的化学位移，其结构可能为

知识拓展
4-1

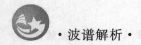

查表计算苯环中 a、b、c 三处氢核化学位移,并与实际核对,证实该结构就为上述结构。

$$\delta_a = 7.30 - (0.45 + 0.10 - 0.25) = 7.00 \ \text{ppm}(实测 \ 7.00 \ \text{ppm})$$

$$\delta_b = 7.30 - (0.45 + 0.10 - 0.65) = 7.40 \ \text{ppm}(实测 \ 7.40 \ \text{ppm})$$

$$\delta_c = 7.30 - (0.45 + 0.10 - 0.65) = 7.35 \ \text{ppm}(实测 \ 7.40 \ \text{ppm})$$

本章小结

核磁共振氢谱	学习要点
概念	拉莫尔进动、弛豫、化学位移、屏蔽效应、磁的各向异性效应、偶合裂分、偶合常数、一级图谱、$n+1$ 规律、去偶实验、核 NOE、位移试剂、核磁双共振
重点	1. 核磁共振波谱的产生:原子核的自旋、自旋取向与核磁能级、进动与共振、核的弛豫。 2. 化学位移的产生:产生原理、表示方法、影响因素、各基团质子的特征化学位移。 3. 自旋偶合与峰的裂分:核的等价性质、偶合常数、偶合类型、裂分规律。 4. 一级图谱:特征、规律。 5. 氢谱的解析:峰位、裂分峰数、积分高度与氢数。
难点	1. 核磁能级的分裂与共振频率:分裂的原因、共振吸收的条件。 2. 自旋系统:定义、命名。 3. 核磁共振碳谱:产生原理、特征、去偶技术、化学位移与分子结构。
常用公式	1. 核磁矩: $$\mu = \gamma \frac{h}{2\pi} \sqrt{I(I+1)}$$ 2. 原子核的进动频率(Larmor 方程): $$\nu = \frac{\gamma}{2\pi} H_0$$ 3. 核磁共振条件: $$\nu_0 = \nu = \frac{\gamma}{2\pi} H_0$$ 4. 屏蔽效应存在时的 Larmor 方程式: $$\nu = \frac{\gamma}{2\pi}(1-\sigma) H_0$$ 5. 化学位移: $$\delta = \frac{\nu_{试样} - \nu_{标准}}{\nu_{标准}} \times 10^6 \ (\text{ppm})$$

NOTE

目标检测
答案

目标检测

一、选择题

1. 下列原子核中核磁矩为零,不产生核磁共振信号的是(   )。

A. ^{16}O、^{12}C B. ^2H、^{14}N C. ^1H、^{13}C D. ^{19}F、^{12}C

2. 在外磁场中,其核磁矩只有两个取向的核是(   )。

A. ^2H、^{13}C B. ^1H、^{13}C C. ^{13}C、^{31}P D. ^{31}P、^{12}C

3. 不影响化学位移的因素是(   )。

A. 磁的各向异性效应   B. 核外电子云密度

C. 核磁共振仪的磁场强度   D. 内标试剂

4. 自旋量子数 $I = 1/2$ 的原子核在磁场中,相对于外磁场,有多少种不同的能量状态?(   )

A. 1   B. 0   C. 4   D. 2

5. 下列结构单元中的质子 δ 最小的是(   )。

A. Ar—H   B. Ar—CH$_3$ C. H—C≡O   D. RCOOCH$_3$

6. 下列化合物中在核磁共振谱中出现单峰的是(   )。

A. CH$_3$CH$_2$Cl   B. CH$_3$CH$_2$OH   C. CH$_3$CH$_3$ D. CH$_3$CH(CH$_3$)$_2$

7. 下列化合物质子化学位移最大的是(   )。

A. CH$_3$F   B. CH$_4$ C. CH$_3$Cl   D. CH$_3$Br

8. 使用 60 MHz 核磁共振仪,化合物中某质子和四甲基硅烷之间的频率差为 120 Hz,其化学位移值为(   )。

A. 120   B. 1.20   C. 0.20   D. 2.0

9. 某化合物中两种相互偶合的质子,在 100 MHz 核磁共振仪上测出其化学位移差为 1.1,偶合常数(J)为 5.2 Hz,在 200 MHz 核磁共振仪上测出的结果为(   )。

A. δ 差为 2.2,J 为 10.4 Hz   B. 共振频率差为 220 Hz,J 为 5.2 Hz

C. δ 差为 1.1,J 为 0.4 Hz   D. 共振频率差为 110 Hz,J 为 5.2 Hz

10. 某化合物中三种质子相互偶合成 AM$_2$X$_2$ 系统,$J_{AM} = 10$ Hz,$J_{XM} = 4$ Hz,它们的峰形为(   )。

A. A 为单质子三重峰,M 为双质子 4 重峰,X 为双质子三重峰

B. A 为单质子三重峰,M 为双质子 6 重峰,X 为双质子三重峰

C. A 为单质子单峰,M 为双质子 6 重峰,X 为双质子三重峰

D. A 为单质子二重峰,M 为双质子 6 重峰,X 为双质子三重峰

11. 哪个画有圈的质子有最大的屏蔽常数?(   )

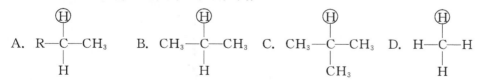

12. 在 CH$_3$—CH$_2$—CH$_3$ 分子中,其亚甲基质子峰精细结构的强度比为下列哪一组数据?(   )

A. 1 : 3 : 3 : 1   B. 1 : 4 : 6 : 6 : 4 : 1

C. 1 : 5 : 10 : 10 : 5 : 1   D. 1 : 6 : 15 : 20 : 15 : 6 : 1

13. ClCH$_2$—CH$_2$Cl 分子的核磁共振谱在自旋-自旋分裂后,预计(   )。

A. 质子有 6 个精细结构   B. 有 2 个质子吸收峰

NOTE

C.不存在裂分　　　　　　　　　　D.有 5 个质子吸收峰

14. 在 CH_3CH_2Cl 分子中何种质子 σ 大？（　　）

A.—CH_3 中的　　　　　　　　　B.—CH_2 中的

C.所有的　　　　　　　　　　　　D.离 Cl 原子最近的

15. 核磁共振波谱法中乙烯、乙炔、苯分子中质子化学位移大小顺序是（　　）。

A.苯>乙烯>乙炔　　　　　　　　B.乙炔>乙烯>苯

C.乙烯>苯>乙炔　　　　　　　　D.三者相等

16. 对乙烯与乙炔的核磁共振波谱,质子化学位移(δ)分别为 5.8 ppm 与 2.8 ppm,乙烯质子峰化学位移值大的原因是（　　）。

A.诱导效应　　　　　　　　　　　B.磁的各向异性效应

C.自旋-自旋偶合　　　　　　　　D.共轭效应

17. 对核磁共振波谱法,绕核电子云密度增加,核所感受到的外磁场强度会（　　）。

A.没变化　　　　B.减小　　　　C.增加　　　　D.稍有增加

18. 自旋核在外磁场作用下,产生能级分裂,其相邻两能级能量之差为（　　）。

A.固定不变　　　　　　　　　　　B.随外磁场强度的增大而增大

C.随照射电磁辐射频率的增大而增大　D.任意变化

19. 化合物 $C_3H_5Cl_3$,^{1}H-NMR 谱图上有两个单峰的结构式是（　　）。

A.CH_3—CH_2—CCl_3　　　　　　B.CH_3—CCl_2—CH_2Cl

C.CH_2Cl—CH_2—$CHCl_2$　　　　D.CH_2Cl—$CHCl$—CH_2Cl

20. 化合物 $CH_3COCH_2COOCH_2CH_3$ 的 ^{1}H-NMR 谱的特点是（　　）。

A.4 个单峰　　　　　　　　　　　B.3 个单峰,1 个三重峰

C.2 个单峰　　　　　　　　　　　D.2 个单峰,1 个三重峰和 1 个四重峰

二、图谱解析题

1. 某未知化合物分子式为 C_4H_8O,其 ^{1}H-NMR 谱如图 4-38 所示,试推断该未知化合物的化学结构。

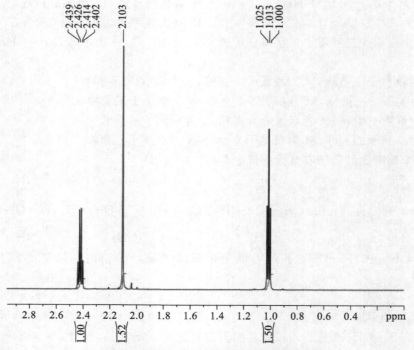

图 4-38　未知化合物 C_4H_8O 的 ^{1}H-NMR 谱

2. 某未知化合物分子式为 $C_8H_8O_2$，其 ^{1}H-NMR 谱如图 4-39 所示，试推断该未知化合物的化学结构。

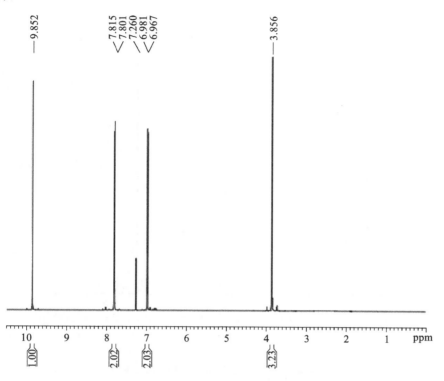

图 4-39　未知化合物 $C_8H_8O_2$ 的 ^{1}H-NMR 谱

3. 某未知化合物分子式为 $C_5H_8O_4$，其 ^{1}H-NMR 谱如图 4-40 所示，试推断该未知化合物的化学结构。

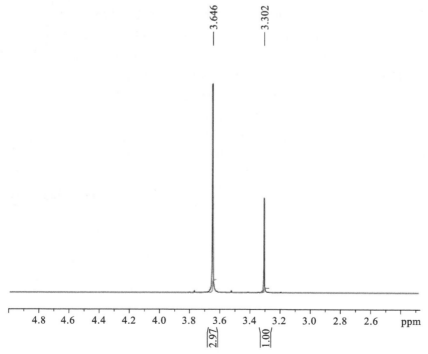

图 4-40　未知化合物 $C_5H_8O_4$ 的 ^{1}H-NMR 谱

4. 某未知化合物分子式为 C_8H_8O，其 ^{1}H-NMR 谱如图 4-41 所示，试推断该未知化合物的化学结构。

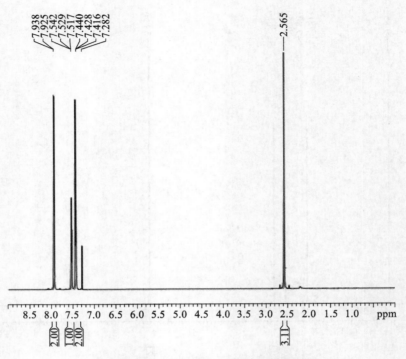

图 4-41　未知化合物 C_8H_8O 的 ^{1}H-NMR 谱

参 考 文 献

[1]　王淑美.分析化学（下）[M].北京:中国中医药出版社,2017.

[2]　卢汝梅,何桂霞.波谱分析[M].北京:中国中医药出版社,2014.

[3]　常建华,董绮功.波谱原理及解析[M].2版.北京:科学出版社,2005.

[4]　吴立军.实用有机化合物光谱解析[M].北京:人民卫生出版社,2009.

[5]　孟令芝,龚淑玲,何永炳.有机波谱分析[M].3版.武汉:武汉大学出版社,2009.

[6]　宁永成.有机波谱学谱图解析[M].北京:科学出版社,2010.

[7]　孔令义.波谱解析[M].2版.北京:人民卫生出版社,2016.

[8]　苏明武.波谱解析[M].北京:科学出版社,2018.

[9]　曾元儿,张凌.仪器分析[M].北京:科学出版社,2007.

[10]　柴逸峰,邸欣.分析化学[M].北京:人民卫生出版社,2016.

（江西中医药大学　廖夫生）

NOTE

第五章 核磁共振碳谱

扫码看课件

案例导入

案例导入
答案解析

学习目标

1. 掌握：核磁共振碳谱主要参数；各类化合物化学位移的计算及其影响因素；自旋偶合与偶合常数；核磁共振碳谱的解析步骤。
2. 熟悉：各类化合物的碳谱特点，学会解析简单化合物的碳谱。
3. 了解：碳谱测定的相关实验技术和各类碳谱的信息特点。

碳原子是构成有机化合物的基本骨架，核磁共振碳谱（^{13}C-NMR）可提供化合物分子骨架最直接的信息，因而对有机化合物结构鉴定具有重要意义。

1957 年，Lauterbur 第一次观察到天然有机物的 ^{13}C-NMR 信号。由于 ^{13}C 的天然丰度仅为 1.108％，而天然丰度大的 ^{12}C 没有核磁共振信号，所以含有机化合物的 ^{13}C-NMR 信号非常弱，致使 ^{13}C-NMR 的应用受到了极大的限制。直到 20 世纪 70 年代，脉冲傅里叶变换（PFT）核磁共振波谱仪的出现和去偶技术的发展，使 ^{13}C-NMR 在有机化学研究的实际应用上成为可能。近年来，^{13}C-NMR 技术迅速发展，已成为阐明有机化合物分子结构的常规方法，广泛应用于有机化学的各个领域。目前，^{13}C-NMR 在有机化合物分子的结构测定、分子构象分析、反应机理研究、动态过程探讨和生物大分子研究等诸多方面都显示出巨大威力，成为化学、生物、医药及其他相关领域的科学研究和生产中不可缺少的分析测试手段，对相关学科的发展起了极大的促进作用。

第一节 碳谱的特点

^{13}C-NMR 和 ^{1}H-NMR 的基本原理是相同的。各种碳原子在分子内的环境不完全相同，所以电子云的分布情况也不一样，各原子的屏蔽作用不同，不同碳原子的共振吸收频率就不同了。^{13}C-NMR 具有宽的化学位移范围，能够区别分子中结构有微小差别的碳原子，而且可以观察到不与氢核直接相连的含碳官能团。

1. 化学位移范围宽 ^{1}H-NMR 化学位移范围通常在 0～15 ppm，而 ^{13}C-NMR 为 0～220 ppm，比氢谱宽将近 20 倍。同时碳谱为分离的尖锐谱线，能够区别分子中有微小差别的不同碳原子，因此，碳谱的分辨能力比 H 谱高得多，每种化学环境不同的碳原子通常可以得到特征谱线。如结构复杂的胆固醇分子，其 ^{1}H-NMR 谱（图 5-1）只能看到少数甲基和处于低场的氢核信号，其余的都埋在"堆峰"之中而分辨不清；而 ^{13}C-NMR 宽带去偶谱则给出胆固醇整个分子中 27 个碳各自相应的共振谱峰，其归属如图 5-2 所示。

2. 灵敏度低 核磁共振的灵敏度相对较低，但碳谱的灵敏度比氢谱更低，原因是 ^{13}C 核的天然丰度很低，只有 1.108％，而 ^{1}H 核的天然丰度为 99.98％。^{13}C 核的旋磁比 γ 也很小，只有 ^{1}H 核的 1/4。信号灵敏度与核的旋磁比 γ 的立方成正比。

NOTE

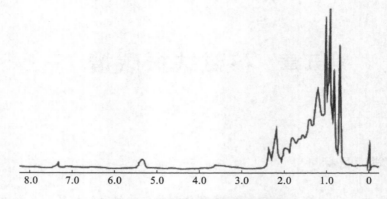

图 5-1 胆固醇分子的 ^{1}H-NMR 谱

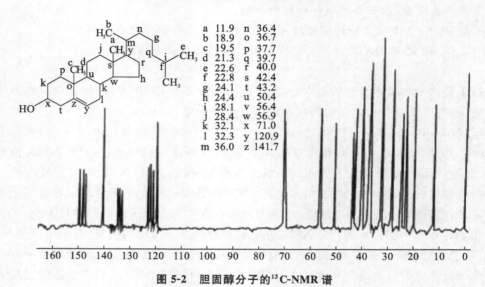

a	11.9	n	36.4
b	18.9	o	36.7
c	19.5	p	37.7
d	21.3	q	39.7
e	22.6	r	40.0
f	22.8	s	42.4
g	24.1	t	43.2
h	24.4	u	50.4
i	28.1	v	56.4
j	28.4	w	56.9
k	32.1	x	71.0
l	32.3	y	120.9
m	36.0	z	141.7

图 5-2 胆固醇分子的 ^{13}C-NMR 谱

因此相同数目的 ^{1}H 核和 ^{13}C 核,在同样的外磁场中,相同的温度下测定时,其信噪比为 $1:1.59\times10^{-4}$,即 ^{13}C-NMR 的灵敏度大约只有 ^{1}H-NMR 的 1/6000。所以,在连续波谱仪上是很难得到 ^{13}C-NMR 谱,这也是 ^{13}C-NMR 在很长时间内未能得到广泛应用的主要原因。

为了提高信号强度,早期曾采用时间平均法,用连续波谱仪在磁场稳定的条件下,对 ^{13}C-NMR信号进行多次累加,做一些 ^{13}C 的参数测定和实验,但耗费时间太多,仪器灵敏度不高;到 20 世纪 70 年代,PFT-NMR 的出现和去偶技术的发展,才使 ^{13}C-NMR 的信噪比大大提高,技术取得飞速发展。

3. 充分掌握分子中所有碳原子信息 在 ^{1}H-NMR 中不能直接观察到 C $=$ O、C $=$ C、C $\equiv$ C、C $\equiv$ N、季碳等不连氢基团的吸收信号,只能通过相应基团的 δ,分子式不饱和度等来判断这些基团是否存在。而 ^{13}C-NMR 谱可直接给出以下这些基团的特征吸收峰:不含氢的碳如苯环六取代、乙烯四取代、饱和碳原子等;不含氢官能团如 C $=$ O、C $=$ O $=$ C、N $=$ O $=$ C 等。

4. 多种去偶技术获取丰富的碳骨架信息 ^{13}C-NMR 的常规谱是质子全去偶谱。对于大多数碳,尤其是质子化碳,它们的信号强度都会由于去偶的同时产生的 NOE(nuclear overhauser effect)而大大增强,如甲酸的去偶谱和偶合谱相比,信号强度净增近 2 倍。为了提高灵敏度和简化谱图,人们研究了多种去偶测定方法,以最大限度地获取 ^{13}C-NMR 信息。

5. 弛豫时间长 ^{13}C 的弛豫时间比 ^{1}H 长得多,有的化合物中的一些碳原子的弛豫时间长达几分钟,这使得测定 T_1、T_2 等比较方便。另外,在化合物中,处于不同环境的 C 核,它们的

弛豫时间 T 数值相差较大,可达 $2\sim3$ 个数量级,通过 T 可以指认结构归属,窥测体系运动状况等,通过测定弛豫时间来得到更多的结构信息。

6. 谱峰强度不与碳原子数成正比 自旋核只有在平衡状态时,共振峰峰强度才与其产生的共振核数目成正比。^1H-NMR 中,T_1 值较小,在平衡状态下观察其共振峰的强度正比于产生该峰的质子数,可用于定量。在 ^{13}C-NMR 中,^{13}C 的 T_1 值较大,^{13}C-NMR 通常都是在非平衡状态下进行观测,不同种类的碳原子的 T_1 值不同,因此碳核的谱峰强度常不与碳核数成正比。季碳核 T_1 值最大,最易偏离平衡分布,信号最弱,在碳谱中容易识别。所以,碳核信号强度顺序与弛豫时间(T_1)相反:$CH_2 \geqslant CH \geqslant CH_3 > C$。

第二节 核磁共振碳谱的主要参数

知识链接
5-1

从 ^{13}C-NMR 谱上可得到与结构有关的信号,如化学位移、自旋偶合、信号强度、核弛豫时间等,其中化学位移是常规碳谱最有用的数据。

一、化学位移

一般说来,化学位移(δ_C)是碳谱中最重要的参数,它直接反映了所观察碳核周围的基团、电子的分布情况,即核所受屏蔽作用的大小。与 ^1H-NMR 一样,^{13}C-NMR 也采用四甲基硅烷(TMS)为内标,且 TMS 的碳信号 $\delta=0$,出现在 TMS 左侧(低场)的 ^{13}C 核信号的 δ 规定为正值,出现在 TMS 右侧(高场)的 ^{13}C 核信号的 δ 规定为负值。

碳谱的化学位移对核所受的化学环境是很敏感的,它的范围比氢谱宽得多,一般 δ_C 在 $0\sim220$ ppm,对于分子量在 $300\sim500$ 的化合物,碳谱几乎可以分辨每一种不同化学环境的碳原子,而氢谱有时却严重重叠。

碳谱化学位移范围宽,而且常采用去偶技术测定,其去偶峰很尖锐,各共振峰重叠的可能性很小,因此碳的化学位移能直接反映各个碳原子核周围的电子云密度。

碳谱中影响碳核化学位移的主要因素包括内部结构因素和外部因素,但主要受分子内部结构因素的影响,即碳原子杂化类型、核外电子云密度、磁的各向异性效应、空间效应和溶剂效应等。

(一)影响碳核化学位移的内部结构因素

与氢谱不同的是,碳谱的化学位移受分子间影响较小。碳谱化学位移大小主要与碳核周围电子云密度有关,碳核周围电子云密度越大,其屏蔽效应越强,共振峰信号移向高场,化学位移减小;碳核周围电子云密度越小,其屏蔽效应越弱,共振峰信号移向低场,化学位移增大。当碳原子失去电子时,将产生强烈的去屏蔽效应,化学位移增大,如碳正离子化学位移值甚至达到 δ 300 左右。

影响碳核周围电子云密度的因素主要有碳原子的杂化状态、碳原子所连基团的诱导效应、共轭效应、空间效应、氢键效应及重原子效应等。

1. 碳原子的杂化 碳原子的杂化轨道状态很大程度上决定 ^{13}C 化学位移。以 TMS 为标准,一般而言,碳核化学位移值与该碳上氢核的化学位移次序基本平行。对烃类化合物来说,sp^3 杂化碳的 δ_C 范围为 $0\sim60$ ppm;sp^2 杂化碳的 δ_C 范围为 $100\sim170$ ppm,sp 杂化碳的 δ_C 范围为 $60\sim90$ ppm,如表 5-1 所示。

NOTE

表 5-1　不同杂化状态碳原子化学位移范围

碳原子杂化类型	基 团 类 型	δ_C/ppm
sp^3	$CH_3<CH_2<CH<C$(无杂原子取代)	0～60
sp	—C≡C—H，—C≡C—(无杂原子取代)	60～90
sp^2	烯基碳和芳香碳	100～170
sp^2	羰基碳	160～220

2. 诱导效应　当电负性大的元素或基团与碳相连时,诱导效应使碳的核外电子云密度降低,使其化学位移向低场方向移动,化学位移增大。随着取代基电负性增强,或取代基数目增大,去屏蔽作用也增强,δ_C 向低场位移。

CH$_4$　　CH$_3$I　CH$_3$Br　CH$_3$Cl　CH$_3$F
δ_C/ppm　　−2.5　−20.8　10.1　24.9　75.5

取代基的诱导效应随着取代基相隔距离的增加而迅速减弱,取代基的 α 位诱导效应最大,β 位次之,γ 位反而向高场移动,一般 γ 位以上的碳的诱导效应可以忽略。

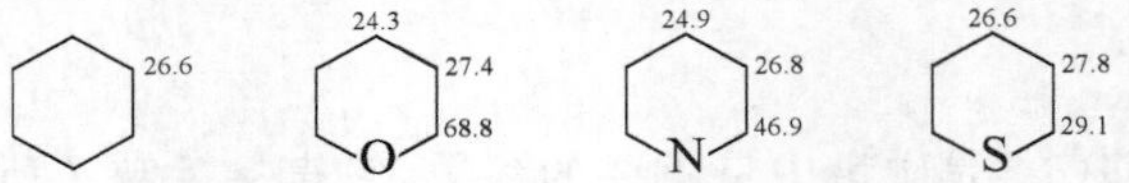

尽管烷基为供电子基团,但由于碳原子的电负性比氢原子的大,所以在烷烃化合物中,烷基取代越多的碳原子,其 δ_C 反而越向低场位移。例如:

化合物　CH$_4$　CH$_3$CH$_3$　CH$_2$(CH$_3$)$_2$　CH(CH$_3$)$_3$　C(CH$_3$)$_4$
δ_C/ppm　−2.3　6.5　6.5　16.1　16.3　24.6　23.3　27.4　31.4

3. 共轭效应　共轭作用会引起电子云分布的变化,导致不同位置碳的共振吸收峰向高场或低场移动。当第二周期的杂原子 N、O、F 处在被观察的碳的 γ 位并且为对位交叉时,则观察到杂原子使该碳的 δ_C 向高场位移 2～6 ppm。

在苯环的氢被取代基取代后,苯环上的碳原子的 δ_C 变化是有规律的。若苯氢被—NH、—OH等饱和杂原子基团取代,则这些基团的孤对电子将离域到苯环的 π 电子体系上,增加了邻位和对位碳上的电子云密度,屏蔽增加,δ_C 变小;若苯氢被吸电子共轭基团—CN、—NO$_2$ 取代,则苯环上 π 电子离域到这些吸电子基团上,减少了邻、对位碳的电子云密度,屏蔽减小,δ_C 变大。例如:

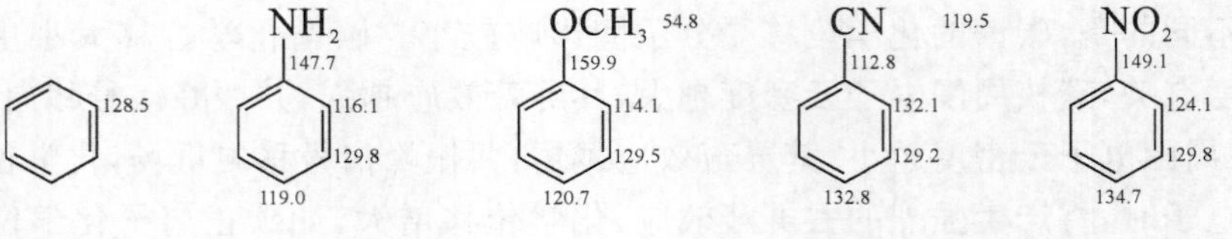

在羰基碳的邻位引入双键或含孤对电子的杂原子(如 O、N、F、Cl 等),由于形成共轭体系,羰基碳上电子云密度相对增加,屏蔽作用增大而使化学位移偏向高场。因此,不饱和羰基碳以及酸、酯、酰胺、酰卤中的碳的化学位移比饱和羰基碳更偏向高场一些。例如:

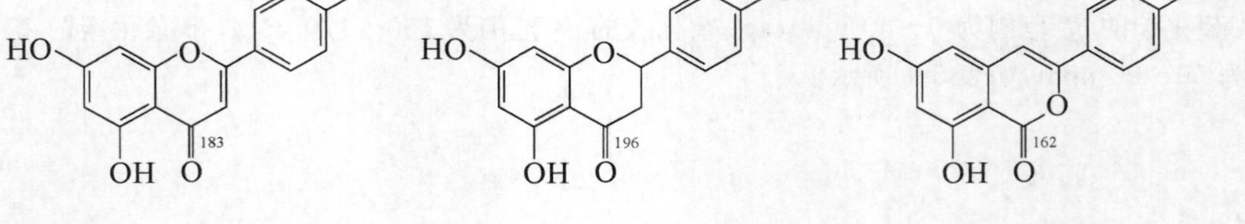

4. 立体效应 ^{13}C 化学位移对分子的立体构型十分敏感。取代基和空间位置靠近的碳原子上的氢之间存在范德瓦耳斯力作用,使相关 C—H 键 H 原子核外的 σ 电子移向碳原子,从而使碳核所受的屏蔽效应增加,共振峰移向高场,化学位移值减小,称为空间效应。

链状结构中 α 位上取代基与 γ 碳原子空间距离靠近时,将产生相互排斥,将电子云推向双方的核附近,核外电子云密度增大,屏蔽效应增强,化学位移移向高场,称为链烃的 γ-效应(γ-gauche 效应)。取代基(X)和 γ 碳之间主要有两种构象:

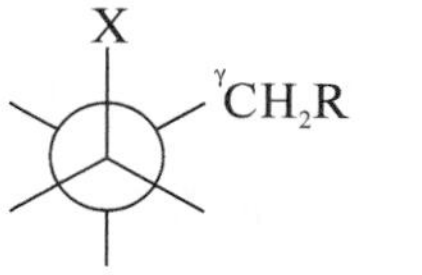

取代基与 γ-CH$_2$邻位交叉 (γ-gauche)    取代基与 γ-CH$_2$对位交叉 (γ-anti)

空间效应使取代基处于邻位交叉位置碳的共振峰向高场位移,而处于反式对位交叉位置碳的共振峰移动很小。

γ-效应在构象固定的六元环状结构中普遍存在,当环上的取代基处于 a 键时,将对其 γ 位(3 位)产生 γ-效应,化学位移值向高场移动约 5 ppm。例如:

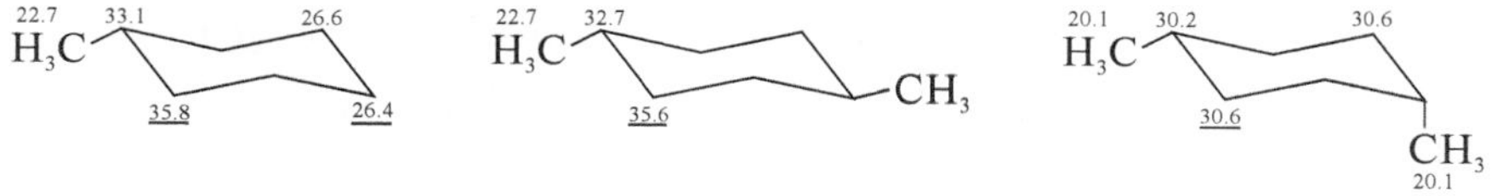

顺式取代烷烃中也常有明显的空间效应,烯碳的化学位移相差 $1\sim2$ ppm,与烯碳相连的饱和碳在顺式异构体中比相应的反式异构体向高场位移 $3\sim5$。例如:

对于双键化合物,顺式空间位阻较大,空间效应增大,使顺式双键上 α-C 原子电子云密度增加,故顺式双键的 α-C 原子的 δ 小于反式:

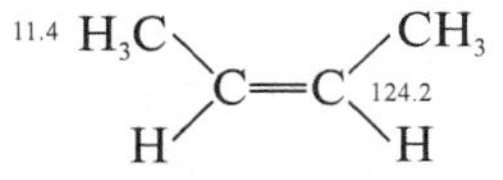

顺式 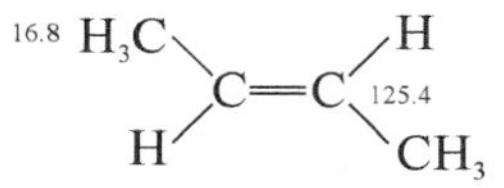   反式

分子中存在空间位阻,常会影响共轭效应的效果,导致化学位移的变化,如邻位烷基取代的苯乙酮,随着烷基取代基数目增加,烷基的空间位阻使羰基与苯环的共轭效应减弱,羰基碳的化学位移向低场移动:

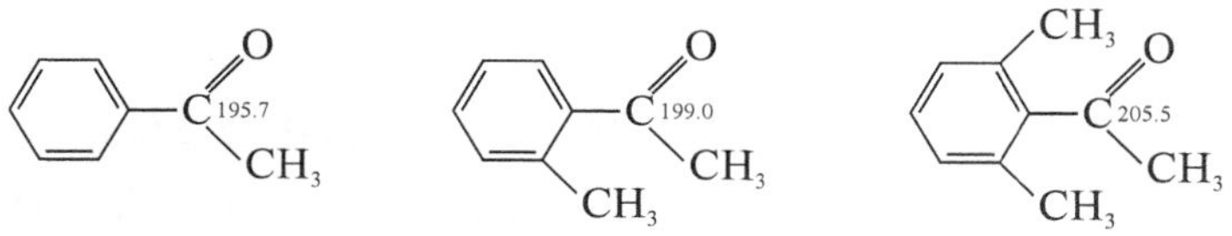

5. 重原子效应 大多数电负性基团的作用是去屏蔽的诱导效应。但对于原子序数较大的卤素,除了诱导效应外,还存在一种所谓"重原子"效应,即随着原子序数的增加,抗磁屏蔽作用增大。这是因为重原子的核外电子数增多,使抗磁屏蔽项增加而产生的。对于化合物 $CH_{4-n}X_n$($X=F,Cl,Br,I$),其 δ_C 与卤素种类及原子个数的关系如表 5-2 所示,这是诱导效应

引起的去屏蔽作用和重原子效应的屏蔽作用综合作用的结果。对于碘化物,表现出屏蔽作用;对于溴化物也多表现出屏蔽作用。

表 5-2　卤代甲烷中的碳的 δ_C

化 合 物	$\delta_c(X=Cl)/ppm$	$\delta_c(X=Br)/ppm$	$\delta_c(X=I)/ppm$
CH_3X	25.1	10.2	−20.5
CH_2X_2	54.2	21.6	−53.8
CHX_3	77.7	12.3	−139.7
CX_4	96.7	−28.5	−292.3

6. 分子内氢键的影响　对于一些能形成氢键的化合物,如羰基化合物,氢键的形成使 C=O 中碳核的电子云密度下降,羰基碳的 δ_C 移向低场。如苯甲醛的 $\delta_{C=O}$ 为 191.5 ppm,邻羟基苯甲醛及邻羟基苯乙酮中分子内氢键的形成,使羰基碳去屏蔽,δ_C 增大。若形成分子内氢键则与溶剂种类、浓度和温度有关。例如:

$$\delta_{C=O} \quad 191.5 \qquad 195.7 \qquad 196.9 \qquad 204.1$$

（二）影响碳化学位移的外部因素

1. 介质效应　溶剂不同、样品浓度不同或 pH 值不同均可以引起碳化学位移的变化,变化幅度在几个 δ 单位至十几个 δ 单位。由溶剂不同引起的化学位移的变化称为溶剂效应,一般是样品中的氢原子与溶剂之间产生氢键缔合作用而造成去屏蔽作用的结果。

一般来说,溶剂对碳原子化学位移的影响要大于对氢原子化学位移的影响。如以环己烷作为溶剂测定 $CHCl_3$ 的 δ_C 值为标准,若以 CCl_4 为溶剂进行测定,$CHCl_3$ 的 δ_C 值增加 0.20 ppm;以苯作溶剂,$CHCl_3$ 的 δ_C 值增加 0.47 ppm;以甲醇作为溶剂,$CHCl_3$ 的 δ_C 值增加 1.35 ppm;以吡啶作为溶剂,则 δ_C 值增加 2.63 ppm。可见,随着所用溶剂极性的增加,$CHCl_3$ 的 δ_C 值也随之增加,这是因为 $CHCl_3$ 中 C—H 键与极性溶剂分子间的缔合作用,使碳核顺磁效应增加,从而使其 δ_C 值向低场位移。

溶液浓度变化主要对易解离化合物中碳原子化学位移产生影响,一般引起几个 δ 单位的变化,但对不易解离化合物中碳原子化学位移的影响基本可以忽略。

2. 温度效应　温度的变化可使化学位移发生变化。当分子中存在构型、构象变化或有交换过程时,温度的变化直接影响动态过程的平衡,从而使谱线的数目、分辨率、线型发生明显的变化。例如,吡唑的变温碳谱如图 5-3 所示,吡唑分子存在下列互变异构:

温度较高时（−40 ℃）,异构化变化速度较快,C_3 和 C_5 谱线出峰位置一致,化学位移为平均值。温度降低后,异构化速度减慢,−70 ℃时谱线变宽,−110 ℃时发生裂分,−118 ℃时最终变成两条尖锐的谱线。

（三）各类碳的化学位移

各类基团典型 ^{13}C 化学位移值（以 TMS 为标准）均有一定的特征范围,如图 5-4 和图 5-5 所示。

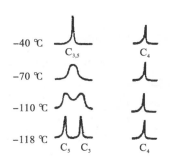

图 5-3 吡唑的变温碳谱

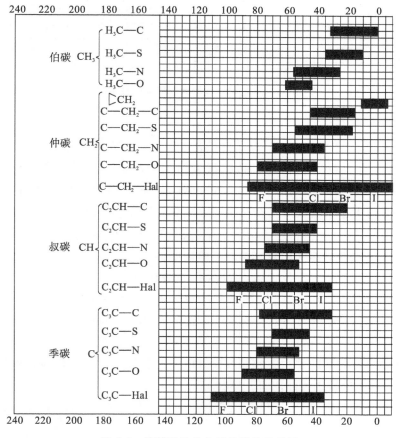

图 5-4 烷基碳核的典型化学位移范围

^{13}C 化学位移受多种因素的综合影响,包括内部结构因素和外部因素。而且取代基对^{13}C 化学位移的影响具有近似的加和性。因此,在^{13}C-NMR 光谱解析及结构测定中,可利用取代基化学位移变化的一些经验规律对化合物中不同化学环境碳的化学位移进行计算预测。

二、^{13}C-NMR 的偶合常数

磁性核之间的自旋偶合作用是通过成键电子自旋相互作用造成的,其大小由化合物的结构决定,与仪器外磁场强度及测定条件无关。由于^{13}C 与^1H 核均为磁性核,在间隔一定化学键数内均可以通过相互自旋偶合作用产生干扰,使得各自的信号峰发生分裂。由于^{13}C 核天然丰度很低,直接^{13}C-^{13}C 相连出现的概率非常小,通常观测不到^{13}C-^{13}C 间的偶合;但^1H 核天然丰度很高(>99%),因此^1H 核对^{13}C 核有很强的偶合作用,故碳谱中研究得较多的是^{13}C-^1H 间的偶合,即异核偶合。

 NOTE

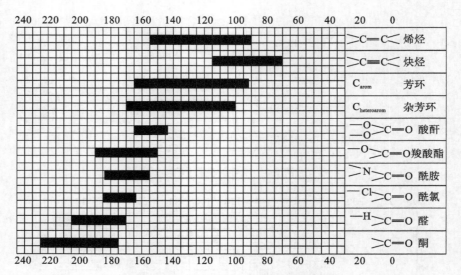

图 5-5　不饱和碳核的典型化学位移范围

（一）直接碳-氢偶合（$^1J_{CH}$）

在碳谱中，相隔一键的 ^{13}C-^1H 直接偶合具有很大的偶合常数，$^1J_{CH}$ 在 110～320 Hz。^1H 核对 ^{13}C 核的偶合裂分数遵守 $n+1$ 规律，在只考虑直接偶合时，^{13}C 信号分别表现为四重峰 q(CH₃)、三重峰 t(CH₂)、二重峰 d(CH)及单峰 s(C)。影响 $^1J_{CH}$ 值的因素如下：

1. 碳原子杂化类型　随碳原子杂化轨道 s 成分的增加，$^1J_{CH}$ 有显著的增大。在杂化轨道中，s 成分越大，$^1J_{CH}$ 越大。故根据 $^1J_{CH}$ 的大小可确定碳键的类型。

一般，$^1J_{CH}$ 值与杂化轨道 s 成分有关。经验证明：

$$^1J_{CH}=500\times(\text{s 百分比})\text{Hz}$$

$$\text{sp}^3(\text{s 成分 }25\%)\quad CH_3{-}CH_3\quad 125\text{ Hz}$$

$$\text{sp}^2(\text{s 成分 }33\%)\quad CH_2{=\!=}CH_2\quad 156\text{ Hz}$$

$$\text{sp}(\text{s 成分 }50\%)\quad CH{\equiv}CH\quad 249\text{ Hz}$$

2. 取代基的电负性　随着与碳相连取代基电负性的增加，C—H 键极化程度增大，$^1J_{CH}$ 相应增大。取代基越多这种增大越明显。例如：

$$CH_3\quad CH_3{-}NH_2\quad CH_3{-}OH\quad CH_3{-}NO_2\quad CH_3{-}Cl\quad CH_2{-}Cl_2\quad CH{-}Cl_3$$
$$125.0\quad 133.0\quad\quad 141.0\quad\quad 146.0\quad\quad\quad 150.0\quad\quad 178.0\quad\quad\quad 209.0$$

3. 键角大小　一般环越小，键角越小，$^1J_{CH}$ 越大。

	△	□	⬠	⬡	⌒(CH₂)ₙ
$^1J_{CH}$/Hz	161	136	131	127	125

（二）远程 ^{13}C-^1H 偶合

间隔 2 个以上化学键的碳-氢偶合均称为远程 ^{13}C-^1H 偶合，主要指间隔 2 个键和间隔 3 个键的碳-氢偶合。一般间隔 4 个键以上的碳-氢偶合常数非常小，往往忽略。

1. 间隔 2 个键的碳-氢偶合（$^2J_{CH}$）　间隔 2 个键（$^{13}C{-}C{-}^1H$）的碳-氢偶合常数 $^2J_{CCH}$（简称为 $^2J_{CH}$）为 −5～60 Hz，遵循直接碳-氢偶合的裂分规律，即与杂化及取代基有关。s 成分增加，$^2J_{CH}$ 增大；偶合的碳原子上有电负性取代基，$^2J_{CH}$ 增大。如：

$$^2J_{CH}/Hz \quad -4.5 \qquad 5.9 \qquad 1\sim16 \qquad 49.3 \qquad 26.7$$

芳烃中 $^2J_{CCH}$ 很小,约几 Hz。如苯的 $^2J_{CH}$ 约 1.1 Hz,取代苯的 $^2J_{CH}$ 为 0～4 Hz,取代乙烯的顺反异构体中 $^2J_{CH}$ 有明显差别。

$$^2J_{CH}=16\ Hz \qquad\qquad ^2J_{CH}=0.8\ Hz$$

2. 间隔 3 个键的碳-氢偶合（$^3J_{CH}$） 间隔 3 个键（$^{13}C—C—C—^1H$）的碳-氢偶合常数 $^3J_{CCCH}$（简称为 $^3J_{CH}$）不仅与杂化类型及取代基的电负性有关,还与基团的几何构型有关。如烯烃中,碳与烯质子间的邻偶具有 $^3J_{CH}(trans) > {}^3J_{CH}(cis)$ 的关系,且随着偶合碳原子的 s 电子成分的增加,$^3J_{CH}$ 也稍有增大。例如：

而对芳香化合物的远程 C—H 偶合而言,通常 $^3J_{CH}$ 最大：

$^1J_{CH}$ 为 155～168 Hz
$^2J_{CH_o}$ 为 0～5 Hz
$^3J_{CH_m}$ 为 4～11 Hz
$^4J_{CH_p}$ 为 0.5～2 Hz

而在烷基中反式邻偶的偶合常数要大于扭式邻偶。当烷基自由旋转时取平均的邻偶常数,J_{ave} 为 4～4.5 Hz。

$$^3J_{CH} 为 0\sim2\ Hz \qquad\qquad ^3J_{CH} 为 7\sim10\ Hz$$

（三）其他核对 ^{13}C 的偶合

在常规的 ^{13}C-NMR 谱即宽带去偶谱中,仅仅消除了 ^1H 对 ^{13}C 的偶合,其他自旋核（如 D、^{31}P、^{19}F 等）对 ^{13}C 核的偶合仍存在,并在图谱中产生一级偶合裂分峰。常见的对 ^{13}C 有偶合作用的自旋核主要有 D、^{19}F、^{31}P 等核。对于任意原子构成的 CX_n 系统,裂分峰符合通式（$2nI_x+1$）规则。

1. 重氢（D）对 ^{13}C 的偶合 D 的自旋量子数 $I=1$,n 个 D 使碳峰裂分成（$2n+1$）重峰。如 $CDCl_3$ 在 ^{13}C-NMR 的常规谱中在 δ 77 出现 3 重峰,CD_3COCD_3 的甲基碳在 δ 29.2 出现 7 重峰。$^1J_{CD}$ 为 20～30 Hz。

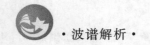

2. ^{19}F 对 ^{13}C 的偶合　氟没有同位素，只有 ^{19}F 一种核，^{19}F 的自旋量子数 $I=1/2$。在化合物中有氟存在时，n 个 F 会使碳峰裂分成 $(n+1)$ 重峰。$^{1}J_{CF}$ 为 $158\sim370$ Hz，$^{2}J_{CF}$ 为 $30\sim45$ Hz，$^{3}J_{CF}$ 为 $0\sim8$ Hz。

3. ^{31}P 对 ^{13}C 的偶合　磷没有同位素，只有 ^{31}P 一种核，^{31}P 的自旋量子数 $I=1/2$。在化合物中若有磷存在时，n 个 P 会使碳峰裂分成 $(n+1)$ 重峰。^{31}P 与 ^{13}C 的偶合常数的大小与磷的价态、化合物种类及相隔几个键有关。一般 $^{1}J_{CP}$ 为 $-14\sim150$ Hz。

三、峰强度

与核磁共振氢谱不同，碳全去偶谱中信号强度（峰面积或峰高）与碳原子数目不再呈定量正比关系，主要受到以下两个因素的影响。

1. 自旋-晶格弛豫时间　不同种类的碳原子其纵向弛豫时间（自旋-晶格弛豫，即 T_1）不同。一般碳原子上直接相连的质子数越多，T_1 越小，峰越强；相反，T_1 越大，峰越弱。而且随着与碳原子相连的质子数增加，T_1 减小。如季碳 T_1 接近 1 min，而甲基 T_1 仅几秒，因此季碳峰很弱。

2. 质子对直接相连碳原子的 NOE 增益作用　由于质子宽带去偶产生的异核 NOE 使得与氢核相连的碳原子信号增强。对于季碳，因不发生 $^{13}C-^{1}H$ 偶极弛豫，NOE 增加为零，因此季碳表现为弱峰。

第三节　碳谱的类型

在 ^{13}C-NMR 谱中，因碳与其相连的质子偶合常数很大，$^{1}J_{CH}$ 为 $100\sim200$ Hz，且 $^{2}J_{CCH}$ 和 $^{3}J_{CCCH}$ 等也有一定程度的偶合，以致偶合谱和谱线交叠，使图谱复杂化，难以解析，故常采用一些特殊的测定方法，核磁双共振及二维核磁共振就是最重要的方法。核磁双共振又分为若干种不同的方法，如质子宽带去偶、偏共振去偶、门控去偶、反门控去偶等核磁双共振方法和 DEPT 技术。图 5-6 所示为用各种方法测定的对二甲氨基苯甲醛的 ^{13}C-NMR 谱。

一、质子宽带去偶谱

质子宽带去偶，简称全去偶（broadband proton decoupling，BBD），也称质子噪声去偶（proton noise decoupling）或质子全去偶（proton complete decoupling，COM）。在观测 ^{13}C-NMR 谱时，采用宽频的电磁辐射（包含样品中所有氢核的共振频率）照射样品，使样品中全部 ^{1}H 同时发生共振饱和，从而消除全部的 ^{1}H 对 ^{13}C 的偶合影响，这是当前碳谱测定时最常用的去偶方式。这种质子去偶的 ^{13}C-NMR 谱由一个个很好分辨的单峰组成，每个不等价的碳都只出现一个共振峰。

质子宽带去偶谱的特点：可直接测得化合物中各碳的化学位移值；除季碳外，由于 NOE，所有碳信号均得以加强；分离度好；消除了 $^{13}C-^{1}H$ 偶合，分子中所有碳原子均表现为单峰，不能区分碳的类型。

宽带去偶虽然大大提高了碳谱的灵敏度，简化了谱图，但是同时损失了碳的类型、偶合情况等有用的结构信息，无法识别伯、仲、叔、季不同类型的碳，2-丁醇的质子全去偶谱如图 5-7 所示。

二、偏共振去偶谱

偏共振去偶（off-resonance decoupling，OFR）是采用一个频率范围很小（$0.5\sim1$ kHz），偏

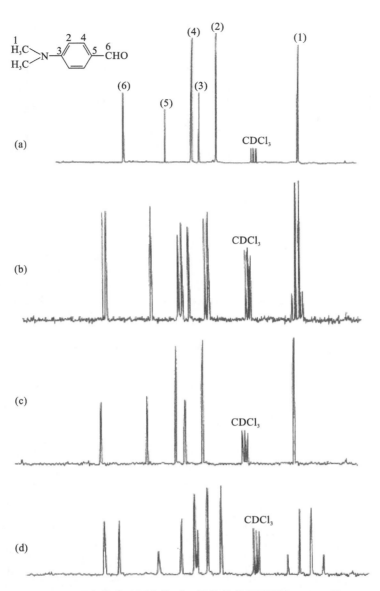

图 5-6 用各种方法测定的对二甲氨基苯甲醛的^{13}C-NMR 谱

（a）质子宽带去偶；（b）偏共振去偶；（c）反转门控去偶；（d）门控去偶（NOE 方式）溶剂：CD^{13}C

离所有^{1}H 核的共振频率，使碳原子上的质子在一定程度上去偶。这时^{13}C-^{1}H 远程偶合消失，仅保留^{13}C-^{1}H 直接偶合。

偏共振去偶谱的特点：保留直接^{13}C-^{1}H 偶合裂分信息，消除远程^{13}C-^{1}H 偶合信息，不至于使多重峰重叠；可用来鉴别 CH$_3$（q）、CH$_2$（t）、CH（d）、C（s），因为残留多重峰与直接相连的质子数有关，符合 $n+1$ 规律。图 5-8 是丁香酚的全去偶谱和偏共振去偶谱。

三、选择质子去偶谱

选择性质子去偶（selective proton decoupling）是偏共振去偶的特例，主要用于解决复杂分子图谱中碳的信号归属。在已明确氢信号归属的前提下，选用图谱中某一特定质子频率作为照射频率，结果在测得的图谱中与该质子相连的碳变成单峰，并且由于 NOE，峰的强度增强，而该照射频率对其他碳起到偏共振作用，多重峰的偶合缩小为残余偶合。当氢谱和碳谱的归属都没完成时，通过选择性去偶可以找到氢谱中的峰组和碳谱中的峰组之间的对应关系。

 NOTE

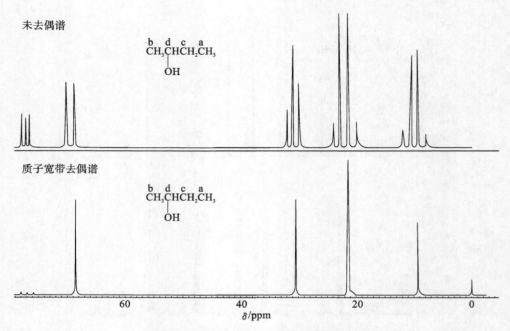

图 5-7　2-丁醇的未去偶谱和质子宽带去偶谱

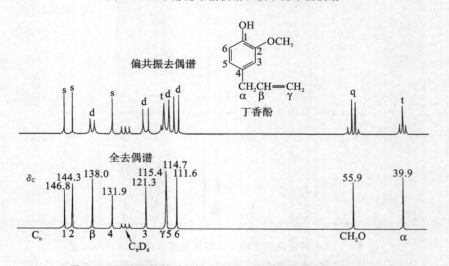

图 5-8　丁香酚的偏共振去偶谱和全去偶谱（20 MHz，C_6D_6）

四、门控去偶与反门控去偶谱

质子宽带去偶谱失去了所有的 ^{13}C-^1H 偶合信息，偏共振去偶谱虽然保留了 ^{13}C-^1H 直接偶合信息，但失去了远程偶合信息，这两种谱都因为 NOE 而使碳信号强度与对应的碳原子数目不成比例。为了测定真正的偶合常数或定量分析碳数目，通常采用门控去偶和反门控去偶技术。

1. 门控去偶（gated decoupling）　在 ^{13}C 激发射频脉冲作用间隔时期开启质子去偶器，而在 ^{13}C 激发射频脉冲作用及 ^{13}C 的 FID 信号采集期间关闭质子去偶器，可测得具有 NOE 的 ^{13}C-NMR谱。与不去偶 ^{13}C-NMR 谱相比，门控去偶谱的信噪比最大可提高 2 倍。

2. 反门控去偶（inverse gated decoupling）　反门控去偶指只在 FID 信号采集期间开启质子去偶器，可获得没有 NOE 增益的去偶 ^{13}C-NMR 谱，反门控去偶谱是另一种门控去偶法，它的目的是得到宽带去偶谱，但消除 NOE，保持碳数与信号强度成比例。反转门控去偶可用于碳原子个数的确定，可用于定量分析，但是以牺牲灵敏度为代价。

五、INEPT 谱和 DEPT 谱

在傅里叶变换核磁共振实验中，极化转移技术可以准确归属 CH、CH_2、CH_3 和季碳，且测量时间比 [13]C 偏共振谱短。极化转移技术主要包括 DEPT、APT 和 INEPT 等，均能解决碳类型问题，其中以 DEPT 谱应用更普遍。

1. DEPT 谱　DEPT 谱即无畸变极化转移增强（distortionless enhancement by polarization transfer）谱，指通过改变质子脉冲宽度 θ 来调节 CH、CH_2、CH_3 信号的强度，而季碳不产生信号。不同类型的碳核信号均表现为单峰，通过改变照射 [1]H 核第三脉冲宽度 θ，可以判断碳核的类型。θ 设为 45°，得到 DEPT 45 谱图，即 A 谱，CH、CH_2、CH_3 均为正信号；θ 设为 90°，得到 DEPT 90 谱图，即 B 谱，CH 为正信号，CH_2、CH_3 检测不到；θ 设为 135°，得到 DEPT 135 谱图，即 C 谱，CH、CH_3 均为正信号，CH_2 为负信号。因此通过分析全去偶谱和 DEPT 谱，可以确定化合物结构中每个碳的类型。

以 β-紫罗兰酮的 DEPT 谱为例，通过改变照射 [1]H 核的第三脉冲宽度（θ），使之分别为 45°、90°、135°，即得到 DEPT 谱（图 5-9），图中季碳信号全部消失。

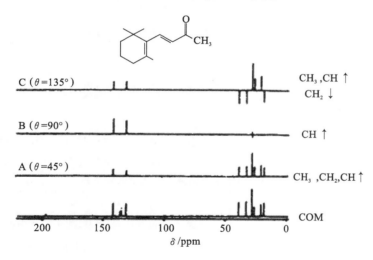

图 5-9　β-紫罗兰酮的 DEPT 谱

2. INEPT 谱　INEPT 谱指不灵敏核极化转移增益法（insensitive nucleus enhancement by polarization transfer），通过调节 △ 来调节 CH、CH_2、CH_3 信号的强度，从而有效地识别 CH、CH_2、CH_3。季碳因为没有极化转移条件，在 INEPT 实验中无信号。β-紫罗兰酮的 INEPT 谱如图 5-10 所示。

目前在碳谱测定工作中，主要测定 COM 谱和 DEPT 谱，由 COM 谱识别化合物中碳的类型和季碳，由 DEPT 谱确认 CH、CH_2、CH_3 信号。对于复杂化学结构的未知物，特别是复杂的天然产物，还需测定碳-氢相关谱。

NOTE

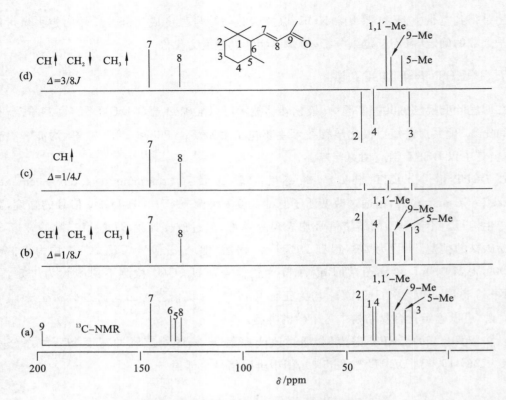

图 5-10 β-紫罗兰酮的 ^{13}C-NMR 谱和 INEPT 谱

第四节 各类化合物的碳谱

各类化合物碳核的化学位移顺序与氢谱中各类碳上所对应质子的化学位移的顺序基本一致。根据碳核的类型,碳核类型与化学位移的关系如表 5-3 所示。

表 5-3 碳谱中碳核类型与化学位移关系

δ_C/ppm	碳 核 类 型
0~60	烷烃中的甲基、亚甲基、次甲基和季碳等
40~60	甲氧基或氮甲基等
60~85	与氧相连的脂肪碳(糖的端基碳除外)
100~135	为取代的烯基碳或芳香碳
123~167	取代的烯基碳或芳香碳
160~220	羰基碳

一、脂肪烃类

（一）链烷烃

一般说来,未被杂原子取代的烷基碳化学位移 δ 为 0~60 ppm,而且碳的化学位移还与和它直接相连的碳核相近的碳原子数有关,伯碳信号位于高场,季碳信号位于低场。一般在直链烷烃中被测碳的 α 或 β 位每增加一个烷基,都可使其 δ 增大约 9 ppm,而在其 γ 位每增加一个烷基却使其 δ 减小约 2.5 ppm。

$$\delta_C(k) = -2.5 + \sum nA + \sum S_{k(\alpha)}$$

式中，δ 为被计算碳的化学位移；-2.5 ppm 为甲烷碳的化学位移；n 为具有相同加和位移计算规律的碳原子数；A 为取代基位移加和参数，如表 5-4 所示；$S_{k(\alpha)}$ 为与被计算碳相连 α 位支链的空间位阻校正值（表 5-4），如 $S_{2°(4°)}$ 表示与被计算仲碳（$2°$）相连的为季碳（$4°$）支链时的校正值（-7.5）。

表 5-4　取代基化学位移加和参数表

碳原子取代位置	A/ppm	$S_{k(\alpha)}$/ppm				
α	9.1	α 类型	$1°$（伯碳）	$2°$（仲碳）	$3°$（叔碳）	$4°$（季碳）
β	9.4	$1°$（伯碳）	0	0	-1.1	-3.4
γ	-2.5	$2°$（仲碳）	0	0	-2.5	-7.5
δ	0.3	$3°$（叔碳）	0	-3.7	-9.5	
ε	0.1	$4°$（季碳）	-1.5	-8.4		

下面以 2-甲基己烷为例计算各个碳的化学位移。

$$\overset{7}{C}H_3$$
$$\underset{1}{C}H_3 - \underset{2}{C}H - \underset{3}{C}H_2 - \underset{4}{C}H_2 - \underset{5}{C}H_2 - \underset{6}{C}H_3$$

在 2-甲基己烷中，C_1 有一个 α 基团（C_2），二个 β 基团（C_2 和 C_7），一个 γ 基团（C_4），一个 δ 基团（C_5），一个 ε 基团（C_6），因此 $\delta_1 = -2.3 + 9.1 + 2 \times 9.4 - 2.5 + 0.3 + 0.1 - 1.1 = 22.4$ ppm，以此类推，可以计算出 $\delta_2 = 28.5$ ppm，$\delta_3 = 39.1$ ppm，$\delta_4 = 29.7$ ppm，$\delta_5 = 23.4$ ppm，$\delta_6 = 14.2$ ppm。查阅文献，$C_1 \sim C_6$ 的化学位移分别为 23.0、28.6、39.5、30.3、23.5 和 14.3 ppm，与计算值基本相符。

取代基对烷烃 α、β、及 γ 碳的化学位移影响各不相同，相隔四个键以上时对 δ 的影响小于 1，可以忽略不计。

部分直链和支链烷烃的化学位移如表 5-5 所示，各种官能团对烷烃的取代位移参数如表 5-6 所示。多取代烷中，官能团的取代影响具有加和性。

表 5-5　某些直链和支链烷烃的 ^{13}C 化学位移（TMS 为内标）

化　合　物	$\delta(C_1)$/ppm	$\delta(C_2)$/ppm	$\delta(C_3)$/ppm	$\delta(C_4)$/ppm	$\delta(C_5)$/ppm
甲烷	-2.3				
乙烷	5.7				
丙烷	15.8	16.3	15.8		
丁烷	13.4	25.2	25.2	13.4	
戊烷	13.9	22.8	34.7	22.8	13.9
己烷	14.1	23.4	32.2		
庚烷	14.1	23.2	32.6	29.7	
辛烷	14.2	23.2	32.6	29.9	
异丁烷	24.5	25.4			
异戊烷	22.2	31.1	32.0	11.7	
异己烷	22.7	28.0	42.0	20.9	14.3
新戊烷	31.7	28.1			

NOTE

113

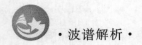

化 合 物	$\delta(C_1)$/ppm	$\delta(C_2)$/ppm	$\delta(C_3)$/ppm	$\delta(C_4)$/ppm	$\delta(C_5)$/ppm
2,2-二甲基丁烷	29.1	30.6	36.9	8.9	
3-甲基戊烷	11.5	29.5	36.9	(3-CH_3,18.8)	
2,3-二甲基丁烷	19.5	34.3			

表 5-6 链状烃碳的取代基取代位移参数 Z

—X	$Z(\alpha)$/ppm		$Z(\beta)$/ppm		$Z(\gamma)_\gamma$/ppm	$Z(\delta)$/ppm	$Z(\varepsilon)$/ppm
	$n-$	$iso-$	$n-$	$iso-$			
—Cl	31	32	10	10	−5	−0.5	0
—Br	20	26	10	10	−4	−0.5	0
—OR	57	51	7	5	−5	−0.5	0
—OCOR	52	45	6.5	5	−4	0	0
—OH	49	41	10	8	−6	0	0
—NH_2	28.5	24	11.5	10	−5	0	0
—NO_2	61.5	57	3	4	−4.5	−1	−0.5
—C≡H	4.5	—	5.5	—	−3.5	0.5	0
—CHO	30		−0.5		−2.5	0	0
—COOR	22.5	17	2.5	2	−3	0	0
—COOH	20	16	2	2	−3	0	0
—Ph	23	17	9	7	−2	0	0
—CH＝CH_2	20	15	6	5	−0.5	0	0

（二）环烷烃

除环丙烷外,环烷烃碳的化学位移受环的大小影响不明显。环丙烷碳与其他环烷碳相比受到异常强的屏蔽作用,其化学位移与甲烷碳相近。其他环烷碳的化学位移 δ 为 20～30 ppm,一般比相应直链烃中心碳的化学位移小 3～5。环烷烃中,环上各碳原子的化学位移变化范围相对较小,谱图中峰线相对集中,如图 5-11、图 5-12 所示。

（三）烯烃

sp^2 杂化烯碳的化学位移较大,未被杂原子取代的烯基碳化学位移一般在 100～150 ppm。通常末端烯碳的化学位移比连有烷基的烯碳要小 10～40 ppm,烯碳的化学位移随烷基取代的增多而增大,$\delta_{—CR_2} > \delta_{—CHR} > \delta_{—CH_2}$。

由于取代基的空间效应,顺、反式烯碳的化学位移只相差 1 ppm 左右,顺式烯碳较反式烯碳在较高场。因而,利用 ^{13}C-NMR 谱,也可区分烯烃的顺反异构。

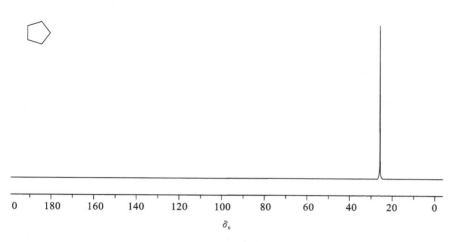

图 5-11 环戊烷的核磁共振碳谱

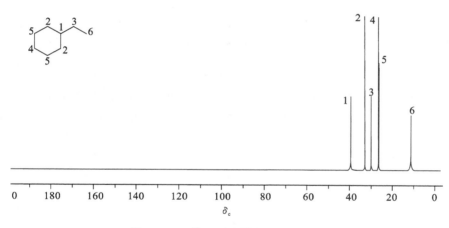

图 5-12 乙基环己烷的核磁共振碳谱

（四）炔烃

炔基碳为 sp 杂化，仅由烷基取代的炔烃，其炔碳原子化学位移一般为 60～90 ppm，与极性基团直接相连的炔基碳化学位移一般为 20～95 ppm。炔基使与其直接相连的 sp^3 碳原子和相应的烷烃相比向高场位移 5～15 ppm。端基炔碳相比中间炔碳化学位移在较高场：

$$\underset{23.2}{HC}\equiv\overset{89.4}{C}-O-CH_2 \qquad H_3C-\underset{28.0}{C}\equiv\overset{88.4}{C}-O-CH_3$$

$$CH_3$$

二、芳香化合物

在纯苯或苯的 $CDCl_3$ 或 CCl_4 溶液中，sp^2 杂化的芳烃碳化学位移为 128.5，取代基效应使与其相连的芳香碳原子位移变化达 35 ppm。取代基的诱导、共轭和空间位阻均会影响其化学位移。一般情况下，未取代芳香碳的 δ 为 110～135 ppm，取代芳香碳的 δ 为 123～167 ppm。邻位(C_o)受取代基的电负性的影响多数移向低场。只有少数屏蔽效应较大的取代基（—C≡CH、—CN（各向异性）及—Br、—I（重原子效应）等）才使 C_o 移向高场。给电子基团，使苯环的邻位(C_o)、对位(C_p)芳香碳向高场移动，吸电子基团则使邻位(C_o)、对位(C_p)芳香碳向低场移动，取代基对间位(C_m)的芳香碳原子 δ 值影响较小。各种取代基对芳香碳的化学位移影响见表 5-7。

表 5-7　单取代苯环上常见取代基加和位移值及取代基上碳原子化学位移（TMS 内标）

$$\delta_k = 128.5 + \sum Z_i$$

取代基	Z_α	Z_o	Z_m	Z_p	取代基	Z_α	Z_o	Z_m	Z_p
—CH₃	9.3	0.6	0.0	−3.1	—COCl	4.6	2.9	0.6	7.0
—CH=CH₂	7.6	−1.8	−1.8	−3.5	—NH₂	19.2	−12.4	1.3	−9.5
—C≡CH	−6.1	3.8	0.4	−0.2	—NO₂	19.6	−5.3	0.8	6.0
—Ph	13.0	−1.1	0.5	−1.0	—OCOCH₃	23.0	−6.4	1.3	−2.3
—COOH	2.4	1.6	−0.1	4.8	—OCH₃	30.2	−14.7	0.9	−8.1
—COOCH₃	2.1	1.2	0.0	4.4	—F	35.1	−14.3	0.9	−4.4
—CHO	9.0	1.2	1.2	6.0	—Cl	6.4	0.2	1.0	−2.0
—COCH₃	9.3	0.2	0.2	4.2	—Br	−5.4	3.3	2.2	−1.0
—CONH₂	5.4	−0.3	−0.9	5.0	—OH	26.9	−12.7	1.4	−7.3
—CN	−16.0	3.5	0.7	4.3	—I	−32.3	9.9	2.6	−0.4

以香草醛的芳香碳化学位移计算为例，C_1 有 1 个相连位的醛基（9.0 ppm），1 个间位甲氧基（0.9 ppm），1 个对位羟基（−7.3 ppm），因此 $\delta_1 = 128.5 + (9.0 \times 1) + (0.9 \times 1) + (−7.3 \times 1) = 131.1$ ppm；同理可以计算出 $\delta_2 = 116.4$ ppm，$\delta_3 = 147.2$ ppm，$\delta_4 = 146.7$ ppm，$\delta_5 = 117.9$ ppm，$\delta_6 = 123.0$ ppm。

三、醇和醚

（一）醇

烷烃中的 H 原子被 OH 取代后，引起 α-碳原子化学位移向低场移动 35～52 ppm，β-碳原子化学位移向低场移动 5～12 ppm，γ-碳原子化学位移向高场移动 0～6 ppm，羟基的诱导效应随羟基距离的增大而减小。在脂肪醇中，由于立体效应使 γ-碳原子化学位移向高场，当羟基表现为竖立键时更为明显。

（二）醚

烷烃中的 H 原子被 OR 取代后，烷氧取代基引起 α-碳原子化学位移较醇向低场移动 11 ppm。

$$\underset{49.0}{CH_3OH} \qquad \underset{59.7}{H_3C-O-CH_3} \qquad \underset{17.6}{\overset{57.0}{}}OH \qquad \underset{17.1}{\overset{67.4}{}}O$$

四、羰基类化合物

羰基碳化学位移在 160～220 范围内。除了醛基碳在偏共振去偶谱中表现为双峰外,其余所有羰基碳均表现为单峰。各羰基化合物中羰基碳的化学位移的大小顺序:酮＞醛＞羧酸＞酯≈酰胺≈酰氯＞酸酐(表 5-8)。

表 5-8 羰基类化合物中羰基碳的化学位移($\delta_{C=O}$/ppm)

R—	RCOCH$_3$	RCHO	RCOOH	RCOOCH$_3$	RCOCl	RCON(CH$_3$)$_2$	(RCO)$_2$O
CH$_3$—	205.2	200.5	177.3	171.0	170.5	170.7	167.3
C$_6$H$_5$—	196.9	190.7	173.5	167.0	168.7	170.8	162.8

(一)醛和酮

酮、醛的羰基碳与其他化合物羰基碳相比在更低场,醛羰基碳 δ 值比相应的酮羰基碳小 5～10 ppm,醛羰基碳 $\delta_{C=O}$ 为 200±5 ppm,酮羰基碳 $\delta_{C=O}$ 为 210±5 ppm。随着 α-碳上取代基的增多,羰基碳化学位移 $\delta_{C=O}$ 向低场移动,羰基与苯环相连由于共轭效应使羰基碳化学位移($\delta_{C=O}$)向高场移动,同样地,α,β-不饱和醛或酮也由于共轭作用使羰基碳化学位移($\delta_{C=O}$)向高场位移(−Δδ 为 5～10 ppm)。

(二)羧酸及其衍生物

羧酸及其衍生物,如酯、酰氯、酰胺中的羰基碳与杂原子(O、X、N 等)相连,p-π 共轭效应使羰基碳共振峰化学位移向高场移动,$\delta_{C=O}$ 为 150～185 ppm。当与不饱和基团相连时,π-π 共轭效应使羰基碳共振峰化学位移进一步向高场移动。其中,羧基碳 $\delta_{C=O}$ 为 160～185 ppm,有机酸酯中羰基碳 $\delta_{C=O}$ 为 163～179 ppm,酰胺中羰基碳 $\delta_{C=O}$ 为 158～180 ppm,酰氯中羰基碳 $\delta_{C=O}$ 为 168～175 ppm。

$\delta_{C=O}$/ppm 178.1   174.3   169.5   167.3   170.3   164.5   169.5   166.0

在羧酸衍生物中,分子间或分子内氢键作用都将影响羰基碳所受的屏蔽效应的强弱,因而在不同溶剂中它的 δ 值往往不同。氢键作用的消失或强度减弱,羰基碳共振峰化学位移向高场移动。

五、杂原子化合物

(一)胺

胺的核磁共振碳谱与醇、醚相似,NH$_2$ 与烷基相连使 C$_1$ 原子化学位移由于氮的吸电子作用而向低场移动约 30 ppm,C$_2$ 原子化学位移向低场移动约 11 ppm,C$_3$ 原子化学位移向高场移动约 4.0 ppm。而且 N-烷基化使 N 邻位的 C_1 原子化学位移进一步向低场移动,如表 5-9 所示。

表 5-9   无环胺和脂环胺碳的化学位移(纯样品,TMS 为内标)

化 合 物	$\delta(C_1)$/ppm	$\delta(C_2)$/ppm	$\delta(C_3)$/ppm	$\delta(C_4)$/ppm
CH_3NH_2	26.9	—	—	—
$CH_3CH_2NH_2$	36.9	17.7	—	—
$CH_3CH_2CH_2NH_2$	44.4	27.1	11.4	—
$CH_2CH_2CH_2CH_2NH_2$	42.3	36.7	20.4	14.0
$(CH_3)_3N$	47.5	—	—	—
$CH_3CH_2N(CH_3)_2$	58.2	13.8	—	—
环己胺	50.4	36.7	25.4	25.8
N-甲基环己胺	58.6	33.3	25.1	26.3

(二) 卤化物

在烷烃(如甲烷)中引入卤原子,引入一个氟原子取代时,引起碳原子化学位移大幅度向低场移动,引入氯原子也将引起化学位移向低场移动,但移动幅度较氟原子小。且随着引入的氟原子或氯原子数目增多,碳化学位移进一步移向低场。但引入溴原子或碘原子时,除考虑诱导效应外,还要考虑重原子效应,CH_3I 碳化学位移向高场移动,CH_3I 碳化学位移甚至比甲烷碳还小。常见卤化物碳的化学位移值如表 5-10 所示。

表 5-10   常见卤化物碳的化学位移值(纯样品,TMS 为内标)

化合物	$\delta(C_1)$/ppm	化合物	$\delta(C_1)$/ppm	化合物	$\delta(C_1)$/ppm	$\delta(C_2)$/ppm	$\delta(C_3)$/ppm
CH_4	−2.5	CH_2Br_2	21.4	CH_3CH_2F	79.33	14.6	
CH_3F	75.5	$CHBr_3$	12.2	CH_3CH_2Cl	39.9	18.7	
CH_3Cl	24.9	CBr_4	−28.5	CH_3CH_2Br	28.3	20.3	
CH_2Cl_2	54.0	CH_3I	−20.8	CH_3CH_2I	−0.2	21.6	
$CHCl_3$	77.5	CH_2I_2	−54.2	$CH_3CH_2CH_2Cl$	46.7	26.5	11.5
CCl_4	96.5	CHI_3	−140.0	$CH_3CH_2CH_2Br$	35.7	26.8	13.3
CH_3Br	10.1	CI_4	−292.5	$CH_3CH_2CH_2I$	10.0	27.7	16.1

(三) 杂环化合物

环烷烃上的碳原子被杂原子(如 O、N、S 等)取代,使杂原子邻位碳原子 C_2 化学位移移向低场,C_3 化学位移移向低场,C_4 化学位移移向高场。举例如下:

第五节 碳谱在结构解析中的应用

一、核磁共振碳谱的解析步骤

^{13}C-NMR 谱解析是有机化合物结构分析中很重要的方法,它可以提供很多结构信息。特别是在其他方法难以解决的分子骨架确定,立体化学构型、构象,分子运动性质等问题的解决中,^{13}C-NMR 谱是有力的工具。

^{13}C-NMR 谱的解析并没有一个成熟、统一的步骤,应该根据具体情况,结合其他物理方法和化学方法测定的数据,综合分析才能得到正确的结论。通常解析 ^{13}C-NMR 谱按下列步骤进行。

1. 确定分子式并计算不饱和度 通过元素分析得到化合物的元素组成。结合质谱的分子离子峰的质荷比或其他方法得到的相对分子质量,可以推导出化合物的分子式。也可以从高分辨质谱直接得到分子式。根据分子式计算不饱和度,由不饱和度可以推测化合物是否含有不饱和键和环,以及不饱和键或环的数目。

2. 从质子宽带去偶谱了解分子中含 C 原子的数目、类型和分子的对称性 如果 ^{13}C 的谱线数与分子式的 C 数相同,表明分子中不存在环境相同的含 C 基团,如果 ^{13}C 的谱线数小于分子式的 C 数,说明分子式中存在某种对称因素,如果谱线数大于分子式的 C 数,则说明样品中可能有杂质或有异构体共存。

3. 分析谱线的化学位移,确定谱线的归属 在结构鉴定中,常用的 ^{13}C-NMR 技术是宽带去偶和偏共振去偶。根据宽带去偶谱测定的化学位移,偏共振去偶谱中各类碳的偶合谱线数,以及峰高相对和对称状况,对各谱线做大体归属,从而辨别碳核的类型和可能的官能团。

4. 组合可能的结构式 在谱线归属明确的基础上,从分子式和可能的结构单元,合理地组合成一个或几个可能的结构。利用化学位移规律和经验计算式,估算各碳的化学位移,与实测值进行比较。

5. 确定结构式 综合考虑核磁共振氢谱、红外光谱、质谱和紫外光谱等分析结果,必要时进行其他的双共振技术及 T_1 测定,得到正确的结构式,可与标准谱图和数据进行核对。经常使用的标准谱图和数据表有 *Sadtle Reference Spectra Collection*、*^{13}C-Data Bank*、*^{13}C-FT-NMR Spectra*。

二、核磁共振碳谱的解析实例

例 5-1 已知某未知化合物的分子式为 $C_8H_{17}NO_2$,其质子宽带去偶 ^{13}C-NMR 谱(75 MHz,$CDCl_3$)如图 5-13 所示,试推断该未知化合物化学的结构。

解:该化合物分子不饱和度 $\Omega = \dfrac{2n_4 + n_3 - n_1 + 2}{2} = \dfrac{2 \times 8 + 1 - 17 + 2}{2} = 1$,其谱图信号所表示的结构碎片如下:

δ/ppm	结构碎片
12.2	—CH_3
32.1	—CH_2—
47.1	—CH_2—
48.2	—CH_2—
51.8	—CH_3
173.5	—C=O

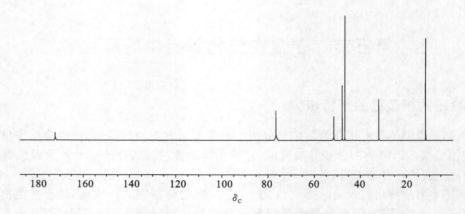

图 5-13   未知化合物 $C_8H_{17}NO_2$ 的 ^{13}C-NMR 谱(75 MHz,$CDCl_3$)

分子中有 8 个碳,而谱图中只有 6 组峰,说明有四个碳原子重合在一起,以两组峰出现。再根据分子中氢的个数推测出重叠的两组基团是—CH_3 和—CH_2—。谱图中 173.5 ppm 和 51.8 ppm 处的峰成对出现是酯类分子特征,不饱和度为 1。从化学位移来看,12.2 ppm 处的碳原子是与饱和碳原子相连的,32.1 ppm 处的碳原子是与羰基相连的,47.1、48.2 ppm 处的碳原子是与氮原子相连的,51.8 ppm 处的碳原子是与氧原子相连的。

推测分子结构如下:

例 5-2   已知某含硝基的未知化合物的分子式为 $C_7H_9N_3O_4$,其 ^{13}C-NMR 谱如图 5-14 所示,试推断该未知化合物的化学结构。

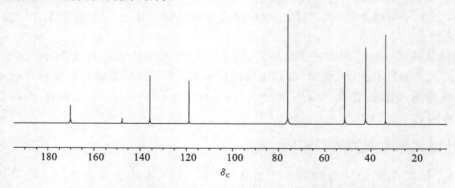

图 5-14   未知化合物 $C_7H_9N_3O_4$ 的 ^{13}C-NMR 谱(75 MHz,$CDCl_3$)

解:该化合物分子不饱和度为 5,其 ^{13}C-NMR 谱图信号所表示的结构碎片如下:

δ/ppm	结构碎片
35.3	—CH_2—
43.8	—CH_2—
52.7	—CH_3
119.7	—C=
136.6	—C=
148.9	—C=
170.5	—C=O

谱图中 170.5 ppm 和 52.7 ppm 处的峰成对出现是酯类分子特征,不饱和度为 1,硝基本身占一个不饱和度。从化学位移来看,35.3 ppm 处的碳原子是与羰基相连的,48.3 ppm 处的碳原子是与氮原子相连的,52.7 ppm 处的碳原子是与氧原子相连的。因此余下碎片和三个不饱和度可能是氮杂环且硝基要接在环上 148.9 ppm 处的碳原子上。

推测分子结构如下:

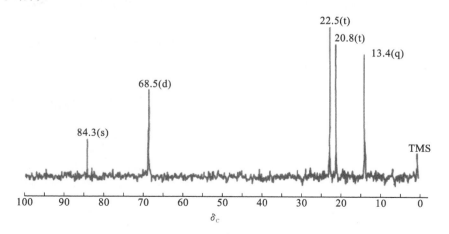

本章小结

知识拓展
5-1

核磁共振碳谱	学 习 要 点
碳谱的特点	化学位移宽、灵敏度低
碳谱的主要参数	化学位移及化学位移的影响因素;偶合常数及偶合常数的分类及其影响因素;峰强度
碳谱的类型	全氢去偶谱、偏共振去偶谱;选择氢核去偶谱;门控去偶谱与反转门控去偶谱;INEPT 谱与 DEPT 谱的概念及其原理
各类化合物的碳谱	脂肪烃类、芳香烃类化合物,醇和醚,羰基类化合物以及杂原子化合物的碳谱特点
碳谱在结构解析中的应用	碳谱的解析步骤及解析实例

目标检测

1. 已知某未知化合物的分子式为 C_5H_8O,^{13}C-NMR 谱如图 5-15 所示,试推断该未知化合物的化学结构。

目标检测
答案

图 5-15　未知化合物 C_5H_8O 的 ^{13}C-NMR 谱

2. 某未知化合物的分子式为 $C_7H_{14}O$,其 ^{1}H-NMR 谱和 ^{13}C-NMR 谱分别如图 5-16 和图

 NOTE

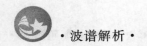

5-17 所示,试推断该未知化合物的化学结构。

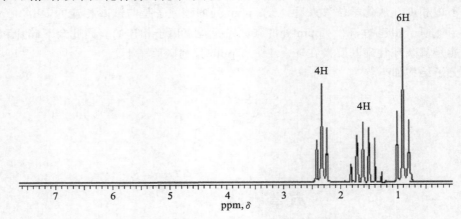

图 5-16　未知化合物 $C_7H_{14}O$ 的 ^{1}H-NMR 谱

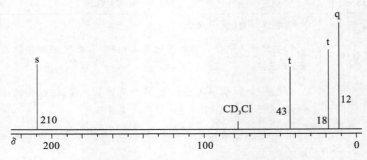

图 5-17　未知化合物 $C_7H_{14}O$ 的 ^{13}C-NMR 谱

参 考 文 献

[1]　常建华,董绮功.波谱原理及解析[M].3 版.北京:科学出版社,2012.

[2]　孟令芝,龚淑玲,何永炳,等.有机波谱分析[M].4 版.武汉:武汉大学出版社,2016.

[3]　邓芹英,刘岚,邓慧敏.波谱分析教程[M].2 版.北京:科学出版社,2018.

[4]　何祥久.波谱解析(案例版)[M].北京:科学出版社,2017.

[5]　林贤福.现代波谱分析方法[M].上海:华东理工大学出版社,2009.

[6]　杨峻山,马国需.分析化学手册·7B·碳 13 核磁共振波谱分析[M].3 版.北京:化学工业出版社,2016.

[7]　裴月湖.有机化合物波谱解析[M].4 版.北京:中国医药科技出版社,2015.

[8]　苏明武.波谱解析[M].北京:科学出版社,2017.

(湖南城市学院　夏　莉)

NOTE

第六章 二维核磁共振谱

 学习目标 ┃

1. 掌握几种常用 2D-NMR 谱的特征及提供的结构信息参数。
2. 熟悉 2D-NMR 谱在有机化合物结构解析中的应用。
3. 了解 2D-NMR 的基本原理和基本脉冲序列。

扫码看课件

案例导入

案例导入
答案解析

二维核磁共振（two-dimensional nuclear magnetic resonance，2D-NMR）方法是由 Jeener 于 1971 年首先提出的，是由一维核磁共振谱衍生出来的新实验方法。实验表明，核的自旋具有某种记忆能力，在不同的演变期内进行测量，所给出的信息的质和量皆不相同。因此，引入一个新的维数必然会从另一方面给出相关的信息，从而大大增加新实验的可能性。1976 年 Ernst 确立了 2D-NMR 的理论基础，并用实验加以证明，其后 Ernst 和 Freeman 等又对 2D-NMR 的发展和应用进行了深入的研究，迅速发展了多种二维方法并把它们应用到物理化学和生物学的研究中，使之成为近代 NMR 中一种广泛应用的新方法。引入 2D-NMR 谱后，1D-NMR 谱中拥挤在一起的共振信号在 2D-NMR 谱的一个平面上展开，减少了谱线的拥挤和重叠，增加了核之间相互关系的新信息。2D-NMR 谱增加了结构信息，有利于复杂谱图的解析，特别是对于复杂的天然产物和生物大分子的结构鉴定。

2D-NMR 是近代核磁共振波谱学最重要的里程碑，极大地方便了复杂化合物的核磁共振谱图解析和化学结构鉴定。2D-NMR 已成功用于解析有机化合物，特别是用于解析溶液中结构复杂的生物大分子的结构，目前是适用于研究溶液中生物大分子构象的唯一技术。2D-NMR 可测定中等大小的蛋白质及分子量高达 15000 的核苷酸片段，并能测定蛋白质在溶液中的立体结构。

第一节 二维核磁的基本原理

一维核磁共振（1D-NMR）谱的信号是一个频率的函数，记为 $S(\omega)$，共振峰分布在一条频率轴上。而二维核磁共振（2D-NMR）谱是两个独立频率（或磁场）变量的信号函数，记为 $S(\omega_1,\omega_2)$，有两个时间变量，经过两次傅里叶变换得到两个独立的频率，变量图一般采用第二个时间变量 t_2 表示采样时间，第一个时间变量 t_1 是与 t_2 无关的独立变量，是脉冲序列中的某一个变化的时间间隔，共振峰分布在由两个频率轴组成的平面上。2D-NMR 谱的最大特点是将化学位移、偶合常数等核磁共振参数在二维平面上展开，于是在 1D-NMR 谱中重叠在一个频率轴上的信号，被分散到由两个独立的频率轴构成的二维平面上，不仅减少了谱线之间的拥挤和重叠，同时还可检测出自旋核之间的相互作用信息。2D-NMR 谱对于解析确定有机化合物结构，特别是 1D-NMR 谱难以确定准确结构的复杂天然化合物结构具有非常重要的意义。

NOTE

123

一、二维核磁共振的形成与特点

原则上二维核磁共振谱可以用概念上不同的三种实验获得：频率域（frequency-frequency）实验、混合时域（frequency-time）实验、时域（time-time）实验，通常所指的 2D-NMR 均是时域二维实验，这是获得二维谱的主要方法，以两个独立的时间变量进行一系列实验，得到 $S(t_1, t_2)$，经过两次傅里叶变换得到二维谱 $S(\omega_1, \omega_2)$。

二维核磁共振实验的脉冲序列一般可划分为下列几个区域：预备期（preparation period）→演化期 t_1（evolution period）→混合期 t_m（mixing period）→检出期 t_2（detection period）（图6-1）。

预备期（preparation period）：$t<0$，通常由较长的延迟时间 t_d 和激发脉冲组成。t_d 的作用是等待核自旋体系达到热平衡，使核自旋体系处于某种适当的初始平衡状态，在预备期末加一个或多个射频脉冲，以产生所需要的单量子或多量子相干。其中可能涉及饱和、极化传递和各种激发技术。预备期在时间轴上通常有一个较长的时期，它使实验前的体系处于平衡状态。

图 6-1　二维核磁共振实验的脉冲序列

演化期（evolution period）：$0<t<t_1$，在 t_1 开始时，由一个脉冲或几个脉冲使体系激发，使之处于非平衡状态。演化期的时间 t_1 是变化的。

混合期（mixing period）：$t_1<t<t_1+\tau$，在这个时期建立信号检出的条件。混合期有可能不存在，它不是必不可少的（视二维谱的种类而定）。

检测期（detection period）：$t>t_1+\tau$，在检测期内以通常方式检出 FID 信号，此期间检测作为 t 函数的各种横向矢量的 FID 信号的变化以及它的初始相及幅度受到 t_1 函数的调制。

时间域二维实验：用固定时间增量 Δt_1 依次递增 t_1 进行系列实验，反复叠加，因 t_2 时间检测的信号 $S(t_2)$ 的振幅或相位受到 $S(t_1)$ 的调制，接收的信号不仅与 t_2 有关，还与 t_1 有关，每改变一个 t_1，记录 $S(t_2)$，因此得到分别以时间变量 t_1、t_2 为行列的排列数据矩阵，即在检测期获得一组 FID 信号，组成二维时间信号 $S(t_1, t_2)$。因 t_1, t_2 是两个独立时间变量，可以分别对它们进行傅里叶变换，一次对 t_2，另一次对 t_1，通过两次傅里叶变换，可以得到两个频率变量函数 $S(\omega_1, \omega_2)$（图 6-2）。

二、二维核磁共振谱的分类

根据所使用的脉冲序列和结构信息的不同，二维核磁共振谱大致可分为以下三类。

1. 二维 J 分解谱（J-resolved spectrum）　二维 J 分解谱亦称 J 谱或者 δ-J 谱。它主要是将化学位移 δ 和自旋偶合 J 在两个频率轴上展开使重叠在一起的一维谱的 δ 和 J 分解在平面上，包括异核 J-分解谱和同核 J-分解谱。

2. 化学位移相关谱（chemical shift correlation spectroscopy）　化学位移相关谱也称 δ-δ 谱，是二维核磁共振谱的核心，通常所指的二维核磁共振谱就是化学位移相关谱，包括同核（homonuclear）化学位移相关谱，通过化学键相关：COSY，TOCSY，2D-INADEQUATE。通过空间相关：NOESY，ROESY。异核（heteronuclear）化学位移相关谱，强调大的偶合常数：^{1}H-^{13}C COSY。强调小的偶合常数，压制大的偶合常数：COLOC（远程^{1}H-^{13}C COSY）。

3. 多量子谱（multiple quantum spectroscopy）　通常所测定的核磁共振谱线为单量子跃迁（$\Delta m=\pm 1$）。发生多量子跃迁（multiple quantum transfer，MQT）时，Δm 为大于 1 的整数。

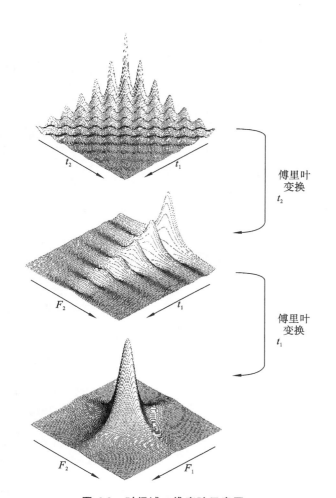

图 6-2　时间域二维实验示意图

研究多量子跃迁可以帮助解决以下问题：①多量子跃迁随着阶数的增加，跃迁数目迅速减少，应用高阶多量子谱使谱得到简化；②利用多量子相关的特征，选择性地探测一定阶数的多量子信号，使不同自旋系统得以分开；③多量子滤波可以简化为一维和二维谱，用脉冲序列可以检测出多量子跃迁，得到多量子跃迁的二维谱。

三、二维核磁共振峰的命名

根据共振峰在二维谱中的位置可以分为以下几种。

1. 对角峰（diagonal peak）　位于对角线（$\omega_1 = \omega_2$）上的峰，称为对角峰。这意味着在演化期和检测期的进动频率相同，而且在混合期未发生相关转移。对角峰在 F_1 轴和 F_2 轴上的投影，因不同的实验方案得到常规的偶合谱或去偶谱。

2. 交叉峰（cross peak）　也称相关峰，出现在 $\omega_1 \neq \omega_2$ 处（即非对角线上），它表明存在相干位移，在演化期的进动频率不等于检测期的进动频率。从峰之间的位置关系可以判定哪些峰之间有偶合作用，从而判断哪些核之间发生了偶合作用。交叉峰是二维谱中最有用的部分。

3. 轴峰（axis peak）　出现在 F_2 轴（$\omega_1 = 0$）上的峰，称为轴峰。轴峰是由演化期在 Z 方向的磁化矢量转化为检测期可观测的横向磁化分量，它不受 t_1 函数的调制，不含任何偶合关系的信息，但含有演化期纵向弛豫过程的信息。

NOTE

125

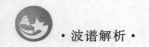

四、常用的二维核磁共振谱

2D-NMR 谱是阐明化合物结构的有力工具之一。表 6-1 列出了当前常用的二维核磁共振谱及其所能提供的结构信息,其中 δ 表示化学位移,J 表示偶合常数。

表 6-1　常用的二维核磁共振谱表

图谱类型	F_1 参数	F_2 参数	相关途径	用　　途
^{1}H-^{1}H COSY	δ_H,J_{HH}	δ_H,J_{HH}	J_{HH}	判断 H-H 之间的偶合关系,确定^{1}H-NMR 中氢原子的归属
^{13}C-^{13}C COSY	$\delta_{C1}+\delta_{C2}$	δ_C	$^1J_{CC}$	确定分子的 C-C 连接关系
^{13}C-^{1}H COSY	δ_C	δ_H,J_{HH}	J_{CH}	从一已知的^{1}H 信号,按照相关关系找到与之相连的^{13}C 信号
HMQC	δ_C	δ_H,J_{HH}	$^1J_{CH}$	提供直接相连的^{13}C 与^{1}H 间的相关信号,不能得到有关季碳的结构信息
HSQC	δ_H	δ_C,J_{HH}	$^1J_{CH}$	提供直接相连的^{13}C 与^{1}H 间的相关信号,不能得到有关季碳的结构信息
COLOC	δ_H	δ_C	$^1J_{CH}$、$^2J_{CH}$、$^3J_{CH}$	由远程^{13}C-^{1}H 交叉峰确定结构和全部^{13}C 归属,特别是季碳的归属
HMBC	δ_H,J_H	Δ_H,J_H	$^2J_{CH}$、$^3J_{CH}$	由远程^{13}C-^{1}H 交叉峰确定结构和全部^{13}C 归属,特别是季碳的归属,灵敏度高
NOESY	δ_H,J_{HH}	δ_H,J_{HH}	J_{HH}	确定有机化合物结构、构型和构象以及生物大分子如蛋白质分子在溶液中的二级结构
ROESY	δ_H,J_H	δ_H,J_H	J_{HH}	确定中等大小化合物立体结构

第二节　同核化学位移相关谱

一、基本概念与原理

对于二维相关谱,若 t_1 和 t_2 期之间存在混合期和混合脉冲,不同核的磁化之间有转移,这种实验得到的就是二维相关谱;若不同核的磁化之间的转移是由 J 偶合作用传递的,即相干转移是由标量偶合作用传递的,则称为二维化学位移相关谱(two-dimensional chemical shift correlation spectroscopy,2D-COSY 或 COSY)。2D-COSY 提供了化合物新的化学结构信息,可直接表明结构中某一核跃迁与其他核跃迁是否发生偶合,成为比二维 J 分解谱更重要、更有用的核磁共振测定技术。

2D-COSY 可分为同核相关谱和异核相关谱两种。同核化学位移相关谱又可分为氢-氢化学位移相关谱和碳-碳化学位移相关谱,下面分别介绍这两种相关谱中有代表性的实验技术。

二、氢-氢化学位移相关谱(¹H-¹H COSY)

氢-氢化学位移相关谱(¹H-¹H COSY)指同一个偶合体系中质子之间的偶合相关谱,是常用的 2D-NMR 谱之一。若从某一确定的质子着手分析,即可依次对其自旋系统中质子的化学位移进行精确指定。同核¹H-¹H COSY 的 ω_2(F_2,水平轴)及 ω_1(F_1,垂直轴)方向的投影均为该化合物的氢谱,一般列于上方及右侧(左侧亦可)。¹H-¹H COSY 一般画成正方形(若 F_1 与 F_2 刻度不等则为矩形),正方形中有一条对角线(一般为左下-右上),图中有两类峰:对角线上的峰称为对角线峰或自动相关峰,它们在 F_1 或 F_2 上的投影得到常规的偶合谱或去偶谱;对角线外的峰称为交叉峰或相关峰,每个交叉峰反映两个峰组间的偶合关系。在实际谱图的解析中,偶合关系的查找方法共有下列四种方式,如图 6-3 所示。

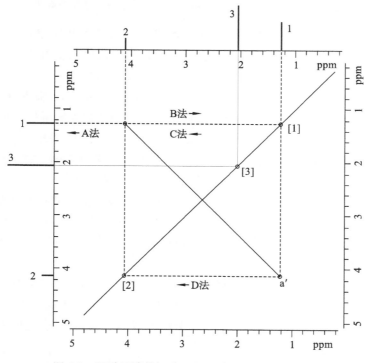

图 6-3　乙酸乙酯的¹H-¹H COSY(360 MHz,CDCl₃)

A 方式:从信号 2 向下引一垂线和相关峰 a 相遇,再从 a 向左画一水平线和信号 1 相遇,则信号 1 和 2 之间存在偶合关系。

B 方式:从信号 2 向下画一垂线和 a 相遇,再从 a 向右画一水平线至对角峰[1],再由[1]向上引一垂线至信号 1。

C 方式:按照与 B 方式相反的方向进行。

D 方式:从 COSY 的高磁场侧解析时,除 C 方式外,常采用 D 方式,即从 1 向下引一垂线,通过对角峰[1]至 a′,再从 a′向左画一水平线,即和 1 的偶合对象 2 的对角峰[2]相遇,从[2]向上划一垂线至信号 2 即成。

由此可见,通过¹H-¹H COSY 从任一交叉峰即可确定相应的两组峰的偶合关系而不必考虑氢谱中的裂分峰型。¹H-¹H COSY 是二维谱中最容易测定的一种,样品如有几毫克,则 3～4 h 就可得到一张很好的图谱,而且在原理上它还是所有二维谱的基础。¹H-¹H COSY 反应的一般是 ^3J 偶合关系,有时也会出现反映远程偶合关系的相关峰,此外,当 ^3J 较小时(如二面角接近 90°使 ^3J 很小),也可能没有相应的交叉峰。通过该谱只用一张图谱就可以了解质子间偶合

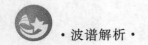

的全部情况,而且还可以知道 $J=1$ Hz 的远程偶合是否存在以及与其偶合的对方质子。

（一）脉冲序列

^{1}H-^{1}H 同核化学位移相关谱的基本脉冲序列（COSY-90°）:$\pi/2$-t_1-$\pi/2$-收集信号（acquire, AQ），如图 6-4 所示。

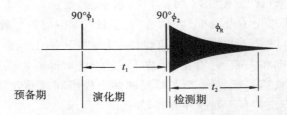

图 6-4　^{1}H-^{1}H 同核化学位移相关谱的基本脉冲序列示意图

这是 ^{1}H-^{1}H COSY 常用的脉冲序列。第一个 90°脉冲为准备脉冲;第二个 90°脉冲为混合脉冲,在此期间不同核的跃迁之间产生极化位移,通过偶合,磁化强度由 A(X)核转移给 X(A)核,经检测 t_2 后进行 FT。

COSY-90°的基本脉冲序列包括两个基本脉冲,在此脉冲作用下,根据演化期 t_1 的不同,自旋体系的各个不同的跃迁之间产生磁化传递,通过同核偶合建立同种核共振频率间连接图。此图的两个轴都是 ^{1}H 的 δ,在 $\omega_1=\omega_2$ 的对角线上可以找出一维 ^{1}H 谱相对应的谱峰信号。通过交叉峰分别作垂线及水平线与对角线相交,即可以找到相应偶合的氢核。因此从一张同核位移相关谱可找出所有偶合体系,即等于一整套双照射实验的谱图。

在 COSY-90°的基础上,将第二脉冲改变成 45°角。许多天然产物的直接连接跃迁谱峰在对角线附近,导致谱线相互重叠,不易解析。采用 COSY-45°,大大限制了多重峰内间接跃迁,重点反映多重峰间的直接跃迁,减少了平行跃迁间的磁化转移强度,消除了对角线附近的交叉峰,使对角线附近清晰。

测定时,通常先绘制一维 ^{1}H-NMR 谱,然后绘制二维 ^{1}H-^{1}H COSY。图谱的特征是二维谱图的横坐标和纵坐标对应的都是一维 ^{1}H-NMR 谱,一般从左下角到右上角 45°的斜线上的峰（轴峰）是各个质子的化学位移,而斜线两侧出现的对称峰（相关峰）表达质子间有偶合关系。

（二）^{1}H-^{1}H COSY 举例

图 6-6 所示为苯甲酸的 ^{1}H-^{1}H COSY,解析图谱时首先要将对角峰与其他峰区别开来,出现在对角线以外的峰是相关峰。苯甲酸的 ^{1}H-NMR 谱如图 6-5 所示。^{1}H-^{1}H COSY（图 6-6）中可见 7.42 ppm（2 H,t,$J=7.5$ Hz）处的氢信号既与 7.54 ppm（1 H,t,$J=7.5$ Hz）处的氢相关又与 8.01 ppm（2 H,d,$J=7.5$ Hz）处的氢相关,所以 7.42 ppm（2 H,t,$J=7.5$ Hz）处的两个氢信号处于羧基间位。

三、碳-碳化学位移相关谱（^{13}C-^{13}C COSY）

碳-碳化学位移相关谱与氢-氢化学位移相关谱一样,也属于同核化学位移相关谱。碳-碳化学位移相关谱的测定一般采用 INADEQUATE（incredible natural abundance double quantum transfer experiment）技术,属于一种双量子相关实验方法,它检测的信号是碳谱中的碳与碳（^{13}C-^{13}C）之间的偶合。由于样品中 ^{13}C 核的天然丰度很低（约 1.1%）,所以 ^{13}C 信号很弱,^{13}C-^{13}C 直接相连而相互偶合的概率更低,故该实验需要较多的样品和很长时间的扫描累加,才能得到较理想的图谱。由于该实验测定的是 $J_{^{13}C^{-13}C}$ 的偶合信息,对于被测样品的碳骨架结构的确定非常有用。

128

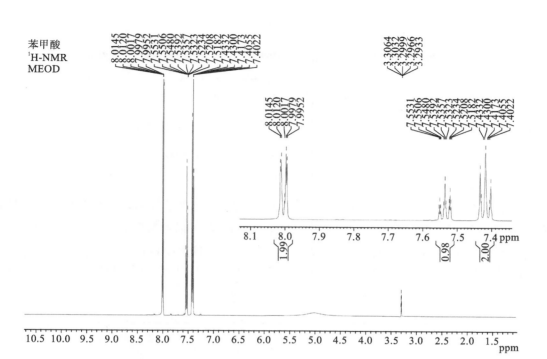

图 6-5 苯甲酸的 ¹H-NMR 谱（MEOD，500 MHz）

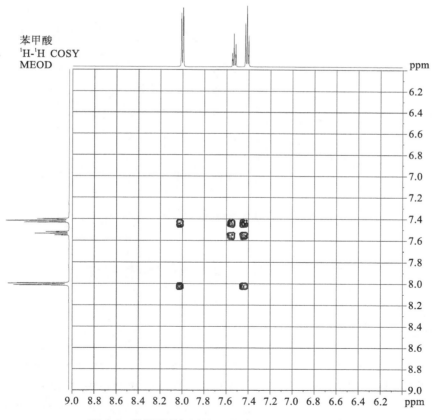

图 6-6 苯甲酸的 ¹H-¹H COSY（MEOD，500 MHz）

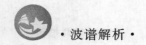
（一）脉冲序列

^{13}C-^{13}C COSY 的脉冲序列：$\pi/2-t_d-\pi-t_d-\pi/2-t_1-\pi/2$-收集信号（AQ），如图 6-7 所示。

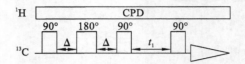

图 6-7　^{13}C-^{13}C COSY 的脉冲序列示意图

（二）^{13}C-^{13}C COSY 举例

^{13}C-^{13}C COSY 有两种形式，第一种形式，F_2 轴是 ^{13}C 的化学位移，F_1 轴为双量子跃迁频率，水平连线表明一对偶合碳具有相同的双量子跃迁频率，可以判断它们是直接相连的碳。

另一种形式，F_2 轴、F_1 轴都是 ^{13}C 的化学位移，相互偶合的碳核作为一对双峰出现在对角线两侧对称的位置上。依此类推，可以找出化合物中所有 ^{13}C 连接顺序，如图 6-8 所示，在对角线两端出现的信号是直接相连的两个碳。

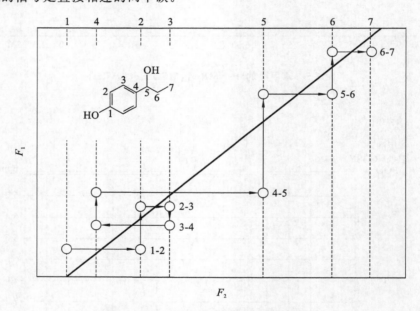

图 6-8　对 1-羟基丙基-苯酚的 ^{13}C-^{13}C COSY

第三节　异核化学位移相关谱

一、基本概念与原理

异核化学位移相关谱（heteronuclear chemical shift correlation spectroscopy，X-H COSY），即两种不同核的 Larmor 频率通过标量偶合建立起来的相关谱，以 $\delta_{^{13}C}-\delta_{^1H}$ 应用最广。在 ^{1}H-NMR 谱中质子相互重叠的峰能按照 ^{13}C 化学位移很好地分开，它在同一实验中把两种核的所有关系都建立起来，得到直接偶合的 ^{1}H 和 ^{13}C 之间的化学位移相关关系，即 ^{1}H-^{13}C 直接相关。其脉冲序列在去偶谱中，由图中各点在两条轴上的投影可得到直接键合的 C-H 原子之间的相关关系。在确定 ^{1}H 信号归属的同时也确定了 ^{13}C 信号的归属。异核化学位移相关谱,在 t_1 期间异核去偶,去掉了碳氢间的偶合,保留了氢氢间的偶合,并按照 δ_C 显示出来,即以碳的化学位移为标尺,显示出连接在该碳上质子的偶合谱,即使两种氢的化学位移完全相同,只要所连碳的化学位移不同,谱线仍可分开。

二、碳-氢化学位移相关谱(^{13}C-^1H COSY)

^{13}C-^1H COSY 是指碳-氢化学位移相关谱,能反映 ^1H 核和其直接相连的 ^{13}C 核的关联关系,以确定 C-H 偶合关系($^1J_{CH}$)。一般通过一个已知的 ^1H 信号,根据相关关系,即可得到与之相连的 ^{13}C 信号,反之亦然。该实验的关键是选择一个适合的混合期,以使 ^{13}C 核和 ^1H 核的信息充分转移,即选择合适的 Δ_1 和 Δ_2,使 ^1H 核信号极化转移到 ^{13}C 核上。在 ^{13}C-^1H COSY 中,季碳没有相关峰信号。若同一个碳上有几个位移不同的氢,则在谱图中该碳的 δ_C 处(F_2 坐标上)与不同的 δ_H 处(F_1 坐标上)出现几个信号;若同一个碳上几个氢的位移值相等,则只出现一个信号。

图 6-9 为化合物 2-丁烯酸乙酯的 ^{13}C-^1H COSY,从该谱图中可以比较方便地找出 A 与 B 两个氢信号各自相关的 ^{13}C 核的化学位移。

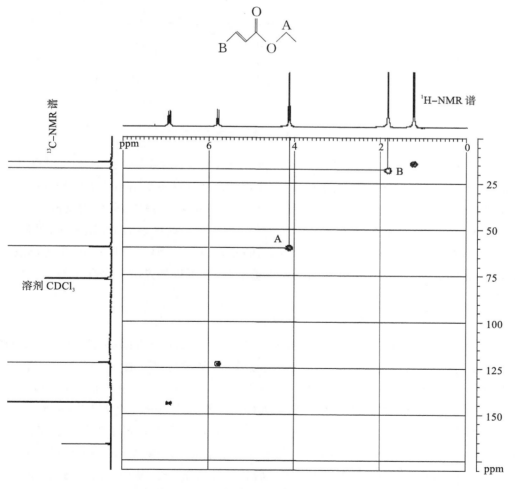

图 6-9 2-丁烯酸乙酯的 ^{13}C-^1H COSY

三、^1H 检测的异核位移相关谱

异核化学位移相关谱是两种不同核的拉莫尔频率通过标量偶合建立起来的相关谱,通过

该谱可以获得碳和氢之间相连的信息,在有机化合物结构的解析中起着至关重要的作用。

(一) ^1H 检测的异核多量子相关谱

^1H 检测的异核多量子相关(heteronuclear multiple quantum coherence,HMQC)谱,其特点为仅检测 ^{13}C-^1H 相关,其图谱上仅显示 ^{13}C-^1H 直接相关信号。HMQC 谱的优点是脉冲序列较简单,参数设置容易。反转式检测氢谱一维(F_2)分辨率较高,灵敏度较高。对 ^{15}N-^1H 相关谱而言,其主要缺点是由于 t_1 演化期是多量子信号,故 t_1 期间弛豫更快,所以得到的峰在 t_1 维都较宽,峰的质量差。对 ^{13}C-^1H 相关谱而言,单量子和多量子的弛豫速率差别不明显,所以 HMQC 一般用于测定 ^{13}C-^1H 相关谱。HMQC 的优点是压水峰简单,但记谱时间信噪比高于 HSQC。

1. HMQC 的脉冲序列 HMQC 脉冲序列开始用的 BIRD 脉冲序列,它可以很有效地抑制干扰信号,然后开始基本脉冲序列。$t_1/2,180,t_1/2$ 起到一个 δ 标记的作用,将 δ_H 和 δ_C 关联起来,在采样时对 ^{13}C 去偶,因而得到的是不被 ^{13}C 裂分的 ^1H 信号,如图 6-10 所示。

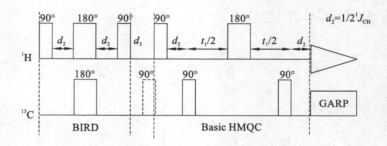

图 6-10 HMQC 的脉冲序列示意图

2. 图谱举例 F_1 轴(垂直轴)是 ^{13}C 的化学位移,F_2 轴(水平轴)是 ^1H 的化学位移,直接相连的 ^{13}C 与 ^1H 将在对应的 ^{13}C 化学位移与 ^1H 化学位移的交点处给出相关信号,不能得到季碳的结构信息。解析方法与 ^1H-^1H COSY 完全相同,只要从 ^1H 或 ^{13}C 的峰出发沿 ^{13}C 或 ^1H 轴画平行线即可找出与之相连的 ^{13}C 或 ^1H 峰。图 6-11 是穿心莲内酯的 HMQC 谱,非常明显的是,谱上没有对角峰和对称性,这对于两个不同的核来说是合理的。以任一个碳为起点,画一条水平线,直到遇到相关信号为止。另一条线垂直画,就可以知道哪一个质子与碳直接相连。从氢质子出发也能得到相同的结果。

(二) ^1H 检测的异核单量子相关谱

^1H 检测的异核单量子相关(heteronuclear single quantum coherence,HSQC)谱。HSQC 的优点是反转式探头检测氢核,其一维(F_2)分辨率高,灵敏度高。缺点是碳核的一维(F_1)分辨率低,而且相关峰强度差别大(如单峰甲基的交叉峰高于多重峰亚甲基的交叉峰),要求参数设置较准确。当样品量少时,测定 HSQC 谱更好。一般有机小分子通常用 HMQC 谱测试较多。生物大分子常用 HSQC 谱测定,无论是 ^{13}C-^1H 还是 ^{15}N-^1H。对于生物大分子通常采用增敏(sensitivity enhancement)HSQC 谱,脉冲序列中增加了重聚焦(refocusing)INEPT,可以把部分在普通 HSQC 谱中不能被检测的信号转化为可检测信号,从而提高检测灵敏度。

1. HSQC 的脉冲序列 HSQC 脉冲序列由一个从 ^1H 到 ^{13}C 极化转移的 INEPT,在 t_1 对质子施加 $180°$ 脉冲和一个从 ^{13}C 到 ^1H 转移的反转的 INEPT 序列组成。HSQC 脉冲序列用于检测高灵敏度的 ^1H 核,同时消除连接到 ^{12}C 上的质子信号,留下连接到 ^{13}C 上的质子信号及 ^{13}C 之间的化学位移相关信息,如图 6-12 所示。

NOTE

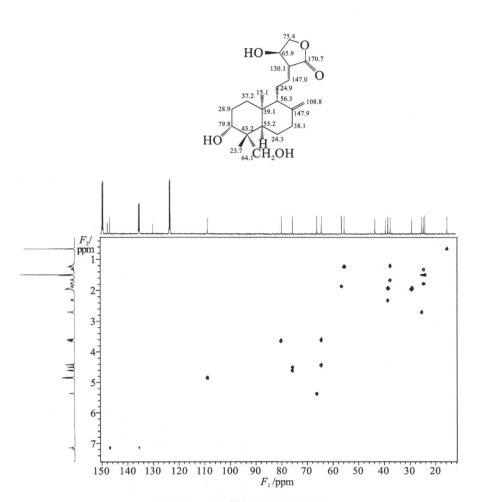

图 6-11　穿心莲内酯的 HMQC 谱

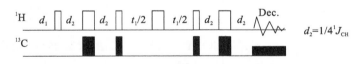

图 6-12　HSQC 的脉冲序列示意图

2. HSQC 图谱举例　图 6-13 是阿魏酸的 HSQC 谱,解析方法与 HMQC 谱相同,由图可知,146.9 ppm 与 111.7 ppm 处的碳与 7.58 ppm(1H,d,$J=15.9$)和 6.29 ppm(1H,d,$J=15.9$)处的氢直接相关,分别为 7、8 位烯键上的碳,116.4、124.0、115.9 ppm 处的碳分别与 7.15 ppm(1H,s)、6.79 ppm(1H,d,$J=8.2$)、7.04 ppm(1H,d,$J=8.2$)处的氢直接相关,分别为 2、5、6 位苯环上的碳,56.4 ppm 处的碳与 3.87 ppm(3H,s)处的氢直接相关,为 3 位甲氧基上的碳。

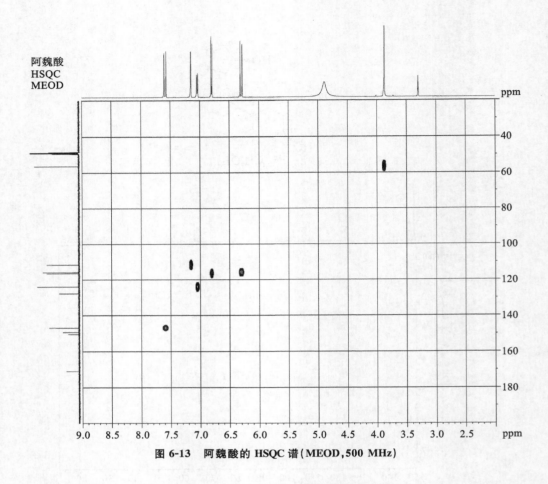

图 6-13   阿魏酸的 HSQC 谱(MEOD,500 MHz)

第四节   异核远程相关谱

一、基本概念与原理

异核远程相关谱(long rang ^{1}H-^{13}C COSY)是指^{1}H-^{13}C 的远程偶合。在^{13}C-^{1}H COSY 脉冲序列中,Δ_1 和 Δ_2 分别对应于远程的^{13}C-^{1}H 偶合常数,而不是一键偶合的$^1J_{CH}$。因此异核远程^{13}C-^{1}H 化学位移相关谱能提供间隔两键或两键以上的^{13}C-^{1}H 偶合相关信息,建立 C-C 关联,甚至越过氧、氮或其他原子的官能团间的关联。由于该方法能够将季碳和相邻碳上的质子相关联,对于确定化学结构中的 C-C 连接关系具有重要作用,而且其灵敏度比 INADEQUATE 高,能够提供更多的化学结构信息。

二、^{1}H 检测的异核多键相关谱

^{1}H 检测的异核多键相关(heteronuclear multiple bond correlation,HMBC)谱是一种采用反转探头测定的远程^{13}C-^{1}H 相关的方法,其灵敏度是常规探头的 6 倍,它给出远程^{13}C-^{1}H ($^2J_{CH}$、$^3J_{CH}$)相关信息。其基本原理是通过^{1}H 检测的异核多量子相干调制,选择性地增加某些碳信号的灵敏度,使孤立的自旋体系相关联,而组成一个整体分子。例如,由于甲基 3 个质子的协同作用,对于与甲基质子相隔两个键、三个键($^2J_{CH}$、$^3J_{CH}$)的碳,可提供有效的极化位移而得到较强的相关信号,同时抑制了直接偶合相关信号($^1J_{CH}$),使得到的相关谱大为简化,有时可见旋转边峰信号,其灵敏度较高。该法特别适用于具有多甲基的天然产物,如三萜类、甾

体类化合物的结构鉴定。测定出各结构单元再通过季碳间的相互连接关系,以及各甲基在分子中的位置,从而找出与每个甲基具有 $^2J_{CH}$、$^3J_{CH}$ 偶合的相关碳。HMBC 可以高灵敏度地检测 ^{13}C-^{1}H 远程偶合($^2J_{CH}$、$^3J_{CH}$),由此可得到有关季碳的结构信息,以及因杂原子或季碳存在而被切断的 ^{1}H 偶合系统之间的结构信息。一般远程 ^{13}C-^{1}H COSY 中,检测 ^{13}C-^{1}H 远程偶合相关信号时,往往需要检测季碳信号,其测定灵敏度特别低,对分子量大的化合物(当样品量少时),不容易得出满意的结果。HMBC 由于通过检测 ^{1}H 的信号来检测 ^{13}C 核之间的远程偶合信息,故对大分子化合物即便用少量样品也可在直接相连的 ^{13}C 与 ^{1}H 间有残留的相关信号,信号在对应的 ^{13}C 与 ^{1}H 信号的交点处,以该 ^{13}C 信号为中心,沿平行于 ^{1}H 化学位移的方向裂分为二重峰,容易与远程偶合信号相区别。

(一)HMBC 脉冲序列

HMBC 脉冲序列的前一半称为低通道 J 滤波,它使 ^{13}C 直接相连的 ^{1}H 的磁化矢量受到很强的抑制,而由 J_{CH} 与 ^{13}C 相偶合的 ^{1}H 的磁化矢量有效地保留,因而在 HMBC 谱上突出远程偶合相关的信号。为突出远程相关,在 HMBC 的基本脉冲序列之前可加一个 BIRD 脉冲序列。在该 BIRD 脉冲序列中,90°、180°、90°之间的时间间隔是 $1/(2^nJ_{CH})$,如图 6-14 所示。

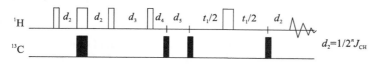

图 6-14 HMBC 的脉冲序列示意图

(二)HMBC 图谱举例

图 6-15 是阿魏酸的 HMBC 局部放大谱,由图可见,7.58 ppm(1H,d,$J=15.9$)处的氢与111.7、115.9 ppm 处的碳及 127.8、171.0 ppm 处的季碳有相关,可得出如下片段结构:

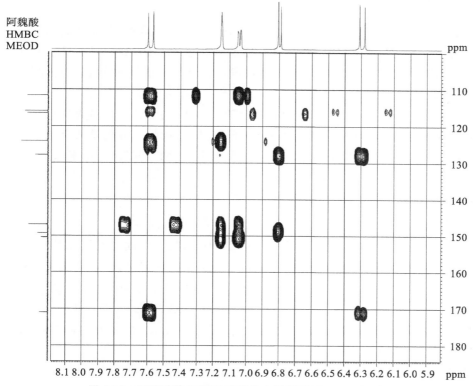

图 6-15 阿魏酸的 HMBC 局部放大谱(MEOD,500 MHz)

135

再由 150.5 ppm 处的碳与 7.04 ppm(1H,d,J=8.2)和 7.15 ppm(1H,s)处的氢有相关，127.8、149.3 ppm 处的碳与 7.15 ppm(1H,s)处的氢相关，也与 6.79 ppm(1H,d,J=8.2)处的氢相关，得出苯环碳、氢结构归属；171.0 ppm 处的碳与 7.58 ppm(1H,d,J=15.9)和 6.29 ppm(1H,d,J=15.9)处的氢相关，综合得出结构归属，见表 6-2。

表 6-2　阿魏酸的 NMR 谱数据(MEOD)

序号	$\delta_H(J,Hz)$	δ_C/ppm	序号	$\delta_H(J,Hz)$	δ_C/ppm
1	—	127.8	6	7.04(1H,d,8.2)	115.9
2	7.15(1H,s)	116.4	7	7.58(1H,d,15.9)	146.9
3		149.3	8	6.29(1H,d,15.9)	111.7
4	—	150.5	9		171.0
5	6.79(1H,d,8.2)	124.0	10	3.87(3H,s)	56.4

第五节　二维 NOE 谱

一、NOESY

NOESY(nuclear overhauser effect spectroscopy)是在一维 NOE 实验的基础上增加一个固定延迟时间和第三脉冲来检测 NOE 和化学交换信息得到的二维 NOE 谱。在 NOSEY 实验中，相关转移是由交叉弛豫和非各向同性的样品核之间的偶极-偶极偶合传递的，即借助于交叉弛豫完成磁化传递进行二维实验。

NOESY 表示的是质子的 NOE 关系，两个轴均为 ^{1}H 的 δ 值。其最大优点是能在同一张谱图中同时显示化学结构中所有质子间的 NOE 信息，已成为立体化学研究中必不可少的工具。^{1}H-^{1}H NOESY 类似于 COSY，在化学交换位置上，若两核间有 NOE 相关，谱图中两个化学位移之间将出现交叉峰。与 NOE 差谱相比，^{1}H-^{1}H NOESY 揭示的是质子与质子间在空间的相互接近关系，质子之间的空间距离小于 0.4 nm 时便可观察到。

(一) NOESY 的脉冲序列

NOESY 的基本脉冲序列在 COSY 序列的基础上，加一个固定延迟和第三脉冲，以检测 NOE 和化学交换的信息。混合时间 t_m 是 NOESY 实验的关键参数，t_m 的选择对检测化学交换或 NOESY 效果有很大影响。选择合适的 t_m 可在最后一个脉冲产生最大的交换，或建立最大的 NOE。NOESY 的特征类似于 COSY，一维谱中出现 NOE 的两个核在二维谱显示交叉峰。NOESY 可以在一张谱图上描绘出分子之间的空间关系。它的基本脉冲：$\pi/2$-t_1-$\pi/2$-t_m-$\pi/2$-AQ，如图 6-16 所示。

NOESY 在分子量大或分子量小的分子体系中，灵敏度很高。小分子的快速运动，产生 NOE，大分子的降温产生负 NOE。而中分子(300~1500)或特殊形状分子，在 NOESY 中得不

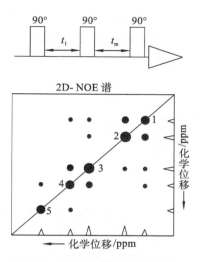

图 6-16　NOESY 的脉冲序列示意图

到交叉峰。另外，由于弛豫时间的关系，脉冲间隔的等待时间也必须设定得大一些。故与 ^{1}H-^{1}H COSY 相比，测定起来比较困难。可是因为对复杂分子的结构解析来说，NOE 的观察是必不可少的，故 NOESY 在二维谱中是继 ^{1}H-^{1}H COSY 之后广泛应用的一种技术。与其他二维谱相同，在测定 NOESY 时，如果试样浓度较低，则有可能出现实际上不应该出现的吸收峰。

（二）NOESY 谱图举例

NOESY 的解析方式同 HMBC 谱基本一致，如 N-乙酰-5-甲氧基色胺的 NOESY（图 6-17）所示，δ 3.35 与 δ 2.74 的氢信号存在 NOE 相关，即这两个质子在空间上相互接近并存在着 NOE，为 β 构型。

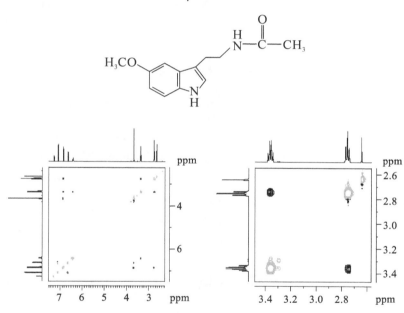

图 6-17　N-乙酰-5-甲氧基色胺的 NOESY

二、ROESY

ROESY（roating frame overhauser-enhcmcement spectroscopy）是采用一个弱自旋锁场，在旋转坐标体系中产生交叉弛豫的 NOE，即旋转坐标系中的 NOE 增强谱。ROESY 类似于 NOESY，能提供空间距离相近的核的相关信息。

ROESY 交叉峰与分子量的大小无关，由于 ROESY 是低功率实验，可以检测到小的相互作用。NOESY 是确定化合物立体结构时普遍应用的一种二维技术，但对于中等大小的分子（分子量为 1000～3000），有时 NOE 的增益为零，从 NOESY 上得不到相关的信息。而旋转坐标系中的 NOESY，我们称为 ROESY，有效地克服了 NOESY 的不足，是一种解决中等大小化合物立体结构的理想技术，ROESY 的解析方法与 NOESY 一致。

其基本脉冲序列：$\pi/2$-t_1-(CW)X-AQ，如图 6-18 所示。它的基本序列与 TOCSY 相似，但采用低功率自旋锁场，可由连续波照射或一系列小脉冲角脉冲组成混合脉冲。90°脉冲产生横向磁化矢量,由此开始 t_1,和别的二维谱一样,t_1 是逐渐增长的时间,即它是一个时间变量。在 t_1 的时间内完成各个横向磁化矢量的频率标记。在自旋锁定期间则发生交叉弛豫,即发生旋转坐标系中的 NOE。至于在 t_2 采样,与其他二维谱完全一样的。

图 6-18　NOESY 的脉冲序列示意图

三、HOESY

HOESY(heteronuclear NOE spectroscopy)是异核间的 NOE 谱的缩写,通过它能找出空间位置相近的两个种类不同的核,如去偶核为 ^1H、观察核为 ^{13}C 的情况。要得到有效的信息,其必要条件是这两个核的空间距离很近,使得去偶核 ^1H 对观察核 ^{13}C 的偶极弛豫做出贡献。HOESY 与 HETCOR 的谱图相似,差别在于后者的交叉峰反映的是 C 与 H 之间的键连偶合关系,而 HOESY 的交叉峰反映的是 ^{13}C 和 ^1H 之间的 NOE 关系,即它们的空间距离是相近的。

知识链接
6-1

本章小结

质　　谱	学　习　要　点
基本原理	二维核磁共振的形成、特点、分类及命名
同核化学位移相关谱	氢-氢化学位移相关谱、碳-碳化学位移相关谱的特点及解析
异核化学位移相关谱	^{13}C-^1H COSY、^1H 检测的异核位移相关谱的特点及解析
异核远程相关谱	HMBC 谱的特点及解析
二维 NOE 谱	NOESY、ROESY 的特点及解析

目标检测

目标检测
答案

1. 何为同核位移相关谱？主要提供化合物的什么结构信息？
2. 何为异核位移相关谱？主要提供化合物的什么结构信息？
3. HSQC 谱和 HMBC 谱分别能提供什么结构信息？
4. 图 6-19、图 6-20 和图 6-21 分别是莽草酸的 ^1H-NMR 谱、^1H-^1H COSY 和 HMBC 谱。根据 ^1H-^1H COSY,找出结构中相互偶合质子间的关系,并归属各质子的化学位移；根据 HMBC 谱,找出结构中主要 ^1H-^{13}C 的远程化学位移相关。

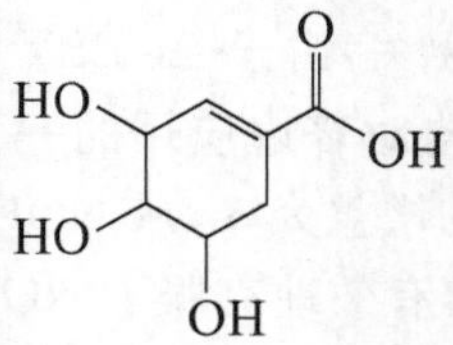

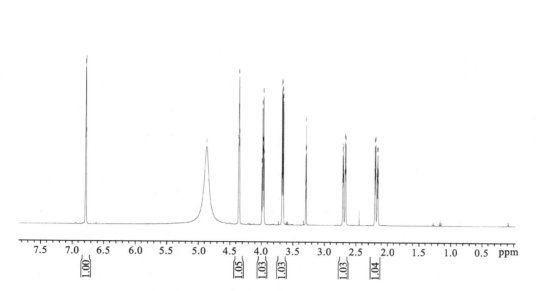

图 6-19 莽草酸的¹H-NMR 谱

莽草酸
¹H-¹H COSY
MEOD

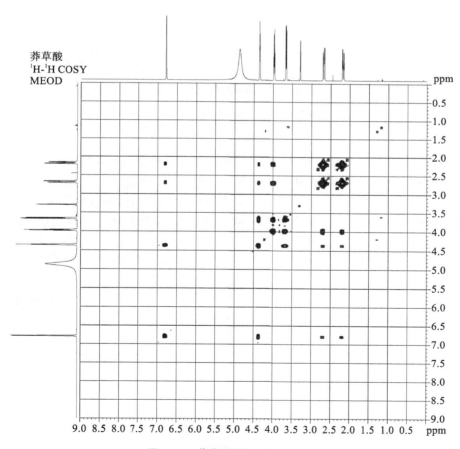

图 6-20 莽草酸的¹H-¹H COSY

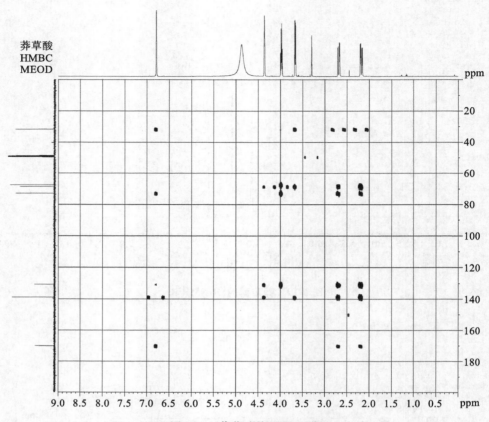

图 6-21　莽草酸的 HMBC 谱

参 考 文 献

［1］　孔令义. 波谱解析［M］. 2 版. 北京：人民卫生出版社，2016.

［2］　冯卫生. 波谱解析技术的应用［M］. 北京：中国医药科技出版社，2016.

［3］　何祥久. 波谱解析（案例版）［M］. 北京：科学出版社，2017.

［4］　宁永成. 有机化合物结构鉴定与有机波谱学［M］. 2 版. 北京：科学出版社，2000.

［5］　杨峻山，马国需. 分析化学手册·7B·碳 13 核磁共振波谱分析［M］. 3 版. 北京：化学工业出版社，2016.

［6］　裴月湖. 有机化合物波谱解析［M］. 4 版. 北京：中国医药科技出版社，2015.

（长治医学院　田海英）

NOTE

第七章 质 谱

学习目标

1. **掌握**:质谱的裂解类型,主要离子类型,各类化合物的质谱特征,分子离子峰的判断原则。
2. **熟悉**:质谱特点,质谱表示方法,质谱解析步骤。
3. **了解**:质谱仪的构造和工作原理。

质谱(mass spectrum,MS)是指有机化合物分子通过一定的电离方法进行电离并进一步裂解,形成各种带正电荷的碎片离子,并将这些离子按照其相对质量 m 和电荷 z 的比值(m/z,质荷比)大小依次排列形成的图谱。进行质谱分析的仪器称为质谱仪(mass spectrometer)。质谱仪种类很多,按用途分为同位素质谱仪、无机质谱仪和有机质谱仪三种。

从 20 世纪 60 年代开始,质谱就广泛应用于有机化合物分子结构的测定。质谱可用于化合物结构分析和定性鉴定、测定相对原子质量和相对分子质量、确定分子式、同位素分析、化学反应过程研究、热力学与反应动力学研究,广泛应用于化学、化工、医药、生物、环境科学以及生产过程监测、环境监测、生理监测与临床研究、空间探测与研究等领域。

扫码看课件

案例导入

案例导入
答案解析

知识链接
7-1

第一节 基 本 原 理

当具有一定能量的电子流冲击气态有机分子时,会使分子失去一个价电子成为带一个正电荷的分子离子。有时有机分子也可以获得一个电子而成为阴离子,但这种概率只有前者的千分之一左右。目前这种负离子的质谱行为也在一些分析中得到了应用,但质谱还是以测定正离子为主。本章只介绍正离子的质谱行为。

一、质谱的基本原理

有机分子形成分子离子的离子化电压(离解能)为 9～15 eV。例如,苯为 9.24 eV,甲烷为 13.1 eV。但所用冲击电子流的能量通常为 50～80 eV,常规为 70 eV。此时电子流电子的能量比离解能高很多。所以受到轰击的分子,除形成分子离子外,还有多余的能量可导致分子离子中的某些化学键进一步断裂,形成许多碎片。

质谱仪的种类很多,原理也不尽相同。现以半圆形单聚焦质谱仪为例,阐述质谱仪的基本原理。如图 7-1 所示,将样品分子离子化后(多种离子化技术)经加速进入磁场中,在高压电场的作用下,质量为 m 的正离子在磁感应强度为 H 的磁场作用下做垂直于磁场方向的圆周运动,其动能与加速电压 V 及电荷 z 有

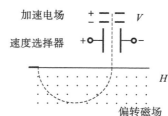

图 7-1 半圆形单聚焦质谱仪原理示意图

NOTE

关,即

$$zeV = 1/2mv^2 \qquad\qquad (7\text{-}1)$$

式中,z 为电荷数;e 为离子的荷电单位($e=1.60\times10^{-19}$ C);m 为离子的质量;v 为离子被加速后运动的速率。具有速率 v 的带电粒子进入质量分析器的电磁场中,根据所选择的不同分离方式,最终实现各种离子按质荷比(m/z)进行分离。带正电荷的分子离子及碎片离子按 m/z 大小依次经过质谱仪,在其相应的 m/z 值处出现峰,并依 m/z 大小排列得到质谱图。

二、质谱的表示方法

质谱的表示方法主要有两种形式,一种是棒图形式即质谱图,另一种为表格形式即质谱表。

1. 质谱图　质谱图是以质荷比为横坐标,离子的相对丰度为纵坐标表示化合物裂解所产生的各种离子的质量和相对数量的图谱。质谱图中,纵坐标表示离子峰的强度,每一条直线代表一个离子峰。通常将图中最强的离子峰的峰高设定为 100%,称为基峰(base peak),而以对它的百分比来表示其他离子峰的强度。将质谱中其他离子的信号强度与基峰相比得到的该离子的相对强度(relative intensity,RI),也称为相对丰度(relative abundance,RA)。例如,阿司匹林的质谱图如图 7-2 所示,$m/z=120$ 的碎片离子峰是基峰。

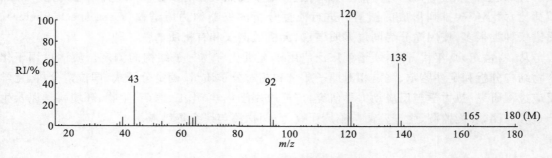

图 7-2　阿司匹林的质谱图

2. 质谱表　质谱表指用表格形式表示质谱数据,如表 7-1 所示,质谱表应用较少。两种表示方法各有特点,质谱图简洁、明了,易于在几个图谱之间进行比较;质谱表则能获得离子峰相对强度的准确值。

表 7-1　阿司匹林的质谱表

m/z	15	38	39	42	43	65	81	92	120	121	138	165	180
相对强度/%	2.3	1.5	5.0	1.1	42.1	4.9	1.3	19.5	100	17.6	70.5	1.8	5.3

三、质谱仪

质谱仪是一种用来量化已知化合物和解析未知化合物的结构和分子性质的强大分析工具。质谱仪可以将物质粒子(原子、分子)电离成离子,并通过适当稳定的或变化的电磁场将它们按空间位置、时间先后等方式实现质荷比分离,检测其强度,并进行定性、定量分析。

(一)质谱仪的基本结构

典型的质谱仪一般由进样系统、离子源、质量分析器和离子检测器组成,还包括真空系统、数据处理系统和供电系统等辅助设备。不同的质谱仪原理不同,其结构有所不同,但大体都由下列单元组成,如图 7-3 所示。

知识链接
7-2

NOTE

图 7-3　质谱仪的组成单元示意图

1. 质谱仪的基本构造

（1）进样系统　被分析的样品通过进样系统（sample inlet）进入质谱仪，使试样在不被破坏的情况下进入离子源。常见的进样方式包括气体扩散进样、直接探针进样、色谱进样等。对进样系统的设计，一般要求重复性高、不破坏真空系统造成真空度的降低。当质谱仪与色谱仪联用时，进样系统则由界面（interface）取代。

（2）离子源　离子源又称电离和加速系统（ionization and ion accelerating system），样品分子在电离室被电离，在电离室出口，对离子施加一个加速电压，使电离的粒子进入质量分析器。

（3）质量分析器　质量分析器（mass analyzer）是质谱仪的核心，可以把不同质荷比的离子分开以供检测器检测。不同类型的质量分析器有不同的原理、特点、适用范围和功能。

（4）检测器　检测器（detector）检测各种质荷比的离子，不同类型检测器的检测原理不同。

（5）数据处理系统　数据处理系统（data processing system）进行数据的采集、存储、处理、打印、检索等。

（6）真空系统　真空系统（vacuum system）为离子源、质量分析器和检测器提供所需要的真空环境。质谱仪的类型不同，对真空度的要求不同。由于质谱仪检测的是具有一定动能的分子离子或碎片离子的离子流，为获得准确的离子信息，在样品分子成为离子至离子被检测的整个过程中，应避免离子与气体分子间发生碰撞而造成能量的损失，因此，离子源、质量分析器和检测器均应处于高真空环境。

2. 质谱的离子源

离子源是将进样系统引入的气态样品分子转化成离子的装置。常用的电离方法有电子轰击电离（electron impact ionization，EI）、化学电离（chemical ionization，CI）、快速原子轰击（fast atom bombardment，FAB）、大气压电离（atmospheric pressure ionization，API）、基质辅助激光解吸电离（matrix-assisted laser desortion ionization，MALDI）和场解析（field desorption，FD）等。有许多方法可以将气态分子变成离子，下面介绍几种常见的离子化方式。

（1）电子轰击电离（EI）源　电子轰击电离源又称 EI 源，是应用最早且最为广泛的离子源，主要用于挥发性样品的电离。EI 过程在离子源中进行，如图 7-4 所示，热阴极发射的电子经加速达到 70 eV，与试样分子作用，外加一个辅助磁场，使离子导向性加强，电子的运动轨迹呈螺线性，可加大电子与试样分子的作用概率。在 70 eV 电子流的轰击下，气态的试样分子失去一个电子而生成带有正电荷的自由基，称为分子离子。它不但具有非配对电子，而且具有不同电子和振动能级，这些能级一般含有多余的能量，将导致化学键进一步断裂生成碎片离子或中性分子。生成的离子束沿与电子垂直的方向被一高压电场引出，而后被加速正电场加速送入质量分析器。大部分样品分子、电子和离子产物（约 99.999%）被离子源的真空泵不断抽走。

EI 的特点：易于实现且图谱的重现性好，便于利用数据库实现计算机检索及图谱的对比；有较多与结构相关的碎片峰，对推测未知化合物结构具有重要意义。

EI 的主要局限性：当试样分子不稳定时，分子离子峰丰度较低或难以测得分子离子峰，且得到的质谱图不再是标准质谱图。对于不能汽化的试样分子或热不稳定的试样，无法利用 EI

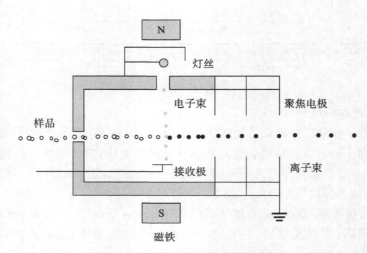

图 7-4　电子轰击电离源原理图

获得分子离子峰,这种情况下,可以采用其他软电离方法。

(2) 化学电离法　化学电离(CI)法中,试样分子的电离是经过离子与分子反应而完成的。电子轰击电离的真空度较高,压强约为 1.3×10^{-4} Pa;CI 时因有反应气,压强约为 100 Pa。试样分子与反应气分子相比是极少的,在具有一定能量的电子(50 eV)的作用下,反应气分子被电离,随后发生复杂的反应过程。反应气可以是甲烷、异丁烷、氨等,以甲烷反应气为例,说明 CI 的过程。

在电子轰击下,甲烷首先被电离:

$$CH_4 + e \longrightarrow CH_4^+ \cdot + 2e$$

然后甲烷离子与分子进行反应,生成络合离子:

$$CH_4^+ \cdot + CH_4 \longrightarrow CH_5^+ + CH_3 \cdot$$

最后,络合离子与样品分子反应:

$$CH_5^+ + M \longrightarrow CH_4 + MH^+$$

式中,M 为被分析的试样分子,由它生成准分子离子$[M+H]^+$。采用化学电离法生成的 m/z 最大的峰不是分子离子峰,而是 M+1、M-1 峰或其他峰,这些峰被称为准分子离子峰。CI 可以是正离子模式,也可以是负离子模式。对于多数有机化合物,负离子 CI 谱图灵敏度要比正离子 CI 谱图高 2~3 个数量级。负离子 CI 谱图已成为某些复杂混合物的定量分析方法。

CI 的特点之一是产生的准分子离子过剩的能量小,进一步反应发生裂解的可能性小,形成碎片少,因此 CI 属于软电离技术之一。所以 CI 谱的准分子离子峰丰度高,便于推算分子量。用于 CI 的离子源与 EI 相似,主要区别是离子源中含有较高浓度的反应气。CI 离子源同样主要用于气相色谱-质谱联用仪,适用于易汽化有机物样品的分析。

(3) 快速原子轰击法　快速原子轰击(FAB)是一种有特色的软电离技术,可使一些难挥发和热不稳定的化合物能被质谱检测。快速原子轰击利用惰性气体(Xe、Ar 或 He),惰性气体原子首先经电子轰击后被电离,然后被电场加速,使之具有较大的动能,在原子枪(atom gun)内进行电荷交换反应,以 Ar 为例:

Ar$^+$(高动能的)+Ar(热运动的)——→Ar(高动能的)+Ar$^+$(热运动的)

低动能的离子被电场偏转引出,高动能的原子则对靶物进行轰击(图 7-5)。

试样溶解在非挥发性基质中,常见的基质有甘油、硫代甘油、3-硝基苄醇、三乙醇胺、聚乙二醇等,它们都具有较低的蒸气压。快速原子轰击到靶上时,其动能以各种方式消散,其中有些能量导致试样的蒸发和离解。高极性、难汽化的有机化合物都可采用此电离方法。由于基

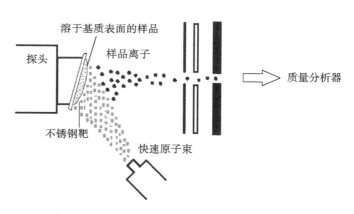

图 7-5　快速原子轰击电离源示意图

质的存在,表层试样分子可不断更新,同时可以降低高能量对试样的破坏。总之基质应具有流动性、低蒸气压、化学惰性、电解质性质和好的溶解能力。

　　FAB 电离过程中不必加热汽化,特别适用于分子量大、难挥发或热不稳定的极性样品的分析。FAB-MS 产生的主要是准分子离子,碎片离子较少。常见的离子有 $[M＋H]^+$ 和 $[M－H]^-$。此外,还会生成络合离子,如 $[M＋Na]^+$、$[M＋K]^+$ 等。如果样品滴在 Ag 靶上,还能看到 $[M＋Ag]^+$。基质分子也会产生相应的峰,以甘油为例,会产生 m/z 为 93、185、277 等峰。随着 ESI-MS 和 MALDI-MS 技术的成熟和普及,FAB-MS 的应用已大大减少,但在特定的研究领域,如有机金属化合物与有机盐类的表征上,FAB-MS 还是非常有效的。

　　(4) 大气压电离源　大气压电离(API)源主要是应用于高效液相色谱与质谱联用时的电离方法。试样的离子化在处于大气压的离子化室中进行,包括电喷雾电离(electrospray ionization,ESI)和大气压化学电离(atmospheric pressure chemical ionization,APCI)。

　　①电喷雾电离(ESI)　ESI 是近年来发展起来的一类新的软电离技术,主要应用于液相色谱-质谱联用仪,它既作为液相色谱和质谱仪器中间的接口装置,同时又是电离装置。图 7-6 为电喷雾电离原理图。在电喷雾电离源中,稀释后的液体通过注射泵导入一个注射针头中。在电喷雾电离的设计中,针头和周围圆柱电极之间的电压为 3～5 kV。在电场的作用下,液滴在毛细管的尖端形成"泰勒锥",采用干燥的气体来挥发每个液滴中的溶剂,随着被电离的液滴尺寸的减小,液滴表面的电荷密度迅速增加,当超过瑞利极限时,液滴会发生库仑爆炸,除去液滴表面的过量电荷,生成更小的液滴,如此重复,最终得到气相离子。

　　ESI 产生的离子可能具有单电荷或多电荷,这与试样分子中的碱性或酸性基团的数量有关。通常小分子得到带单电荷的准分子离子,生物大分子得到带多电荷的离子,在质谱图上得到多电荷离子簇。多电荷离子的存在使质量分析器检测的质量可提高几十倍甚至更高。在正离子模式下,分子结合 H^+、Na^+ 或 K^+ 等阳离子得到 $[M＋H]^+$、$[M＋Na]^+$、$[M＋K]^+$ 等准分子离子,在负离子模式下分子的活泼氢电离得到 $[M－H]^-$ 准分子离子。

　　ESI 优点:分子量检测范围宽,既可检测分子量小于 1000 的化合物,也可检测分子量高达 20000 的生物大分子;可进行正离子模式和负离子模式检测;准分子离子检测可增加灵敏度;电离过程在大气压下进行,仪器维护方便简单;样品溶剂选择多,制备简单;可与液相色谱联用,化合物的分离和鉴定同时进行,简化和缩短了分析过程,可用于定性分析和定量分析,在生物分析等方面应用广泛。

　　②大气压化学电离(APCI)　APCI 过程与 ESI 过程相似,试样溶液由具有雾化器套管的毛细管(喷雾针)端流出,通过加热管(300 ℃以上)时被汽化。在加热管端进行电晕尖端放电,溶剂分子被电离,形成等离子体,与前述的化学电离过程相似,等离子体与样品分子反应,生成

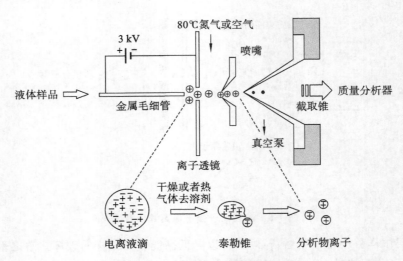

图 7-6 电喷雾电离原理图

[M＋H]⁺ 或 [M－H]⁻ 准分子离子。APCI 样品制备方法与 ESI 相似,样品可溶解在甲醇、水等溶剂中,可直接进样,也可与液相色谱联用进样。

产生的离子可能具有单电荷或多电荷,小分子得到带单电荷的准分子离子,大分子得到带多电荷的离子。多电荷离子检测也会提高分子量的检测范围。与 ESI 相同,在正离子模式下,分子结合 H^+、Na^+ 或 K^+ 等阳离子得到 $[M+H]^+$、$[M+Na]^+$、$[M+K]^+$ 等准分子离子,在负离子模式下分子的活泼氢电离得到 $[M-H]^-$ 准分子离子。

APCI 的优点:可进行正离子模式和负离子模式检测;准分子离子检测可增加灵敏度;电离过程在大气压下进行,仪器维护方便简单;样品溶剂选择多,制备简单;可与液相色谱联用,化合物的分离和鉴定同时进行,简化和缩短了分析过程,可用于定性分析和定量分析;可以检测极性较弱的化合物。

大气压化学电离与电喷雾电离均为软电离技术,均在大气压环境条件下离子化。两者的不同点:大气压化学电离时,形成的气态溶剂分子或样品分子不带电荷,经电晕放电后溶剂分子被离子化,进而形成准分子离子;而电喷雾电离时,汽化分子已经带有电荷,不需要电晕放电。大气压化学电离时,需要加热汽化样品溶液;电喷雾电离时,通过真空汽化样品溶液。因此,电喷雾电离可以检测极性化合物;大气压化学电离可以检测弱极性的小分子化合物。

(5)基质辅助激光解析电离(MALDI)源 MALDI 与前述的 CI、FAB 等软电离技术不同,该过程用的是试样与基质的共结晶体,激光聚焦于试样表面,使试样由聚集相解吸而形成离子。

对于热敏感的化合物,如果对它们进行极快速的加热可以避免其加热分解。利用这个原理,采用脉冲式的激光,在一个微小的区域和极短的时间间隔(纳秒数量级)内,激光可以对靶物提供高的能量,从而穿越试样,对热敏感或不挥发的化合物可以从固相直接得到离子而进行质谱分析(图 7-7)。通常形成 $[M+H]^+$、$[M+Na]^+$、$[M+K]^+$ 等准分子离子。常见的基质有 2,5-二羟基苯甲酸、芥子酸、烟酸、α-氰基-4-羟基肉桂酸等,不同基质使用的物质有差别,选择激光的波长亦有所不同。

MALDI 中基质的作用:从激光束吸收激光能量,并转变为凝聚相的激发能;基质对于供试品来说大大过量,包围供试品分子,使之相互隔离,限制聚集体的形成;帮助供试品分子离子化。

MALDI 的优点:使一些难以电离的试样电离,且无明显的碎裂,得到完整的分子电离产物,特别是在生物大分子(肽类化合物、核酸等)的测定上取得很大成功,分子量测定可达

300000;由于应用的是脉冲式激光,特别适合与飞行时间质谱计相匹配,即通常所用的 MALDI-TOF-MS。由 MALDI 所得的质谱图中,碎片离子峰少,图谱中有分子离子、准分子离子及试样分子聚集的多电荷离子。MALDI 产生的基质背景离子的 m/z 通常低于 1000,且因采用的基质及激光强度的不同而变化。

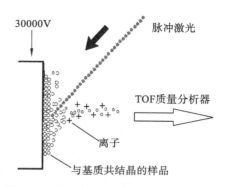

图 7-7 基质辅助激光解析电离源示意图

(6)场解析(FD)电离法 场解析电离是将样品吸附在作为离子发射体的金属细丝上送入离子源,对样品没有汽化要求。只要在细丝上通以微弱电流,提供样品从发射体上解析的能量,解析出来的样品即扩散(不是汽化)到高场强的场发射区域进行离子化。在 FD 中形成的分子离子没有过多的剩余热力学能,减少了分子离子进一步裂解的概率,增加了准分子离子峰的丰度,碎片离子峰相对减少。显然 FD 特别适合于难汽化和热稳定性差的固体样品分析,如肽类化合物、糖、高聚有机酸的盐、有机金属化合物等。

3. 质量分析器

质量分析器和离子源都是质谱仪的核心组成部件。质量分析器的作用是将离子源产生的离子按 m/z 顺序分开并排列成谱。质谱仪的质量分析器主要有单聚焦质量分析器(single focusing mass analyzer)、双聚焦质量分析器(double focusing mass analyzer)、四极杆质量分析器(quadrupole mass analyzer)、离子阱质量分析器(ion trap mass analyzer)、飞行时间质量分析器(time of flight mass analyzer,TOF)和傅里叶变换离子回旋共振分析器(Fourier transform ion cyclotron resonance andlyzer,FT-ICR)等。

(1)磁质谱质量分析器 磁质谱质量分析器主要包括单聚焦质量分析器和双聚焦质量分析器两大类。

①单聚焦质量分析器 单聚焦质量分析器主要根据离子在磁场中的运动行为,将不同质量的离子分开。离子源产生的离子经电场加速后,获得动能,飞入扇形磁场中。由于磁场洛伦兹力的作用,其运动轨道发生偏转。同时,离子受到离心力的作用做圆周运动。当洛伦兹力与离心力平衡时,离子才能通过磁场进入检测系统。

现代质谱仪一般是保持电场的加速电压与圆周运动半径不变,连续改变磁场强度,可以使不同质荷比的离子通过磁场进入检测系统。这种单聚焦质量分析器可以是 180°也可以是 90°或其他角度,其形状像一把扇子,因此又称为磁扇形分析器。它的优点是结构简单,安装及操作方便。但其分辨率很低,不能满足有机物分析要求。目前只用于同位素质谱仪和气体质谱仪。如果分辨率要求高或离子能量分散大,必须使用双聚焦质量分析器。

②双聚焦质量分析器 双聚焦质量分析器是在单聚焦质量分析器的基础上发展起来的。为了消除离子能量分散对分辨率的影响,通常在扇形磁场前加一扇形电场,扇形电场是一个能量分析器,不起质量分离作用。质量相同而能量不同的离子经过静电电场后会彼此分开,即静电场有能量色散作用。如果设法使静电场的能量色散作用和磁场的能量色散作用大小相等方向相反,就可以消除能量分散对分辨率的影响。只要是质量相同的离子,经过电场和磁场后可以汇聚在一起。其他质量的离子汇聚在另一点,改变离子加速电压可以实现质量扫描。这种由电场和磁场共同实现质量分离的分析器,同时具有方向聚焦和能量聚焦作用,称为双聚焦质量分析器。

双聚焦分析器的优点是分辨率高,是目前应用广泛的高分辨率分析器之一。其缺点是扫描速度慢,操作、调整比较困难,且仪器昂贵。

（2）四极杆质量分析器　四极杆质量分析器不用磁场，是目前使用最多的一种质量分析器。它主要的优点是体积小、结构简单、有较高的性价比。一般的四极杆质谱属于低分辨质谱，其分子量测定范围为1～1000，适合与电子轰击电离或化学电离组成质谱仪。

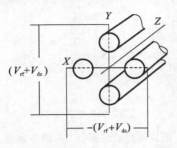

图7-8　四极杆质量分析器示意图

四极杆质量分析器由四根相互平行并均匀安置的金属杆构成。在两组极杆上分别施加极性相反的电压，如图7-8所示，在四极杆的两组杆上分别施加 $U+V\cos\omega t$ 和 $-(U+V\cos\omega t)$。电压由直流分量和交流分量叠加而成，这样就在四极杆中间形成了对称的电场分布。离子束进入四极杆中，在交变的电场作用下振动，在一定的电场和频率下，只有一定质荷比的离子能够到达检测器，其他离子由于振幅增大最后撞到杆上而湮灭。

（3）离子阱质量分析器　离子阱质量分析器（图7-9）又称为四极离子阱质量分析器。它既可作为一般质谱分析器，又可用于气相离子-分子反应研究，作为时间串联的多级质谱。四极离子阱质量分析器与四极杆质量分析器有一定的相似性。

离子阱的主体是一个环电极和上、下两端盖电极，环电极和上、下两端盖电极都是绕 Z 轴旋转的双曲面。直流电压 U 和射频交变电压 $V\cos\omega t$ 加在环电极和端盖电极之间，两端盖电极都处于地电位。离子阱质量分析器电场属于四极场。样品可直接在阱内离解，也可以在阱外离解后导入。离子被拘禁在阱内，当 V 逐渐升高时，离子按质荷比由小到大依次被排出和检出，得到质谱。也可以将一特定质荷比的离子留在阱内，进一步裂解，做多级质谱。

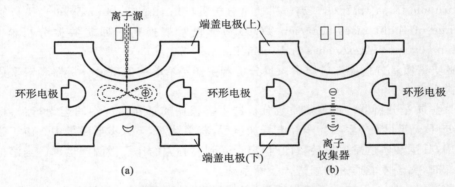

图7-9　离子阱质量分析器结构及工作原理示意图
（a）离子生成并储存；（b）离子剔除，质量分析

离子阱质量分析器的特点是结构小巧，质量轻，灵敏度高（比四极杆质量分析器高10～1000倍），质量范围大，最大可达6000 u，可与GC和LC联用。

（4）飞行时间质量分析器（TOF）　飞行时间质量分析器不用电场，也不用磁场，其主要部分是一个离子漂移管。经电离的离子流从离子源引入离子漂移管，离子在加速电压 V 的作用下得到动能，则有：

$$\frac{1}{2}mv^2=eV \quad 或 \quad v=\sqrt{2eV/m} \tag{7-2}$$

式中，m 为离子的质量；v 为速度；e 为离子的电荷量；V 为离子加速电压。

离子以速度 v 进入自由空间（漂移区），假定离子在漂移区飞行的时间为 T，漂移区长度为 L，则：

$$T=L\sqrt{m/2eV} \quad 或 \quad T=Km^{1/2} \tag{7-3}$$

由式（7-3）可知，离子在漂移管中飞行的时间与离子质量的平方根成正比。对于能量相同的离子,离子的质量越大,到达接收器所用的时间越长,质量越小,所用时间越短。根据这一原理,可以把不同质量的离子分开。适当增加漂移管的长度可以提高分辨率。

飞行时间质量分析器的特点是仪器体积小、质量轻,结构简单,质量范围宽,扫描速度快,但分辨率低。目前,通过采取激光脉冲电离方式,离子延时引出新技术和离子反射技术,可以在很大程度上提高分辨率。现在,飞行时间质谱仪的分辨率可达 20000 以上,最高可检分子量超过 300000,并且具有很高的灵敏度。目前,这种分析器已广泛应用于气相色谱-质谱联用仪、液相色谱-质谱联用仪和基质辅助激光解吸飞行时间质谱仪中。

（5）傅里叶变换离子回旋共振分析器（FT-ICR） 与前面几种质量分析器相比,傅里叶变换离子回旋共振分析器由于采用超导磁体获得稳定的强磁场从而获得高分辨率及质量测量的高准确度,是一种高性能的结构分析仪器及生命科学研究领域的强有力工具。

傅里叶变换离子回旋共振分析器是一个置于均匀超导磁场中的立方空腔,离子沿平行于磁场的方向进入分析室。在磁场中离子会在垂直于磁力线的平面上做圆周运动。回旋运动的频率 ω 仅与离子的质荷比（m/z）和磁场强度有关,与离子的运动速度无关,即

$$\omega = 1.537 \times 10^7 \times eB/m \qquad (7\text{-}4)$$

式中,各项所用单位:ω 为 Hz;B 为 T（特斯拉）;m 为 u（原子质量单位）。

运动速度不同的离子将以同一频率而不同的半径运动。若通过发射电极向离子加一个射频电场,当离子回旋频率等于射频电场的频率时,离子会从射频电场吸收能量而激发,使其运动速度和运动半径逐渐加大而频率不变。此时离子沿一条螺旋线运动。当一组离子达到同步回旋后,将在接收电极上产生信号。固定磁场强度,依次改变射频电场的频率,就可以将不同质荷比的离子激发和检测。傅里叶变换离子回旋共振分析器是同时使所有离子激发并得到相应的 FID 信号,经过傅里叶变换后得到质谱图。

傅里叶变换离子回旋共振分析器的分辨率是所有质谱分析器中最高的,价格也是最贵的,要消耗大量的液氮和液氦,仪器运转费用也很高。

（二）质谱联用技术

质谱联用技术是将具有分离能力的色谱技术与高灵敏度的质谱技术串联的一种定性、定量分析技术。质谱联用技术包括液相色谱-质谱联用技术、气相色谱-质谱联用技术等。

1. 液相色谱-质谱联用技术 液相色谱-质谱联用技术（liquid chromatography-mass spectrometer,LC-MS）是以液相色谱作为分离系统,质谱作为检测器的集分离、鉴定于一体的分析技术。目前 LC-MS 中的液相色谱主要是高效液相色谱（HPLC）和超高效液相色谱（UPLC）。液相色谱-质谱联用技术广泛应用于药学领域中药物结构信息的获取、药物质量控制、药物体内过程分析、药物代谢产物研究、临床血药浓度检测等。

LC-MS 的实现得益于液相色谱-质谱接口技术的不断成熟和发展。大气压电离（API）是目前商品化的 HPLC-MS 仪中主要的接口技术。该技术有效解决了 HPLC 流体流动相和 MS 高真空操作条件的矛盾,同时实现样品分子在大气压条件下的离子化。大气压电离接口包括大气压区域,进行 HPLC 流动相雾化并去除溶剂,形成待测物气态离子;真空接口,将待测物离子从大气压区传送到高真空的质谱仪内部,进而供质量分析器进行 m/z 检测。

LC-MS 兼有色谱和质谱的特点,检测灵敏度高、检测范围广,既可以检测单一成分,又能检测混合物,并可获得复杂混合物中单一成分的质谱图,有利于复杂体系成分分析。串联质谱技术应用于 LC-MS 中,使检测水平可以达到皮克（pg）级,实现了 LC-MS 用于生物样品（样品量少）的检测,如药代动力学研究中血药浓度的监测、代谢途径分析、代谢物鉴定等。

2. 气相色谱-质谱联用技术 气相色谱技术是一种分析速度快、分离效率高的分离分析方法。由于气相色谱和质谱均用于分析气相样品,所以气相色谱-质谱联用技术（gas chromatography-mass spectrometer，GC-MS)的实现相比于 LC-MS 要容易。

GC-MS 主要由三部分组成：气相色谱部分、质谱部分和数据处理系统。气相色谱部分与一般的气相色谱仪基本相同，包括柱箱，汽化室和载气系统，进样系统，程序升温系统，压力、流量自动控制系统等，没有色谱检测器，利用质谱仪作为检测器。在色谱部分，混合样品在合适的色谱条件下被分离成单个组分，然后进入质谱仪进行鉴定。质谱部分的质量分析器可以选择磁式质谱计、四极杆质量分析器、飞行时间质谱计和离子阱质量分析器，目前使用最多的是四极杆质量分析器。离子源主要是 EI 源和 CI 源。一个混合物样品首先进入气相色谱仪，在合适的色谱条件下，被分离成单一成分并逐一进入质谱仪，经离子源电离得到具有样品信息的离子，再经分析器、检测器即得每个化合物的质谱信息。这些信息被计算机储存，根据需要进行化合物质谱图检索，获得化合物结构信息。此外，GC-MS 的数据系统可以有几套数据库，如 NIST 库、Willey 库、农药库、毒品库等。

3. 串联质谱技术 通常 LC-MS 主要提供分子量信息，为了增加结构信息，LC-MS 大多采用具有串联质谱功能的质量分析器。在质谱技术应用的早期，为了得到更多有关分子离子和碎片离子的结构信息，研究者会将亚稳离子作为一种研究对象。但是，由于亚稳离子形成的概率小，其离子峰弱，不容易检测，后来发展成在磁场和电场间加碰撞活化室，人为使离子碎裂，设法检测子离子和母离子，进而得到结构信息。这就是早期的串联质谱法(tandem mass spectrometry)。近年来随着仪器的发展，串联质谱法发展十分迅速。

串联质谱法可以分为两类：空间串联和时间串联。空间串联是两个以上的质量分析器联合使用，两个分析器间有一个碰撞活化室，目的是将前一级质谱仪选定的离子打碎，由后一级质谱仪分析；而时间串联质谱仪只有一个分析器，前一时刻选定的离子在分析器内打碎后，后一时刻再进行分析。无论是哪种方式的串联，都必须有碰撞活化室，从第一级 MS 分离出的特定离子，经过碰撞活化后，再经过第二级 MS 进行质量分析，以便取得更多的信息。在串联质谱中采用碰撞活化解离(collision activated dissociation，CAD)技术将离子打碎。CAD 也称为碰撞诱导解离(collision induced dissociation，CID)，CAD 在碰撞室内进行，带有一定能量的离子进入碰撞室后，与室内惰性气体分子或原子发生碰撞，离子发生碎裂。常见的串联质谱仪有三重四极杆质谱仪、离子阱质谱仪、傅里叶变换质谱仪及 TOF-TOF 串联质谱仪。

(三)质谱仪的性能指标

1. 质量范围 仪器可测量离子的质荷比的范围。例如，质量范围为 20～500 u，即该质谱仪能测定质荷比为 20～500 的离子。不同用途的质谱仪质量范围差别很大。气体分析用质谱仪所测样品相对分子质量都很小，质量范围一般为 2～100 u，而有机质谱仪的质量范围一般从几十到几千，单位为原子质量单位 u。

2. 分辨率(resolution，R) 分辨率是指质谱仪分离两个相邻离子的能力，如果仪器能刚好分开质量为 M 和 $M+\Delta M$ 的两个质谱峰，则仪器的分辨率为 $R=M/\Delta M$。

在实际测量时，并不一定要求两个峰完全分开，而是可以有部分重叠。如果两峰间的谷高度低于两峰平均高度的 10%，则认为两离子被分离。例如，一台分辨率为 150000 的质谱仪，分析质量数为 500 左右的离子，则它能辨别质量数相差 0.0033 u 的两个峰，因为：

$$\Delta M=M/R=500/150000=0.0033$$

一般 R 在 10000 以下的称为低分辨质谱(LRMS)，R 为 10000～30000 的称为中分辨质谱，R 在 50000 以上的称为高分辨质谱(HRMS)。LRMS 只能给出整数的离子质量数；HRMS 则可给出小数点后几位的离子质量数。

3. 灵敏度 灵敏度是指仪器记录的信号(离子峰)强度与所用样品量之间的关系。实际测试中希望所用的样品量越少越好，而记录的信号峰越强越好。不同用途的质谱仪，灵敏度的表示方法不同。有机质谱仪常采用绝对灵敏度。它表示对于一定的样品,在一定分辨率的情况下,产生具有一定信噪比的分子离子峰所需要的样品量。目前有机质谱仪的灵敏度为 10^{-10} g。

4. 准确度 准确度是指质谱分析的测量值与真实值的偏差。例如,测得某分子离子峰精确质量为 250.1056 u,而它的真实值是 250.1059 u,准确度为(250.1056-250.1059)/250= -1.2×10^{-6}。

第二节 质谱中的有机分子裂解

有机化合物分子在离子源中受高能电子轰击而电离成分子离子。分子离子的稳定性不同,有的进一步裂解或发生重排,生成碎片离子;有些新生成的碎片离子也不稳定,再发生裂解,形成质量更小的碎片离子。因此在电离室中,除分子离子外,还有多种质荷比不同的碎片离子生成。这些离子经电场加速、质量分析器分离,最后被检测器记录下来,形成了质谱中许多质荷比不同的离子峰。掌握离子的裂解规律,有助于分析质谱给出的分子离子和碎片离子的裂解过程,以推测化合物的结构。

一、正电荷的表示方法

正电荷用"$\overset{+}{\cdot}$"或"$+$"表示,含奇数个电子的离子(odd-electron ion,OE)用"$\overset{+}{\cdot}$"表示,含偶数个电子的离子(even-electron ion,EE)用"$+$"表示。在化学式中,要将正电荷的位置尽可能明确表示出来,这样易于说明裂解历程。正电荷一般在分子中的杂原子、不饱和键 π 电子体系和苯环上。例如:

$$H_2C \overset{+}{=} O-R \qquad H_2C=CH-\overset{+}{C}H_2 \qquad -\overset{|}{\underset{|}{N}}-$$

苯环带正电荷可表示为

正电荷的位置不十分明确时,可以用 $[\quad]^{\overset{+}{\cdot}}$ 或 $[\quad]^+$ 表示(离子的化学式写在括号中)。例如:

$$[R-CH_3]^+ \longrightarrow \cdot CH_3 + [R]^+$$

如果碎片离子的结构复杂,可以在结构式右上角标出正电荷。例如

判断碎片离子含奇数个电子还是偶数个电子,有下列规律:由 C、H、O、N 组成的离子,其 N 原子个数为偶数(包括零)时,如果离子的质量数为偶数,则必含奇数个电子;如果离子的质

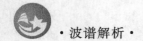
量数为奇数,则必含偶数个电子。N 原子个数为奇数时,如果离子的质量数为偶数,则必含偶数个电子;如果离子的质量数为奇数,则必含奇数个电子。

二、开裂的表示方法

常见的开裂方式有均裂（homolysis）、异裂（heterolysis）和半异裂（hemi-heterolysis）。用单箭头"⇀"表示一个电子的转移过程,用双箭头"⇌"表示两个电子的转移过程。

（一）均裂

当共价键断裂时,每一个原子带走一个电子,有时可省去一个单箭头:

$$X \widehat{} \dot{\overset{+}{Y}} \longrightarrow \dot{X} + \overset{+}{Y} \quad 或 \quad X \widehat{} \dot{\overset{+}{Y}} \longrightarrow \dot{X} + \overset{+}{Y}$$

例如:

$$R_1—CH_2 \cdots CH_2—\overset{+}{\dot{O}}—R_2 \longrightarrow R_1—\dot{CH_2} + CH_2\!=\!\overset{+}{O}—R_2$$
$$\text{OE} \qquad\qquad\qquad\qquad\qquad \text{EE}$$

（二）异裂

当共价键断裂时,两个电子均被其中的一个碎片带走:

$$X \widehat{} \overset{+}{Y} \longrightarrow \overset{+}{X} + \dot{Y}$$

例如:

$$R_1—CH_2 \cdots \overset{+}{\dot{O}}—CH_2—R_2 \longrightarrow R_1—\overset{+}{CH_2} + \dot{O}—CH_2—R_2$$
$$\text{OE} \qquad\qquad\qquad\qquad\qquad \text{EE}$$

（三）半异裂

当已电离的共价键中仅剩一个电子时,裂解时唯一的一个电子被其中的一个原子带走:

$$X + \dot{Y} \longrightarrow \overset{+}{X} + \dot{Y}$$

例如:

$$R_1—CH_2 + \dot{\,}CH_2—R_2 \longrightarrow R_1—\overset{+}{CH_2} + H_2\dot{C}—R_2$$

三、离子的裂解类型

在 EI-MS 中,一般检测的是带正电荷的离子。化合物的裂解与分子中是否存在杂原子、是否含有双键或苯环等不饱和体系有着密切的关系。下面介绍质谱中最基本、最常见的裂解方式,有些离子的形成过程比较复杂,但也是由这些最基本的裂解组成的。

（一）简单裂解

1. σ-键的裂解 σ-键的裂解（σ-bond cleavage,σ）是饱和烷烃类化合物唯一的裂解方式。烷烃类化合物中不含有 O、N、卤素等杂原子,也不含有 π 键时,只能发生 σ-键的裂解。如:

$$RCH_2—CH_2 \overset{c}{\vdots} CH_2 \overset{b}{\vdots} CH_2 \overset{a}{\vdots} —CH_3$$

a → $RCH_2—CH_2—CH_2—\overset{+}{C}H_2 + \overset{\cdot}{C}H_3$
$m/z \ M_r—15$

b → $RCH_2—CH_2—\overset{+}{C}H_2 + \overset{\cdot}{C}H_2CH_3$
$m/z \ M_r—29$

c → $RCH_2—\overset{+}{C}H_2 + \overset{\cdot}{C}H_2CH_2CH_3$
$m/z \ M_r—43$

在烷烃的质谱中常见到由分子离子峰失去如·CH_3、·CH_2CH_3、·$CH_2CH_2CH_3$ 等不同质量的自由基所形成的一系列带有偶数个电子的碎片离子峰,这些离子均是由分子中的 σ-键的裂解而成的。反过来,分析这些碎片离子或者形成这些碎片离子所丢失的自由基,可以确定分子中所存在的烷基结构。

2. α-裂解 α-裂解(α-cleavage,α)是由自由基中心引发的一种裂解,是质谱中最重要的一种裂解方式,以均裂的方式进行。化合物分子在电离室中受高能电子的轰击,生成带有自由基的分子离子或碎片离子,其自由基中心具有强烈的成对倾向,可提供一个电子,与邻接原子(即 α 原子)提供的一个电子形成新键,与此同时,这个 α 原子的另一个键断裂,因此这个裂解过程通常称为 α-裂解。

含饱和杂原子的化合物:

$$R_1—CH_2—\overset{+\cdot}{Y}R_2 \xrightarrow{\text{α-裂解}} \overset{\cdot}{R_1} + CH_2=\overset{+}{Y}R_2$$

如:

$$H_3C—CH_2—\overset{+\cdot}{O}CH_2 \xrightarrow{\text{α-裂解}} \overset{\cdot}{C}H_3 + CH_2=\overset{+}{O}CH_3$$
$m/z=60 \qquad\qquad\qquad m/z=45$

$$H_3C—CH_2—\overset{+\cdot}{N}HCH_2CH_3 \xrightarrow{\text{α-裂解}} \overset{\cdot}{C}H_3 + H_2C=\overset{+}{N}HCH_2CH_3$$
$m/z=73 \qquad\qquad\qquad m/z=58$

含不饱和杂原子的化合物:

$$R_1—CR_2=\overset{+\cdot}{Y} \xrightarrow{\text{α-裂解}} \overset{\cdot}{R_1} + CR_2\equiv\overset{+}{Y}$$

如:

$$H_3C—\overset{\overset{+\cdot}{O}}{C}—CH_3 \xrightarrow{\text{α-裂解}} \overset{\cdot}{C}H_3 + \overset{\overset{+}{O}}{C}—CH_3$$
$m/z=58 \qquad\qquad\qquad m/z=43$

含苯环的化合物:

$$\xrightarrow{\text{α-裂解}} \quad m/z=77 \quad \rightleftharpoons \quad \overset{+}{C}_6H_5$$

杂环类化合物:

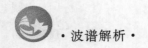

$$\text{(结构图) } \xrightarrow{\alpha-\text{裂解}} \text{(结构图)} + \dot{C}H_2CH_3$$

$$m/z=100 \qquad\qquad m/z=71$$

α-裂解反应的发生与自由基中心给电子的倾向有着平行的关系,即自由基中心给电子的倾向越强烈,由其引发的这种 α-裂解反应就越容易进行。一般情况下,自由基中心给电子的倾向由强到弱的顺序为 N>S、O、π、R·>Cl、Br>H。其中 π 表示一个不饱和中心,R·表示一个烷自由基。从这个顺序可以看出含有氮原子的化合物容易发生 α-裂解。

醇、胺、醚、醛、酮、酸、酯、酰胺及卤素取代的化合物等均可发生这种由自由基引发的 α-裂解。例如苯基离子比较稳定,含有苯环的化合物容易发生自由基引发的 α-裂解,生成 $m/z=77$ 的苯基离子。

一个烯烃双键或一个苯基 π 系统受电子轰击失去一个 π 键电子,剩余的一个 π 键电子形成一个自由基中心,此时该自由基中心(单电子)可以在双键的任何一个碳原子上,由其引发 α-裂解反应,产生一个稳定的烯丙基离子或苄基离子。这种裂解通常发生于含有双键的链烃或带有烷基侧链的芳香族类化合物,而且是最主要的裂解方式,所产生的离子峰常为基峰。

烯丙基裂解(allylic cleavage)如:

$$R-CH_2-CH \dot+ CH_2 \xrightarrow{\alpha-\text{裂解}} \dot{R} + H_2C=\underset{H}{\overset{+}{C}}-CH_2$$

$$m/z=41,100\%$$

苄基裂解(benzylic cleavage)如:

$$\text{(结构图)} \xrightarrow{\alpha-\text{裂解}} \text{(结构图)} \longrightarrow \text{(结构图)}$$

$$m/z=91,100\%$$

3. i-裂解 i-裂解(inductive cleavage,i)也称诱导裂解,是由电荷引发的一种裂解,也是质谱中碎片离子形成的一种最重要的机制。对于某些含有杂原子的离子,其所带的电荷也可以引发化学键的断裂,且以异裂的方式进行,两个电子同时转移到同一个带正电荷的碎片上,导致正电荷的位置发生迁移,该裂解过程称为 i-裂解。一般,发生 i-裂解的难易顺序为卤素>O、S≫N、C,即含卤素的化合物易进行 i-裂解。

i-裂解和 α-裂解在同一个母体离子裂解时可以同时发生,具体以哪一种裂解为主,主要以裂解所产生的离子碎片结构的稳定性来决定。根据上述两种裂解发生的难易顺序可知,一般含氮原子的结构易进行 α-裂解,含卤素的化合物则易进行 i-裂解。

含 O、S、N 的化合物:

$$R_1CH_2-\overset{+}{Y}R_2 \xrightarrow{i-\text{裂解}} R_1\overset{+}{C}H_2 + \dot{Y}R_2$$

如:

$$CH_3CH_2-\overset{+}{O}-CH_3 \xrightarrow{i-\text{裂解}} CH_3\overset{+}{C}H_2 + \dot{O}CH_3$$

$$m/z=60,25.8\% \qquad\qquad m/z=29,49.2\%$$

含卤素的化合物:

$$RCH_2 \overset{+\cdot}{-} Y \xrightarrow{\text{i-裂解}} RCH_2^+ + \dot{Y}$$

如：

$$CH_3CH_2 \overset{+\cdot}{-} I \xrightarrow{\text{i-裂解}} CH_3\overset{+}{C}H_2 + \dot{I}$$

$m/z=156,100\%$ $\qquad\qquad$ $m/z=29,90\%$

含羰基的化合物：

$$\begin{matrix} R_1 \\ R_2 \end{matrix} C \overset{+\cdot}{=} Y \longrightarrow \begin{matrix} R_1 \\ R_2 \end{matrix} \overset{+}{C} - \dot{Y} \xrightarrow{\text{i-裂解}} \overset{+}{R_1} + R_2 - C \overset{\cdot}{=} Y$$

如：

$$CH_3CH_2 - \overset{\overset{+\cdot}{O}}{\underset{\parallel}{C}} - CH_3 \xrightarrow{\text{i-裂解}} CH_3\overset{+}{C}H_2 + \overset{\overset{\cdot O}{\parallel}}{C} - CH_3$$

$m/z=72,25\%$ $\qquad\qquad$ $m/z=29,17.5\%$

（二）重排裂解

重排裂解在共价键断裂的同时发生有氢原子的转移。重排裂解中一般至少涉及两个键的断裂，既有原化学键的断裂，又有新化学键的生成，并裂解脱去中性小分子。重排裂解前后，离子的电子奇偶性及质量奇偶性不发生变化。从质谱中母离子与子离子的质荷比奇偶性的变化得知该裂解是简单开裂还是重排裂解。因此重排裂解对于推导化合物结构具有重要意义。

1. 自由基中心引发的重排 自由基中心引发的重排（radical-site rearrangement）是质谱中最重要的一种重排。自由基中心引发的重排一般包括氢原子重排（hydrogenatom rearrangement）和置换反应（displacement reaction）等。在重排过程中，氢原子或者基团的位置发生迁移，同时自由基中心的位置也发生变化。

（1）麦氏重排 麦氏重排（McLafferty rearrangement）是一种最常见的由自由基引发的氢原子重排，是由 McLafferty 在 1959 年发现的。McLafferty 在研究醛酮类化合物的质谱裂解时，发现当羰基的 β-键裂解时，其 γ-位上的氢原子（γ-H）重排到羰基碳原子上。

含有不饱和键的麦氏重排通式：

（电荷保留）

电荷转移

麦氏重排的发生需要具备以下三个条件：分子中含有不饱和 π 键（如双键、三键、羰基、苯环等）；与不饱和 π 键相连的 γ-C 上有氢原子（γ-H）；可以形成六元环的过渡态。如上述通式所示，重排过程可能发生 α-裂解或 i-裂解，产生不同的碎片离子，但原来含 π 键的一侧带正电荷的可能性较大，同时还生成一个中性碎片。醛、酮、酯、酸、烯烃、炔烃、腈、芳香族类化合物等均可发生麦氏重排,所产生的碎片离子可提供确定化合物的结构信息。

　　麦氏重排不但在分子离子的裂解过程中发生,而且经简单开裂或者重排后生成的碎片离子若符合麦氏重排的条件,还可以再发生麦氏重排。

　　如:

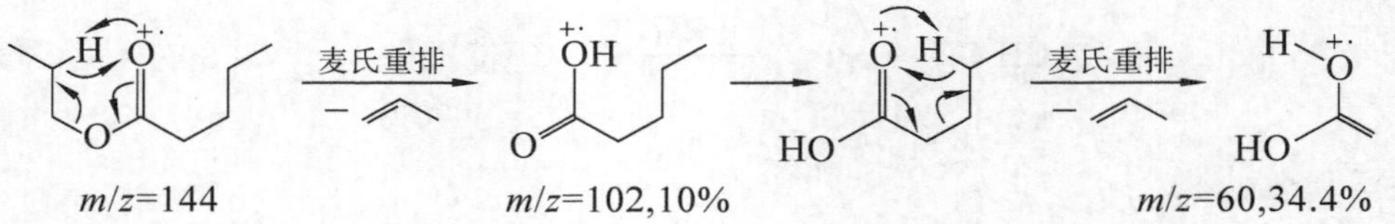

$m/z=144$　　　　麦氏重排　　　　$m/z=102,10\%$　　　　麦氏重排　　　　$m/z=60,34.4\%$

　　(2) 含有杂原子的重排　　含有杂原子的饱和化合物也可以发生由自由基引发的氢原子重排,受到电子轰击后,杂原子失去一个电子,形成分子离子,其未成对电子可以与分子内空间距离较近的氢原子形成一个新键,并引起这个氢原子原有的键断裂。

　　第一步发生重排的氢原子可以是任意位置上的,只要该氢原子在空间距离上与自由基中心最近,即中间过渡态不一定是六元环,也可以是五元环、四元环或三元环等;第二步反应可以是 α-裂解或 i-裂解,脱去的杂原子碎片是中性小分子,因为该杂原子的电负性较强,接受电子的倾向强,对电荷的争夺力弱,这使得电荷的转移容易发生。一般情况下,脱去的杂原子碎片有 H_2O、C_2H_4、CH_3OH、H_2S、HCl 和 HBr 等。

　　按照杂原子种类的不同,含杂原子化合物的重排可分为以下几类。

　　① 醇类化合物　　含羟基的醇类化合物热稳定性较差,一般电子轰击前就已脱水,这样的脱水一般为 1,2 位的脱水,生成烯烃后再在电子轰击下进行电离。热稳定性较好的醇类化合物,受电子轰击后,易生成脱水离子。因此,醇类化合物的分子离子峰一般较弱,有的甚至不出现分子离子峰。对于多元醇类化合物,有时可以观察到连续的脱水离子碎片。醇脱水重排的过程如下:

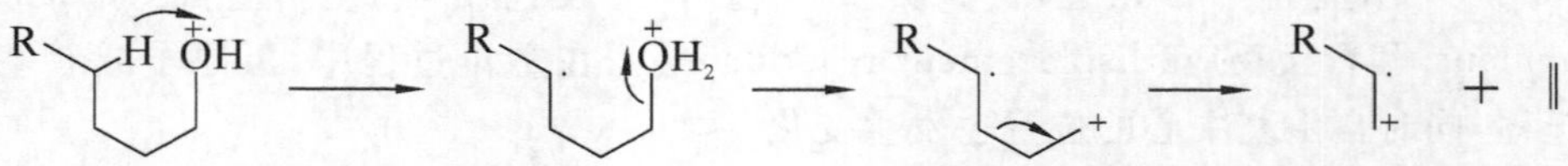

　　② 含有氮原子的化合物　　对于含氮原子的胺类化合物,经重排后可以发生 α-裂解,正电荷保留在含氮的碎片上。如 2-丁基吡啶的裂解:

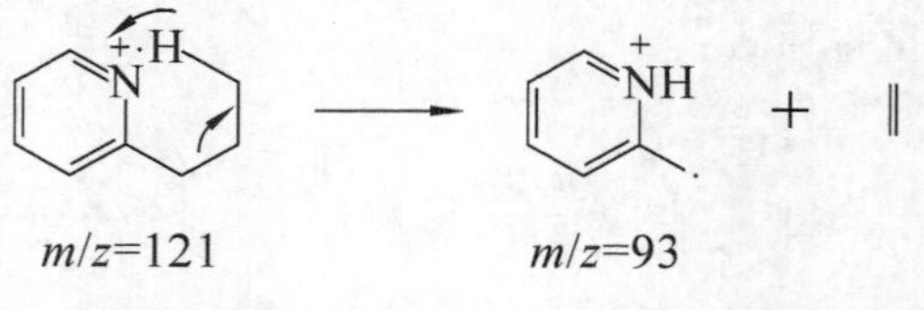

$m/z=121$　　　　　　　　　　$m/z=93$

　　③ 含有氯原子的化合物　　与醇类化合物脱水情况类似,卤代烃易发生 1,2 位或 1,3 位的脱卤化氢重排。如 1-氯戊烷的裂解:

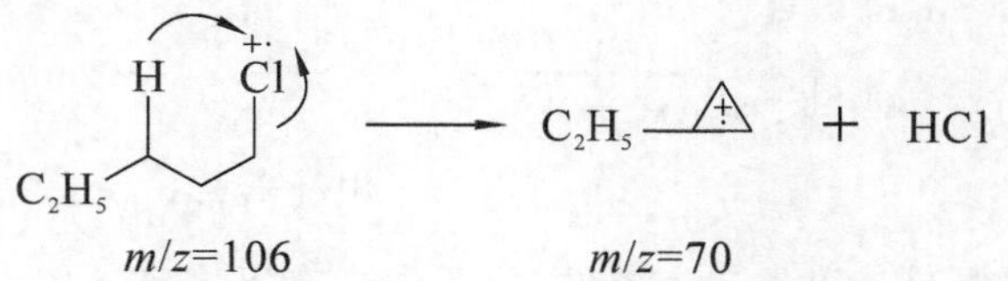

C_2H_5　　$m/z=106$　　　　　　　　C_2H_5　　$m/z=70$　　　+　　HCl

　　(3) 置换反应　　与上述由自由基引发的氢原子重排不同,有时自由基也可以引发置换反应(displacement reaction),在分子内部两个原子或基团(一般为带自由基的)能够相互作用,形成一个新键,同时伴有另一个键的断裂,失去一个自由基。这种重排在卤代烃中最常见,如:

NOTE

$$C_3H_7 \quad \overset{+}{\underset{}{Cl}} \quad \xrightarrow{\text{置换反应}} \quad \dot{C}_3H_7 \quad + \quad \overset{+}{Cl}$$

$$m/z=91,100\%$$

因此,在 1-氯代(或溴代)长链烷烃的质谱中,含卤素的五元环碎片离子常作为基峰或次强峰出现,是这一类化合物的特征离子峰。

(4)其他重排

①双氢重排(rearrangement of two hydrogen atoms) 双氢重排指多个键发生断裂,同时有两个氢发生迁移,并脱去一个烷自由基的重排。如:

$$\xrightarrow{\text{双氢重排}}$$

$$m/z=130 \qquad\qquad m/z=89$$

②脱羰基重排 酚类和不饱和环酮类化合物易发生重排裂解,脱去羰基,生成质量数为偶数的碎片离子。如:

$$m/z=94 \qquad\qquad m/z=66 \qquad m/z=65$$

$$m/z=80 \qquad m/z=52$$

2. 电荷中心引发的重排(charge-site rearrangement) 电荷中心引发的重排也是一种常见的重排。通常,电荷存在于杂原子上,在由其引发的重排中,氢原子重排到杂原子上,同时发生 i-裂解,脱去了一个中性小分子。如二乙胺的质谱裂解:

$$CH_3CH_2\overset{+\cdot}{N}H-CH_2-CH_3 \longrightarrow H_2C\quad CH_2 \longrightarrow H_2\overset{+}{N}=CH_2 \; + \; H_2C=CH_2$$

$$m/z=73 \qquad\qquad m/z=58 \qquad\qquad m/z=30$$

（三）环状结构的分解

环状结构的分解(decomposition of cyclic structure)是指一个环状结构通过两个键的断裂产生碎片离子的裂解。在环状结构中,一个键的断裂只是改变了结构中自由基与电荷之间的距离,不能引起离子质荷比的变化,要产生新的离子,需要两个或两个以上的键断裂。

1. 逆 Diels-Alder 反应 逆 Diels-Alder 反应(retro-Diels-Alder reaction,RDA 反应)是不饱和环状结构裂解的一种最重要的机制。当分子结构中存在一个环己烯结构单元时,π电子

157

容易失去一个电子而产生自由基和电荷，引发逆 Diels-Alder 反应。这是以双键为起点的重排，在脂环化合物、生物碱、萜类、甾体和黄酮等化合物的质谱上经常可以看到由这种重排产生的碎片离子峰。如：

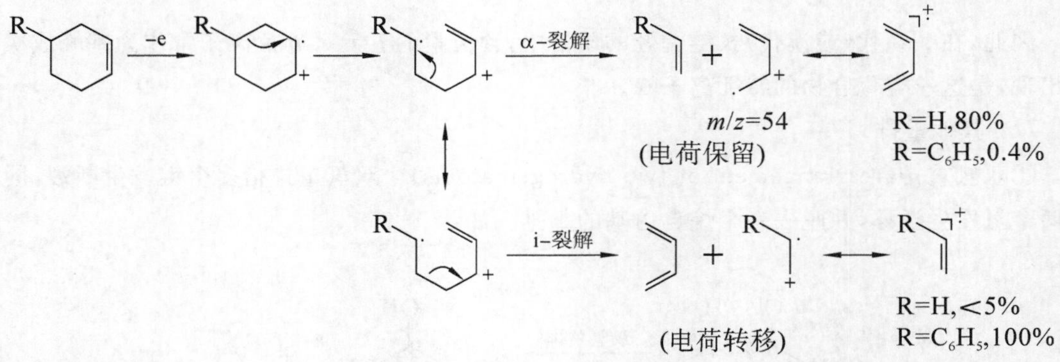

$m/z=54$
（电荷保留）
R=H,80%
R=C$_6$H$_5$,0.4%

R=H,<5%
R=C$_6$H$_5$,100%
（电荷转移）

从上述裂解过程可以看出，在含有环己烯结构化合物的 RDA 反应产物中，正电荷一般保留在丁二烯结构碎片上，但是在质谱中也会出现乙烯离子，有时甚至是基峰，这种电荷是保留还是迁移主要取决于环己烯衍生物的取代基以及生成的碎片离子的稳定性。

Δ^{12}-齐墩果烯类结构，如齐墩果酸：

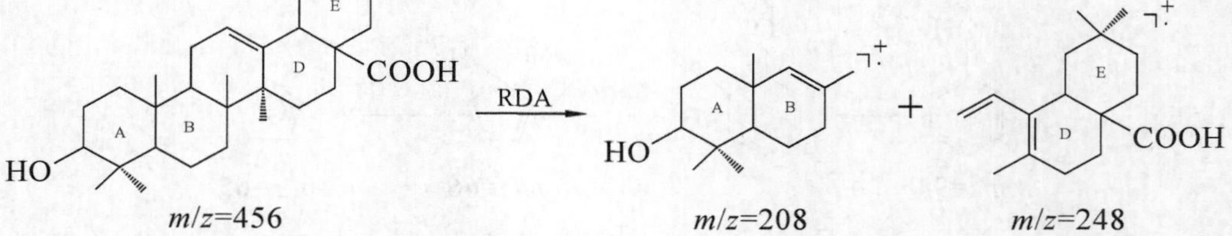

$m/z=456$ $m/z=208$ $m/z=248$

2. 饱和环状结构的分解 饱和环状结构的分解也需要断裂两个键才能产生碎片离子，如环己烷和四氢呋喃环的分解：

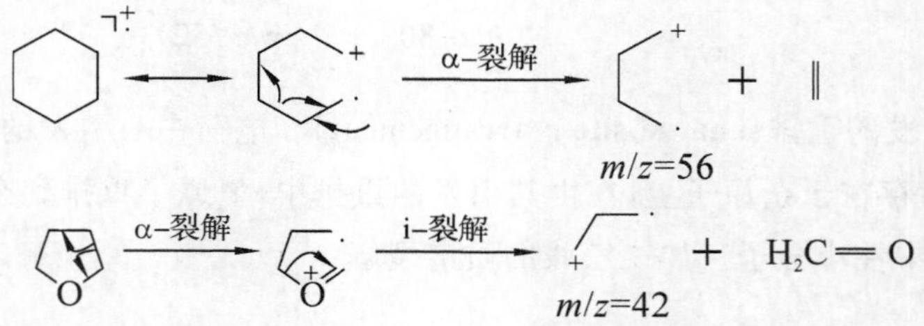

$m/z=56$

$m/z=42$

3. 杂原子取代环状结构的分解 含有杂原子取代基的环状结构易发生环的分解，除发生环上 2 个键的断裂外，还常伴有氢的重排。可用通式表示如下：

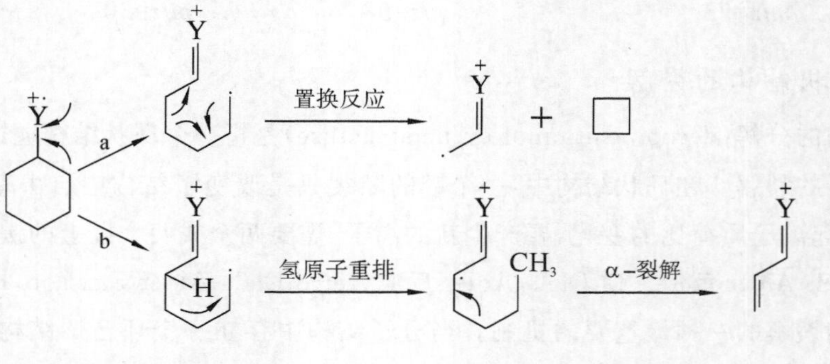

含氧原子取代基的环状化合物，如环己醇的分解：

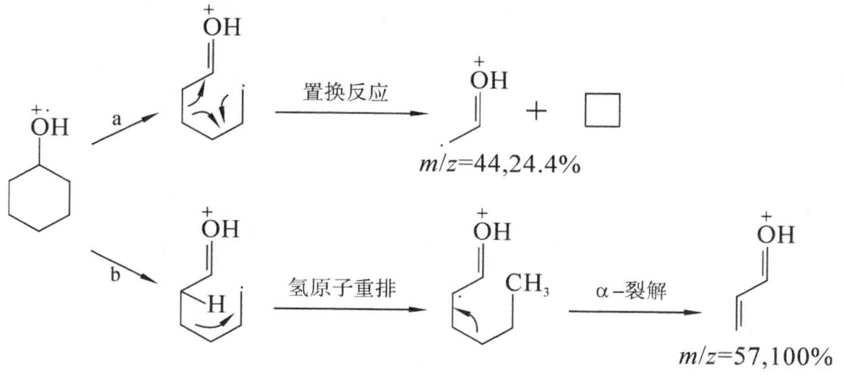

a
置换反应
m/z=44,24.4%
b
氢原子重排
α-裂解
m/z=57,100%

环酮类化合物，如环己酮衍生物的分解：

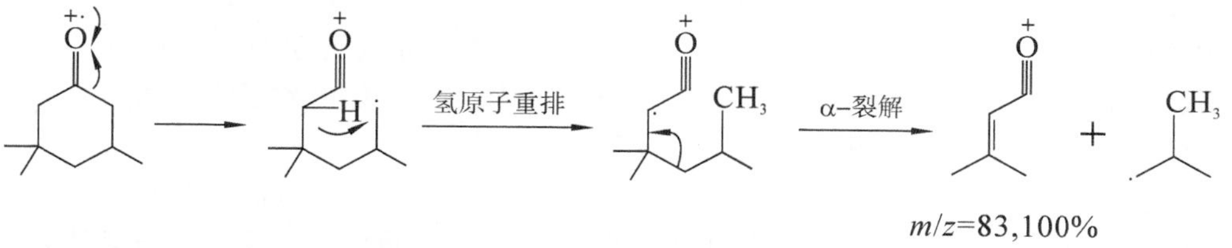

氢原子重排
α-裂解
m/z=83,100%

含卤素原子取代基的环状化合物，如 1-溴环己烷的分解：

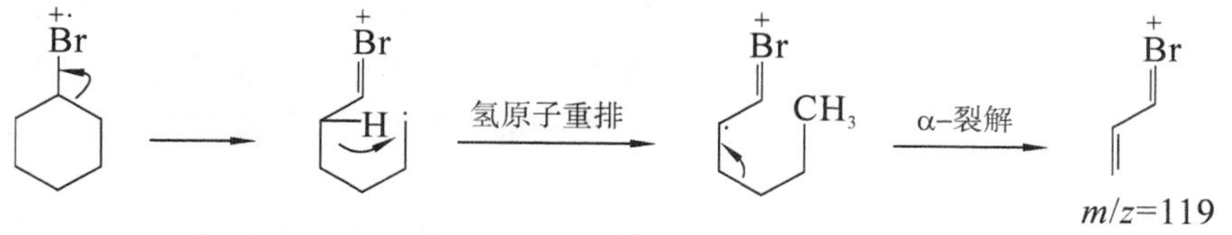

氢原子重排
α-裂解
m/z=119

知识链接
7-3

第三节　质谱中的主要离子

在质谱图中可以观察到由不同裂解方式形成的各种离子峰。在质谱中观察到的离子主要有分子离子、同位素离子、碎片离子、亚稳离子及多电荷离子等。这些离子形成的峰给出了丰富的质谱信息，为质谱分析法提供了依据。

一、分子离子

质谱中，分子离子(molecular ion)指有机分子被电子流轰击失去一个电子所得的离子，是质谱中最重要的一类离子，用 $M^{+\cdot}$ 表示。在电子轰击质谱中，一般小分子化合物都能得到它的分子离子峰，但当化合物的热稳定性差或极性大不易汽化或醇羟基较多时，其分子离子峰较弱或不出现。

1. 分子离子峰　在质谱中由分子离子形成的峰即为分子离子峰，一般位于质荷比最高位置的一端，但不一定是质荷比最大的离子。其质荷比在数值上等于该化合物的相对分子质量。由它的精确质量数可推算出化合物可能的分子式。

2. 分子离子峰的判断原则　在 EI-MS 谱中，分子离子峰在质谱图中最大质量数一端，但是最大质量数的峰不一定是分子离子峰，主要有以下几个方面的原因：样品难以汽化、热稳定性差或在电离时易脱去水等中性小分子，在质谱上就不出现分子离子峰；比样品分子量更大的

NOTE

络合离子的存在;元素同位素离子峰的干扰;样品有时以 M+1 峰或 M−1 峰的形式存在。

辨认在高质荷比区假定的分子离子峰是否为分子离子峰,应符合分子离子峰的特征,以下五点为判断分子离子峰的原则。

(1) 必须是图谱中最高质量端的离子,即为图中最右端的离子峰(分子离子峰的同位素峰及某些络合离子除外)。

(2) 必须是奇数电子离子。

(3) 质量数应符合氮规律。

(4) 与其左侧的离子峰之间应有合理的中性碎片(自由基或小分子)丢失,这是判断该离子峰是否是分子离子峰的最重要的依据。

在离子的裂解过程中,失去的中性碎片在分子量上有一定的规律性,如 M_r-15(—CH_3)、M_r-17(—OH)、M_r-18(—H_2O)、M_r-30(—CH_2O、—NO)等。一般认为,分子离子峰和邻位峰质量数相差 3~14、21~25、38、50~52 等是不合理的丢失,因为有机分子中不含这些质量数的基团。尤其需要注意:14 质量单位的"丢失"不能发生,通常应当怀疑有一个化学式相差 CH_2 单位的同系物离子存在。直接从 M 丢失一个亚甲基的情况几乎没有发现过。这是因为亚甲基是一个高能量的碎片。当发现假定的分子离子峰与其左侧的离子峰之间存在上述不合理的质量差时,说明该假定的分子离子不是分子离子。

(5) 分子离子峰与 M+1 峰或 M−1 峰的判别　有些化合物在质谱中的分子离子峰较弱或不出现,而是以 M+1 峰或 M−1 峰的形式出现,有时甚至很强。如果能正确地判断 M+1 峰或 M−1 峰,其结果如同获得分子离子峰一样,也可以用来确定化合物的分子量。在电子轰击质谱中,醚、酯、胺、酰胺、腈、氨基酸酯和胺醇等化合物可能具有较强的 M+1 峰。这是由分子离子和中性分子相撞而结合氢原子生成络合离子。其强度可随实验条件而改变。在分析图谱时要注意,化合物的分子量应该比此峰小 1。某些醛、醇、酰胺、甲酸与醇或胺形成的酯或含氮化合物等往往可能有较强的 M−1 峰。

质谱中 M+1 峰或 M−1 峰容易与分子离子峰相混淆,其与分子离子峰的区别主要有以下三点:①M+1 峰或 M−1 峰均带有偶数个电子;②应用氮规律判断时,正好与分子离子峰的特点相反,即当化合物不含氮或含有偶数个氮原子时,其 M+1 峰或 M−1 峰的质量数为奇数;当化合物含有奇数个氮原子时,其 M+1 峰或 M−1 峰的质量数为偶数;③在质谱中,与其左侧的碎片离子峰的质量数之差,对于 M+1 峰或 M−1 峰来说,需要减去 1 或加上 1 才能解释其所丢失碎片的合理性。

3. 分子离子峰的相对丰度　在质谱中,分子离子峰的相对丰度与化合物的结构密切相关,有些化合物形成的分子离子稳定性强,则其分子离子峰的相对丰度就较大;有些化合物的分子离子稳定性较差,易发生进一步的裂解,则其分子离子峰的相对丰度就较小。

(1) 具有 π 电子系统的化合物如芳香烃类化合物、共轭多烯类化合物等,其分子离子峰的相对丰度较大。对于这些化合物,受电子轰击时,容易丢失一个 π 电子,所形成的正电荷能被其共轭系统所分散,从而提高其分子离子的稳定性。如甲苯的分子离子峰相对丰度为78.0%,苄基离子与䓬鎓离子之间是相互转化的,从而增加了其分子离子的稳定性。

(2) 具有环状或多环类结构的化合物也具有较大相对丰度的分子离子峰,这是因为环状化合物需要经过两次或更多次的裂解才能由分子离子分解成碎片离子。

(3) 当化合物中存在某些容易失去的基团或者失去某些基团所得到的离子更稳定时,其分子离子峰的相对丰度就较小。如某些醇类和卤代烃类化合物。

(4) 当分子中的烃基具有高度分支时,其分子离子峰的相对丰度也变小。因为它们裂解所形成的正碳离子较稳定,其稳定性大小顺序为叔正碳离子>仲正碳离子>伯正碳离子。分支越多,化合物的分子离子就越容易裂解成稳定性更好的碎片离子,分子离子峰就越弱。

因此,在有机化合物的质谱中,分子离子峰的相对丰度与其结构之间的关系可简单总结:芳香烃类化合物>共轭多烯类化合物>脂环化合物>短直链化合物>某些含硫化合物,这些化合物均能够给出较显著的分子离子峰;直链的酮、醛、酸、酯、酰胺、醚、卤化物等通常显示分子离子峰;脂肪族且分子量较大的醇、胺、亚硝酸酯、硝酸酯等化合物及高分支链的化合物没有分子离子峰。由于化合物的结构复杂多样,质谱裂解也较复杂,因此也有很多例外情况。

二、同位素离子

1. 同位素离子峰 组成有机化合物的一些主要元素如 C、H、O、N 等都具有同位素。通常,化合物分子式均是由其元素丰度最大的轻质同位素组成,以 M 表示。在质谱中,除分子离子峰以外,由于重质同位素的存在,还将出现比分子离子质荷比高 1~2 个单位的离子峰,即同位素离子峰,用 M+1,M+2 等表示。同理,各碎片离子也存在同位素离子峰。有机化合物中常见元素同位素及其丰度见表 7-2。

自然界中同位素的天然丰度是不变的,如 ^{12}C 为 98.9%,^{13}C 为 1.1%。因此质谱中各种同位素离子峰的相对丰度是固定的。如含有一个氯原子的化合物(RCl)产生分子离子和同位素离子,M 即由 $R^{35}Cl$ 组成,M+2 由 $R^{37}Cl$ 组成,这两种离子峰的相对丰度比为 3:1。

如果只考虑一种元素的两种同位素组成的碎片离子,用下面的二项式展开公式就可以计算出同位素离子峰的大概丰度比:

$$(a+b)^m = a^m + ma^{m-1}b + m(m-1)a^{m-2}b^2/2! + m(m-1)(m-2)a^{m-3}b^3/3! + \cdots + b^m$$

式中,a 和 b 分别为轻质同位素和重质同位素的天然丰度,m 为分子中该元素原子的数目。同位素离子峰的丰度比等于二项式展开各项计算值的比。

表 7-2 一些同位素的相对原子质量和自然含量的大约值

同位素	相对原子质量 A_r	自然含量 /%	同位素	相对原子质量 A_r	自然含量 /%
^1H	1.007825	99.985	^{29}Si	28.976491	4.7
^2H	2.014102	0.015	^{30}Si	29.973761	3.1
^{12}C	12.000000	98.9	^{31}P	30.973763	100
^{13}C	13.003354	1.1	^{32}S	31.972074	95.0
^{14}N	14.003074	99.64	^{33}S	32.971461	0.77
^{15}N	15.000108	0.36	^{34}S	33.967865	4.2
^{16}O	15.994915	99.8	^{35}Cl	34.968855	75.4
^{17}O	16.999133	0.04	^{37}Cl	36.965896	24.6
^{18}O	17.999160	0.2	^{79}Br	78.918348	50.5
^{19}F	18.998405	100	^{81}Br	80.916344	49.5
^{28}Si	27.976927	92.2	^{127}I	126.904352	100

例如,$CHCl_3$ 的同位素离子及丰度比可计算如下:

$$M_r = 118$$

$$^{35}Cl \text{ 的丰度}: {}^{37}Cl \text{ 的丰度} = 100 : 32.5 \approx 3:1$$

即

$$a=3, b=1, m=3$$

$$(a+b)^3 = a^3 + 3a^2b + 3ab^2 + b^3 = 27 + 27 + 9 + 1$$

第一项 a^3 表示由 3 个 ^{35}Cl 组成 $m/z=118$ 的分子离子峰 M,第二项 a^2b 表示由 2 个 ^{35}Cl 和 1 个 ^{37}Cl 组成的 M+2 峰,第三项 ab^2 表示由 1 个 ^{35}Cl 和 2 个 ^{37}Cl 组成的 M+4 峰,第四项

b^3 表示由 3 个 ^{37}Cl 组成的 M+6 峰。M、M+2、M+4、M+6 峰的质荷比分别为 118、120、122、124。因此分子离子峰 M 及附近的 M+2、M+4、M+6 峰的丰度比为 27：27：9：1。

又如，CCl$_4$ 的质谱中碎片离子 CCl$_2^{+·}$ 的质荷比为 82、84 和 86，这些峰的峰度比可计算如下：

$$(a+b)^2 = a^2 + 2ab + b^2 = 9 + 6 + 1$$

CCl$_4$ 质谱中碎片离子 CCl$_2^{+·}$ 质荷比为 82、84、86 的峰，丰度比约为 9：6：1。

如果两种不同元素的同位素同时存在时，同位素离子峰的丰度比可利用公式 $(a+b)^m(c+d)^n$ 来计算。第一个括号表示一类同位素，第二个括号表示另一类同位素，m 和 n 表示原子个数。

例如，若一分子仅由一个 Cl 和一个 Br 组成，则它的分子离子的同位素峰的组成为

$$^{35}\text{Cl}^{79}\text{Br} \qquad \text{M}$$
$$^{37}\text{Cl}^{79}\text{Br} \text{ 和} ^{35}\text{Cl}^{81}\text{Br} \quad \text{M+2}$$
$$^{37}\text{Cl}^{81}\text{Br} \qquad \text{M+4}$$

各峰丰度比可计算如下：

$$a=3, b=1, c=1, d=1, m=1, n=1$$
$$(a+b)^m(c+d)^n = ac + (ad+bc) + bd = 3 + 4 + 1$$

所以 M、M+2、M+4 峰的丰度比为 3：4：1。

由于同位素离子峰的存在，每种组成的质谱峰不是以单峰出现的，而是以丰度不一的一簇峰出现。

2. 同位素离子与分子式的确定　有机化合物一般由 C、H、O、N、S、F、Cl、Br、I、P 等元素组成。其中 F、P、I 没有同位素，对化合物分子离子的同位素峰没有贡献；其他元素都有重同位素，会形成分子离子的同位素离子峰，如 M+1、M+2 峰等。这些同位素离子峰的强度与分子中含该元素的原子数目及该重质同位素的天然丰度有关。表 7-3 中列出了各种重质同位素与最轻质同位素的天然丰度相对百分比。

表 7-3　一些重质同位素与最轻质同位素天然丰度相对百分比

重质同位素	^{13}C	^{2}H	^{17}O	^{18}O	^{15}N	^{33}S	^{34}S	^{37}Cl	^{81}Br	^{29}Si	^{30}Si
相对百分比/%	1.11	0.015	0.04	0.20	0.37	0.80	4.4	32.5	98.0	5.1	3.4

注：把最轻质同位素的天然丰度当作 100，得出其他同位素天然丰度的相对百分比。

例如，^{13}C 与 ^{12}C 的丰度百分比为 ^{13}C/^{12}C=1.1×100/98.9=1.11%。所以在甲烷的质谱中，m/z=17 峰（M+1 峰）的丰度为 m/z=16 峰（M 峰）的丰度的 1.11%（^{2}H 的百分比仅为 0.015%，在此忽略不计）。乙烷因含两个碳，同位素离子峰（M+1 峰）的相对丰度为 2.22%。可见分子式不同，M+1 峰和 M+2 峰的丰度百分比也不一样。因此，由各种分子式可计算出这些百分比。反之，根据质谱中化合物同位素分子离子峰簇的比例关系也可以推导出化合物的分子式。分以下几种情况讨论。

（1）如果分子中只含有 C、H、O、N、F、P、I 时，通用分子式为 $C_xH_yO_zN_w$。M+1 峰的丰度只考虑 ^{13}C、^{15}N 的贡献（^{2}H 和 ^{17}O 由于天然丰度太低而忽略不计）；M+2 峰的丰度可以只考虑 ^{13}C、^{18}O 的贡献。^{18}O 的相对丰度为 0.20%，数值较小，计算氧原子个数会出现误差，所以应在确定其他元素组成后，最后确定氧的个数。以 M 峰的相对丰度为 100 时，^{13}C 对 M+1 峰的相对丰度的贡献为 $1.1x$，^{15}N 对 M+1 峰的相对丰度的贡献为 $0.37w$；^{13}C 对 M+2 峰的相对丰度的贡献（近似计算）为 $100\text{RI}(\text{M+2})/\text{RI}(\text{M}) = (1.1x)^2/200$，^{18}O 对 M+2 峰的相对丰度的贡献为 $0.20z$。所以可得

$$\text{M+1 峰的相对丰度} = 100\text{RI}(\text{M+1})/\text{RI}(\text{M}) = 1.1x + 0.37w$$

$M+2$ 峰的相对丰度＝$100RI(M+2)/RI(M)=(1.1x)^2/200+0.20z$

（2）化合物中若除 C、H、O、N、F、I、P 外还含 s 个硫时,则除上述同位素外,还要考虑 ^{33}S、^{34}S 的贡献:

$M+1$ 峰的相对丰度＝$100RI(M+2)/RI(M)=1.1x+0.37w+0.8s$

$M+2$ 峰的相对丰度＝$100RI(M+2)/RI(M)=(1.1x)^2/200+0.20z+4.4s$

（3）化合物若含 Cl、Br 之一,其对 $M+2$、$M+4$ 峰的贡献可按 $(a+b)^m$ 的展开式各项计算数值推算。若同时含 Cl、Br,可用 $(a+b)^m(c+d)^n$ 的展开式各项计算数值推算。

通过上述讨论,反过来可采用下列步骤根据分子离子及其同位素离子峰来推测分子离子峰或某一碎片峰的元素组成（以讨论分子离子峰的元素组成为例）:

①确定 M 峰及其同位素离子峰。

②把数据全部归一化（将 M 峰作为 100,求出 $M+1$ 峰、$M+2$ 峰的相对丰度）。

③检查 $M+2$ 峰,若其丰度≤3%,则说明该化合物中不含 Si、S、Cl 和 Br 等元素。若其丰度>3%,要先确定含比轻质同位素大两个单位的重质同位素的种类和个数。

④由 $M+1$ 峰的相对丰度确定可能的碳原子数。可能的最大碳原子数≈$M+1$ 峰的相对丰度/1.1。当化合物中含 Cl、Br、S、Si,而 $M-1$ 峰又较强时,$M-1$ 峰的同位素峰会对 $M+1$ 峰有贡献,所以 $M+1$ 峰应扣除这些杂原子的影响,才能计算碳的数目。

⑤确定氢的个数及氧的个数。

⑥由不饱和度或其他因素判断所求元素组成是否合理。

例如,某化合物的质谱在高质量端有以下数据,求碳原子个数。

m/z	97	98	99	100	101	102	103
RI/%	30	100	21.7	64.8	4.7	10.5	0.2

解:从 98（M 峰）、100（$M+2$ 峰）、102（$M+4$ 峰）的相对丰度可知该化合物中含有两个氯。97（$M-1$ 峰）也含有两个氯,因此它对 99（$M+1$ 峰）相对丰度的贡献应扣除,所以该化合物的含碳数为$[21.7-(30\times2\times0.325)]/1.1\approx2$。

三、碎片离子

碎片离子（fragment ion）是指由分子离子经过一次或多次裂解所生成的离子,包括简单裂解离子和重排裂解离子,在质谱中均位于分子离子峰的左侧。碎片离子的形成与化合物的结构密切相关,分析碎片离子的形成有助于推测化合物的结构。不含杂原子的饱和化合物受电子轰击时,失去一个 σ 电子,进一步发生单分子内的简单裂解;含有杂原子的饱和化合物,杂原子的 n 电子易失去,进行单分子裂解反应;含有不饱和体系的化合物,π 电子比 σ 电子易失去,发生单分子的简单裂解或重排。

1. 简单裂解离子 分子离子或其他碎片离子经过共价键的简单开裂,失去一个自由基或一个中性分子后形成的离子即为简单裂解离子。裂解时并不发生氢原子转移或碳骨架的改变。一般来说,一个含奇数个电子的离子简单开裂后失去一个自由基,得到含偶数个电子的离子碎片。例如:

一个含偶数个电子的离子若简单开裂后失去自由基碎片,则得到一个含奇数个电子的离子碎片;若失去中性化合物,则得到含偶数个电子的离子碎片。例如:

163

$$CH_3CH_2\overset{+}{C}H_2 \longrightarrow CH_2CH_2\rceil^+ + \cdot CH_3$$

$$CH_3CH_2\overset{+}{C}H_2 \longrightarrow \overset{+}{C}H_3 + H_2C \Longrightarrow CH_2$$

2. 重排裂解离子 重排比较复杂,有些离子的重排是无规律的,重排的结果难以预测,对结构测定意义不大;但大多数离子的重排是有规律的,如麦氏重排等,所产生的离子能够提供较多的结构信息,对分析化合物的结构很有帮助。

一个离子经过重排裂解得到一个新离子时,一般要脱离含有偶数个电子的中性分子。对于脱中性小分子的重排裂解,含有奇数个电子的母离子重排时,新产生的离子含有奇数个电子;含有偶数个电子的母离子发生重排时,新产生的离子含有偶数个电子。也就是说,重排裂解前后母离子与子离子的电子奇偶性不变。质量奇偶性的变化与重排裂解前后母离子与子离子中氮原子的变化有关。重排裂解前后母离子与子离子中氮原子的个数不变或失去了偶数个氮原子,则重排裂解前后母离子与子离子的质量奇偶性不变;若失去了奇数个氮原子,则质量奇偶性会发生变化。因此,根据离子的质量与电子奇偶性的变化就可以判断离子是否由重排产生。如下所示的重排裂解。

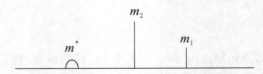

$m/z=72$ $m/z=44$

四、亚稳离子

质谱中一般离子峰无论是强还是弱,都是很尖锐的,但有时会出现个别低强度的宽峰(可能跨 $2\sim5$ 个质量单位),它的峰形有凸起、凹落和平缓等形状,其质荷比不是整数。这种离子称为亚稳离子。

亚稳离子的产生是由于有些裂分发生在离子受电场加速离开离子源之后,但在进入分析器之前,在第一无场区发生的。假设这个裂分是由一个质量为 m_1 的离子变成质量为 m_2 的离子,即

$$m_1 \longrightarrow m_2 + \Delta m$$

在这样的情况下产生的质量为 m_2 的离子,因为它有部分动能被 Δm 带走,它的能量和质量比在离解室内产生的质量为 m_1 的离子小。所以质谱仪的离子捕集器测量到这个离子的质荷比不是 m_2,而是一个比 m_2 小的数值 m^*。m^* 和 m_1 与 m_2 的关系式为

$$m^* = \frac{(m_2)^2}{m_1} \tag{7-5}$$

式中,m^* 为亚稳离子的"表观质量"。

亚稳离子在图谱解析时是很有意义的,依据上述质量关系,亚稳离子峰可以证明 $m_1 \rightarrow m_2$ 这一裂分的"亲缘"关系,有利于研究离子的裂解机制和推导化合物的结构。

例如,苯乙酮的质谱中给出分子离子峰 $m/z=120$、基峰 $m/z=105$,较强碎片离子峰 $m/z=77、76、63$ 等,还发现亚稳离子峰的 $m^*=56.47$。此数值与 $77^2/105\approx56.47$ 相等,因此可以

肯定有以下裂解过程：

$$m/z = 105 \longrightarrow m/z = 77$$

由以上事实可以推定其裂解途径为 b，而非途径 a。

$$m/z=120 \quad \xrightarrow{a} \quad \overset{+}{C_6H_5} + \overset{\cdot}{COCH_3}$$
$$m/z=77$$
$$\xrightarrow{b} \quad \overset{+}{CO} \longrightarrow \overset{+}{C_6H_5} + CO$$
$$m/z=105 \qquad m/z=77$$

需注意，从求 m^* 的式子中可看到只有一个已知数 m^*，而要求出两未知数 m_1 和 m_2，只能在质谱图上选比 m^* 大的质荷比来尝试求得，有时会有多个答案。

五、多电荷离子

在电离过程中，有些化合物可能失去两个电子或更多的电子而成为多电荷正离子；在有些离子源中，化合物可以结合多个质子而成为多电荷正离子。质谱是按照离子的质荷比记录下来的，因此多电荷离子峰在其质量除以电荷数的值处出现时，质荷比就不一定是整数。

第四节 各类有机化合物的质谱

在长期的应用过程中，通过对大量有机化合物的 EI-MS 进行研究，各类有机化合物结构上的特点，及其在质谱中各自生成分子离子、碎片离子的裂解方式和规律已被人们认识总结，为人们依据质谱信息分析和判断有机化合物的结构奠定了坚实基础。本节针对各类有机化合物的 EI-MS 特征进行总结与归纳。

一、烃类化合物

（一）饱和烷烃

1. 直链烷烃 在直链烷烃的质谱中，分子离子峰较弱，其强度随相对分子质量增加而降低。其裂解主要是 σ-键的简单裂解，碎片离子峰成群排列。有典型的 $C_nH_{2n+1}^+$ 系列离子，其中 $m/z = 43(C_3H_7^+)$ 和 $m/z = 57(C_4H_9^+)$ 的峰总是很强（基准峰），因为丙基离子和丁基离子很稳定。同时，还伴有少量的 $C_nH_{2n-1}^+$ 系列离子。一般，M−15 峰弱，因为长链烷烃不易失去甲基，生成的离子易发生 i-裂解，再脱去一分子乙烯。如正癸烷的质谱裂解过程（图 7-10）。

$$C_{10}H_{22}^{+\cdot} \quad \xrightarrow{-\overset{\cdot}{C_2H_5}} \quad \overset{+}{C_8H_{17}}$$
$$\xrightarrow{-\overset{\cdot}{C_3H_7}} \quad \overset{+}{C_7H_{15}} \qquad -C_2H_4$$
$$\xrightarrow{-\overset{\cdot}{C_4H_9}} \quad \overset{+}{C_6H_{13}}$$
$$\xrightarrow{-\overset{\cdot}{C_5H_{11}}} \quad \overset{+}{C_5H_{11}} \qquad -C_2H_4$$

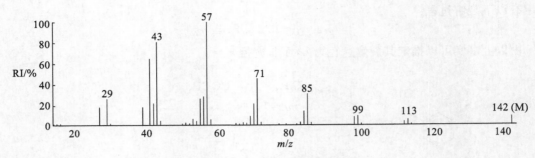

图 7-10　正癸烷的质谱图

2. 支链烷烃　对于支链烷烃，分子离子峰往往很弱，其裂解与直链烷烃类似。但在分支处优先裂解，形成较稳定的仲碳离子或叔碳离子，其丰度相对较强，根据这一特征可以判断支链烷烃的支链所在位置。如 5-甲基壬烷的质谱图（图 7-11）。

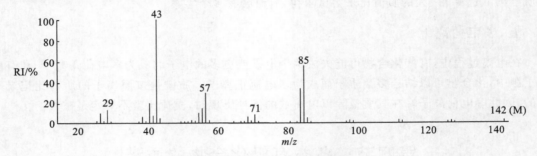

图 7-11　5-甲基壬烷的质谱图

3. 环烷烃　环烷烃的 M 峰一般较强。环开裂时一般失去含两个碳的碎片，所以往往出现 $m/z=28(C_2H_4^+ \cdot)$，$m/z=29(C_2H_5^+)$ 的峰和分子量为 M_r-28、M_r-29 的峰。含环己烷基的化合物往往出现 $m/z=83$、$m/z=82$、$m/z=81$ 的峰（$C_6H_{11}^+$、$C_6H_{10}^+ \cdot$、$C_6H_9^+$），而含环戊烷的化合物则出现 $m/z=69$ 的峰（$C_5H_9^+$）。如环己烷的质谱裂解过程（图 7-12）。

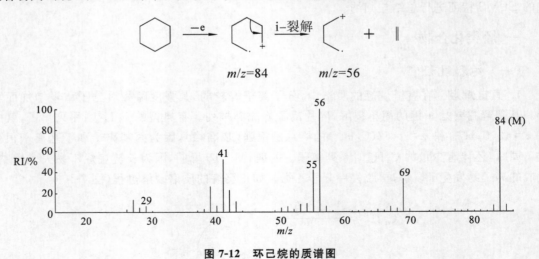

图 7-12　环己烷的质谱图

（二）烯烃

烯烃的分子离子峰较明显，易识别。由质谱碎片峰并不能确定烯烃异构体分子中双键的位置。由于烯烃双键的位置在裂解过程中易发生迁移，质谱图比较复杂。其质谱有下列特征。

1. 直链（或支链）烯烃　在直链（或支链）烯烃中，分子离子峰明显，峰强度随相对分子质量增加而降低。质谱中最强峰（基准峰）是双键的 C_α—C_β 键断裂产生的峰（烯丙基型裂解）。由于烯丙基型裂解，出现 $m/z=41$、55、69、83 等 $C_nH_{2n-1}^+$ 系列的离子峰。这些峰比相应烷烃碎片峰主系列少两个质量单位。当烯烃的链较长（含有 γ-H）时，易发生麦氏重排裂解，产生 $C_nH_{2n}^{+\cdot}$ 系列离子峰。如 1-己烯的质谱裂解过程（图 7-13）。

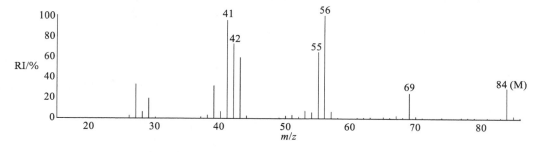

图 7-13　1-己烯的质谱图

2. 环己烯类　环己烯类可发生 RDA 裂解，所产生的离子与其双键所在的位置有关。

$$m/z=54$$

（三）芳烃

芳烃类化合物的分子离子峰明显，M+1 峰和 M+2 峰可精确测定，有利于推测分子式。芳烃的裂解方式主要有以下几种。

（1）带烃基侧链的芳烃易发生 β-裂解，产生苄基离子 $m/z=91$，重排成䓬鎓离子，往往是基准峰。若基准峰的 m/z 比 91 大 $14n$，则表明苯环 α-碳上连接有烷烃基团，形成了取代的䓬鎓离子。

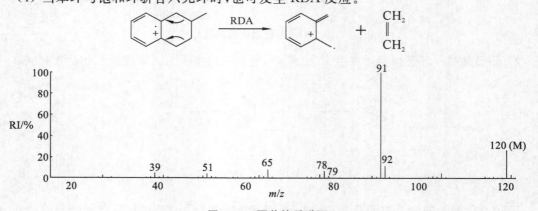

此外,草鎓离子可进一步裂解形成环戊烯基离子 $C_5H_5^+$ 和环丙烯基离子 $C_3H_3^+$,质谱上出现明显的 $m/z=65$ 和 $m/z=39$ 的峰。

（2）芳烃也可以直接失去侧链,生成苯基离子,再进一步失去乙炔,形成 $m/z=51$ 的特征离子。

（3）带有正丙基或丙基以上侧链的芳烃(含 γ-H)经麦氏重排产生 $C_7H_8^+\cdot$ ($m/z=92$)。

芳烃质谱中还可以见到 $m/z=78$(苯重排产物)和 $m/z=79$(苯加 H)的离子峰。如丙苯的质谱图(图 7-14)。

（4）当苯环与饱和环骈合六元环时,也可发生 RDA 反应。

图 7-14　丙苯的质谱图

二、醇、酚和醚类化合物

（一）醇类化合物

醇类化合物的分子离子峰一般很弱或者看不到。醇容易发生热脱水或电子轰击脱水而产生失去一个水分子或多个水分子的离子峰，失水后产生的离子还可进一步发生裂解。

（1）易发生脱水重排反应 所有伯醇（甲醇例外）及相对分子质量较高的仲醇和叔醇易脱水形成分子量为 M_r-18 的峰，如下所示。

（2）含碳数大于 4 的开链伯醇可发生麦氏重排 当开链的伯醇碳数大于 4 时，可同时发生脱水和脱烯，产生分子量为 $M_r-18-28$ 的峰。若 R 基团较大时，分子量为 M_r-46 的碎片离子还会进一步发生断裂，脱去 $CH_2{=}CH_2$ 产生分子量为 $M_r-18-n\times28$ 的碎片离子峰。例如，辛醇（$M_r=130$）质谱中的 $m/z=84$（$M_r-18-28$）、$m/z=56$（$M_r-18-2\times28$）的峰就是这样产生的。若 β-碳上有甲基取代，则失去丙烯形成分子量为 M_r-60 的峰。而仲醇及叔醇一般不发生这种裂解。

（3）容易发生 α-裂解，形成氧镓离子 醇类化合物羟基的 $C_\alpha{-}C_\beta$ 键容易断裂发生 α-裂解，形成极强的 $m/z=31$ 峰（$HCH{=}O^+H$，伯醇），而仲醇类化合物易形成 $m/z=45$（$MeCH{=}O^+H$）或 $45+14n$ 的峰，叔醇可能观测到 $m/z=59$（$Me_2C{=}O^+H$）或 $59+14n$ 的峰。这些峰对于鉴定醇类极为重要。因为醇的质谱由于脱水而与相应烯烃的质谱相似，而 $m/z=31$ 或 $m/z=45$、$m/z=59$ 的峰的存在则往往可判断样品是醇而不是烯。

$$m/z=31+14n,\quad n=0,\ 1,\ 2,\ 3\cdots$$

1-己醇的质谱图如图 7-15 所示。

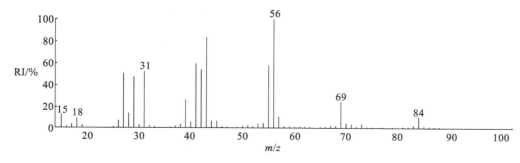

图 7-15 1-己醇的质谱图

NOTE

（4）环己醇类化合物往往可以脱水形成双环离子，还可以发生多中心裂解，规律较为复杂。环己醇的质谱图如图 7-16 所示。

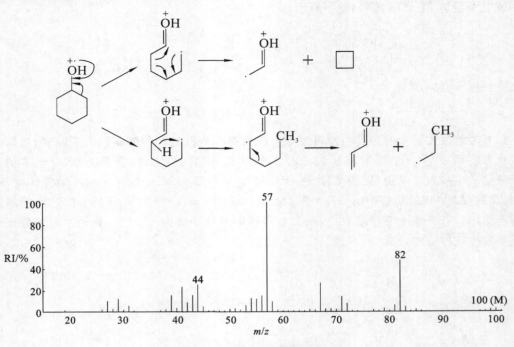

图 7-16　环己醇的质谱图

（二）酚类化合物

酚类和芳香醇类化合物的质谱裂解规律较为相近，其质谱特征如下：M 峰很强。酚的 M 峰往往是它的基准峰。苯酚的 M－1 峰不强，而甲基苯酚和苄醇的 M－1 峰却很强，因为可产生稳定的䓬𨦡离子。

苯酚在没有其他取代基的情况下，可发生氢重排裂解，然后经 α-裂解、i-裂解形成 M－CO、M－HCO 的碎片离子。苯酚的质谱图如图 7-17 所示，苄醇的质谱图如图 7-18 所示。

苯胺也有类似的断裂反应，它将消去 HCN 得到 $m/z=65$ 的离子。

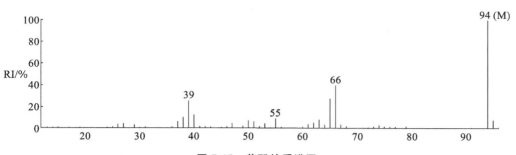

图 7-17　苯酚的质谱图

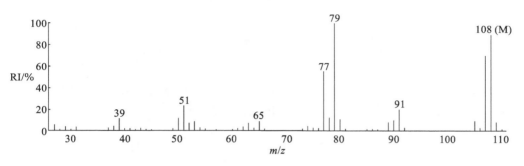

图 7-18　苄醇的质谱图

（三）醚类化合物

醚的分子离子裂解方式与醇相似。脂肪醚的 M 峰很弱但可观察到,芳香醚的 M 峰较强。若增大样品量或增大操作压力,可使 M 及 M+1 峰增强。

1. 脂肪醚

（1）α-裂解（C_α—C_β 键断裂）　正电荷留在氧原子上,优先丢失大的取代基团。例如:

$$CH_3CH_2 \overset{\curvearrowright}{—} CH_2 \overset{+\cdot}{—} \dot{O} — C_2H_5 \longrightarrow CH_3\dot{C}H_2 + CH_2 = \overset{+}{O} — C_2H_5$$
$$m/z=59,51\%$$

$$CH_3CH_2—CH_2 \overset{+\cdot}{\underset{\curvearrowleft}{—}} \dot{O} — CH_2—CH_3 \longrightarrow CH_3CH_2—CH_2 — \overset{+}{O} = CH_2 + \dot{C}H_3$$
$$m/z=73,4\%$$

这样的裂解通常导致形成 $m/z=45$、$m/z=59$、$m/z=73$ 等的强峰。这样的离子还可以进一步裂解。乙醚的质谱图如图 7-19 所示。

$$H_2CH_2\overset{H}{\overset{|}{C}} \overset{+}{—O} = CH_2 \longrightarrow H_2C = CH_2 + H_2C = \overset{+}{O}H$$
$$m/z=31$$

（2）i-裂解（O—C_α 键断裂）　i-裂解在醇中一般难以发生。因为醚类发生这种裂解后所形成的烷氧基碎片·OR 较·OH 稳定,所以较易发生。这样的裂解导致形成 C_nH_{2n+1} 系列离子,$m/z=29$、43、57、71 等的峰。

$$R'—\dot{O} + R^+ \xleftarrow{\text{i-裂解}} R \overset{+\cdot}{—} \dot{O}—R' \xrightarrow{\text{i-裂解}} R—\dot{O} + R'^+$$

（3）重排裂解　重排裂解导致形成比不重排的 i-裂解碎片少一个质量单位的峰,如 $m/z=28$、42、56、70 等的峰。

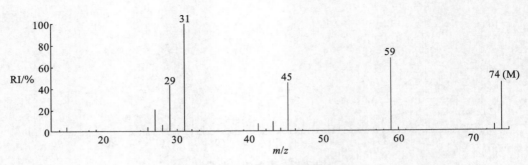

图 7-19　乙醚的质谱图

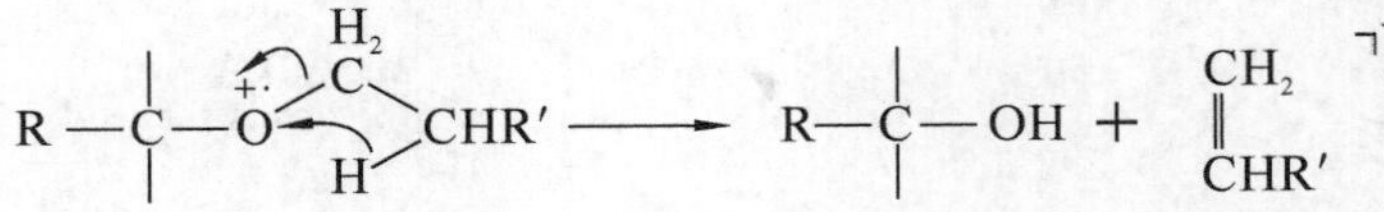

2. 芳香醚　芳香醚经常发生 O—C_α 键断裂的裂解,如果含有乙基以上的烷基,会进一步通过四元环重排而脱离烯链。苯乙醚的质谱图如图 7-20 所示。

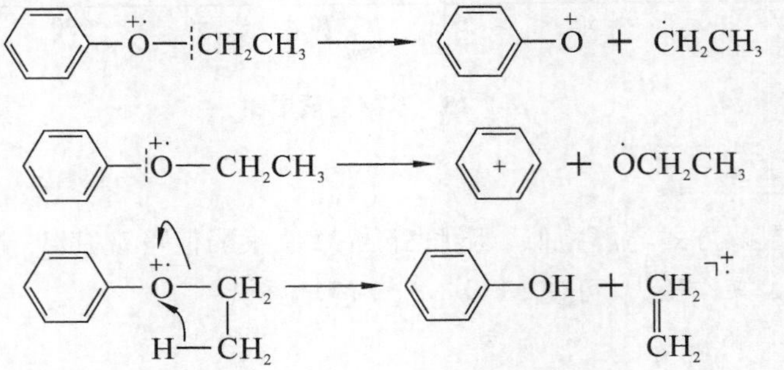

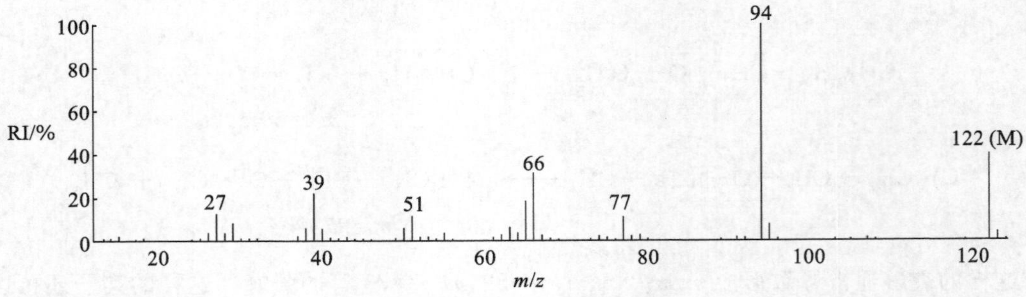

图 7-20　苯乙醚的质谱图

三、羰基类化合物

羰基化合物氧原子上的非键电子容易失去一个电子,所以羰基化合物的分子离子峰(M峰)比较明显。

(一) 醛、酮

醛、酮的质谱有下列特征。

(1) 羰基化合物氧原子上的未成键电子对很容易被轰去一个电子,导致醛和酮的 M 峰均比较明显,脂肪族类醛和酮的 M 峰不及芳香族类醛和酮的强。

(2) 脂肪族醛酮中,含有 γ-H 时,可以发生麦氏重排生成质量数为偶数的重排离子;若羰基两侧均有 γ-H,可以发生两次麦氏重排。例如:

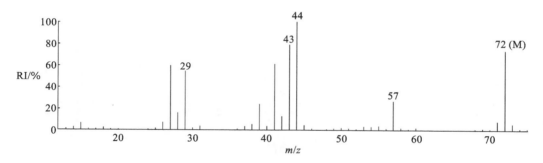

$$\text{醛 } R=H, m/z=44$$
$$\text{酮 } R=\text{烃基}, m/z=58、72、86\text{等}$$

醛类裂解时,正电荷可能留在不含氧的碎片上,形成 M－44 的强峰。酮类化合物发生麦氏重排时,若 R 含 3 个及以上 C 原子,则可再发生一次重排裂解,形成更小的碎片离子。例如:

二次重排

$$R=C_3H_7$$

丁醛的质谱图如图 7-21 所示。

图 7-21 丁醛的质谱图

（3）醛、酮能在羰基碳发生 α-裂解和 i-裂解。如醛类羰基碳上的裂解:

$$R-C\equiv O^+ + \dot{H} \quad M-1$$
$$H-C\equiv O^+ + \dot{R} \quad \text{或} \quad H-C\equiv O^{\cdot} + \overset{+}{R} \quad M-29 \quad (\text{i-裂解})$$
（α-裂解）

脂肪醛的 M－1 峰强度一般与 M 峰近似,而 $m/z=29$ 的峰往往很强,芳香醛则易产生 R^+（M－29 峰）,因为正电荷与苯环存在共轭作用。酮类发生类似裂解,脱去的离子碎片是较大的烃基。

$$R'-C\equiv O^+ + \dot{R} \quad (R>R')$$
$$m/z=43、57、71$$

也可能发生异裂,形成烃基离子。

$$R'-C\equiv O^{\cdot} + \overset{+}{R}$$
$$m/z=15、29、43、57$$

芳香酮在羰基碳上发生 i-裂解,最终产生苯基离子。

NOTE

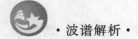

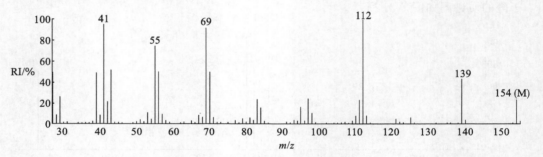

（4）其他有利于鉴定醛的碎片离子峰是 M－18 峰（失去 H_2O）、M－28 峰（失去 CO）。

（5）环状酮可能发生较为复杂的裂解（但仍从酮基 α-裂解开始）。

薄荷酮的质谱图如图 7-22 所示。

图 7-22　薄荷酮的质谱图

（二）羧酸

脂肪羧酸的分子离子峰较弱，芳香羧酸的分子离子峰较强。

1. 脂肪羧酸　脂肪羧酸的 M 峰一般可以看到。脂肪羧酸最特征的峰是 $m/z=60$ 的峰，由麦氏重排产生。

$m/z=45$ 的峰（α-裂解，失去 R·，形成的 $^+CO_2H$）通常丰度较高。低级脂肪酸常有 M－17（失去 OH）、M－18（失去 H_2O）和 M－45（失去 CO_2H）峰等。

2. 芳香羧酸　芳香羧酸的 M 峰相当强，其他明显峰是 M－17 峰、M－45 峰。由重排裂解产生的 M－44 峰也常出现。邻位取代的芳香羧酸可能发生重排失水形成 M－18 峰。例如：

戊酸的质谱图如图 7-23 所示。

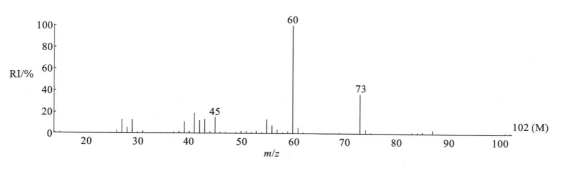

图 7-23　戊酸的质谱图

（三）羧酸酯

（1）直链一元羧酸酯的 M 峰通常可以观察到，且随相对分子质量的增大（碳原子数＞6）而增加。芳香羧酸酯的 M 峰较明显。

（2）羧酸酯的强峰（有时为基准峰），通常来源于下列两种类型的 α-裂解或 i-裂解：

$$\begin{array}{c}
R^+ \quad\quad 或 \quad\quad R'OC\!\equiv\!O^+ \\
i\text{-}裂解 \quad\quad\quad \alpha\text{-}裂解 \\
m/z=15+4n \quad\quad m/z=(59+14n) \\
=M_r-(59+14n) \quad\quad =M_r-(15+14n)
\end{array}$$

$$\begin{array}{c}
OR'^+ \quad\quad 或 \quad\quad RC\!\equiv\!O^+ \\
i\text{-}裂解 \quad\quad\quad \alpha\text{-}裂解 \\
m/z=31+14n \quad\quad m/z=43+14n \\
=M_r-(43+14n) \quad\quad =M_r-(31+14n)
\end{array}$$

（3）具有 γ-H 的羧酸酯可以发生麦氏重排，甲酯可以形成 $m/z=74$、乙酯可以形成 $m/z=88$ 的基准峰。若 α-碳上有烃基取代，则将形成 $m/z=74$、88、102、116 等的同系列峰。

$$m/z=74$$

（4）羧酸酯也可能发生双氢重排裂解，产生质子化的羧酸离子碎片峰。

（5）二元羧酸及其甲酯形成强的 M 峰，其强度随两个羧基接近程度增大而减弱。二元酸酯会出现由于 α-裂解失去两个羧基的 M－90 峰。

图 7-24、图 7-25 分别为丙酸乙酯、邻苯二甲酸二甲酯的质谱图。

175

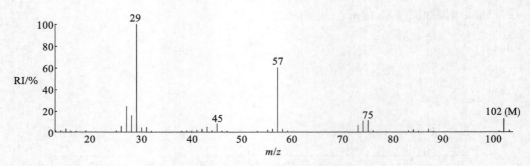

图 7-24　丙酸乙酯的质谱图

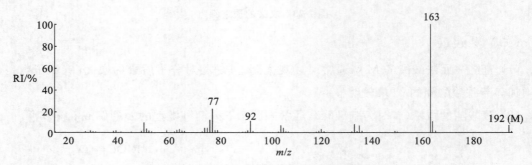

图 7-25　邻苯二甲酸二甲酯的质谱图

四、含氮化合物

（一）胺类

（1）脂肪链胺的 M 峰很弱，或者检测不到。但芳胺和脂环胺的 M 峰较明显。根据氮律，含有奇数个氮原子的胺的分子量为奇数。芳香胺和低级脂肪胺可能出现 M−1 峰（失去 H）。

（2）发生 α-裂解（C_α—C_β 断裂）　α-裂解是胺类化合物最重要的裂解方式。在大多数情况下，这种裂解离子往往是基准峰。正丁胺的质谱图如图 7-26 所示。

$$R{-}\overset{|}{\underset{|}{C}}{-}\overset{+\cdot}{N}{<} \longrightarrow \, >C{=}\overset{+}{N}{<} + R\cdot$$

m/z=30、44、58、72等

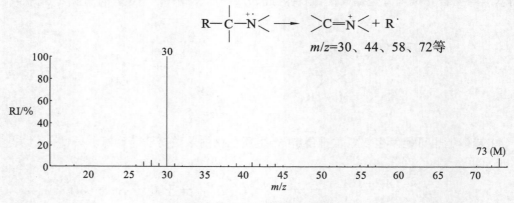

图 7-26　正丁胺的质谱图

（3）脂肪胺和芳香胺可能发生 N 原子的双侧 α-裂解。

苯胺的 α-裂解可以脱去 HCN 和 H_2CN，正如苯酚脱去 CO 和 CHO 一样，并且苯胺具有较强的 M—1 峰。

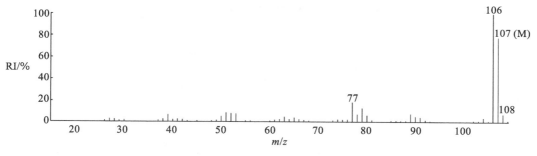

有烃基侧链的苯胺有可能自侧链 α-裂解形成氨基鎓离子，$m/z=106$。邻甲苯胺的质谱图如图 7-27 所示。

图 7-27 邻甲苯胺的质谱图

（4）胺类极具特征的峰是 $m/z=18$（$^+NH_4$）峰。醇类也有 $m/z=18$（H_2O^+）峰，但两者不难区别。在胺类中质量数 18 与 17（$^+NH_3$）峰的比值远大于醇类的比值。

（二）酰胺

酰胺的 M 峰一般较强，其最重要的碎片离子峰是由羰基碳 α-裂解的碎片离子形成的，往往是基准峰。

1. α-裂解 四个碳以上的伯酰胺可以发生 α-裂解或 N 的 $C_α—C_β$ 断裂，产生 $m/z=44$ 的强峰。

2. 麦氏重排 凡是含有 γ-H 的酰胺通常可发生麦氏重排，得到 $m/z=59+14n$ 的峰。长链脂肪伯酰胺也能在羰基的 $C_β—C_γ$ 间发生裂解，产生较强的 $m/z=72$ 峰（无重排）或 $m/z=73$ 峰（有重排）。

NOTE

图 7-28、图 7-29 分别为己酰胺、N,N-二乙基乙酰胺的质谱图。

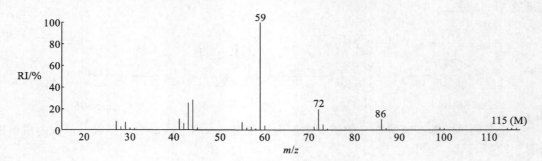

图 7-28 己酰胺的质谱图

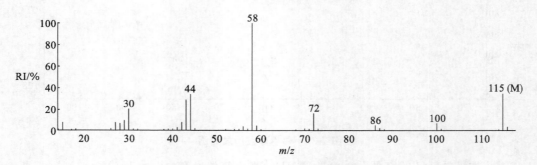

图 7-29 N,N-二乙基乙酰胺的质谱图

（三）腈

分子离子峰较弱的高级脂肪腈的 M 峰看不见,增大样品量或增大离子化室压力可增强 M 峰,使 M+1 峰也可观察到。由于共轭效应,M−1 峰较为明显,有利于鉴定腈类化合物。含一个 N 原子的腈,其 M−1 峰的质量数为偶数。由于在碳链的不同位置处发生简单断裂,从而形成一系列类似的偶数质量峰(m/z＝40、54、68、82 等)。$C_4 \sim C_{10}$ 的直链腈类可以发生麦氏重排,产生 m/z＝41 的基准峰(CH_3N^+ 或 CH_2＝C＝N^+H)。三氟乙腈的质谱图如图 7-30 所示。

$$R—H\overset{\cdot}{C}—C\equiv \overset{+\cdot}{N} \longleftrightarrow R—HC=C=\overset{+}{N}$$

m/z＝41

（四）硝基化合物

硝基化合物的质谱有以下特征:脂肪族硝基化合物一般看不到 M 峰,基准峰通常出现在 m/z＝46(NO_2^+)和 m/z＝30(NO^+)。高级脂肪族硝基化合物的一些强峰是烃基离子,另外还有 γ-H 重排引起的 M−OH、M−OH−H_2O 和 m/z＝61 的碎片离子。

芳香硝基化合物显示出强的 M 峰,此外有 m/z＝30(NO^+)及 M−30、M−46、M−58 等碎片离子峰。硝基苯的质谱图如图 7-31 所示。

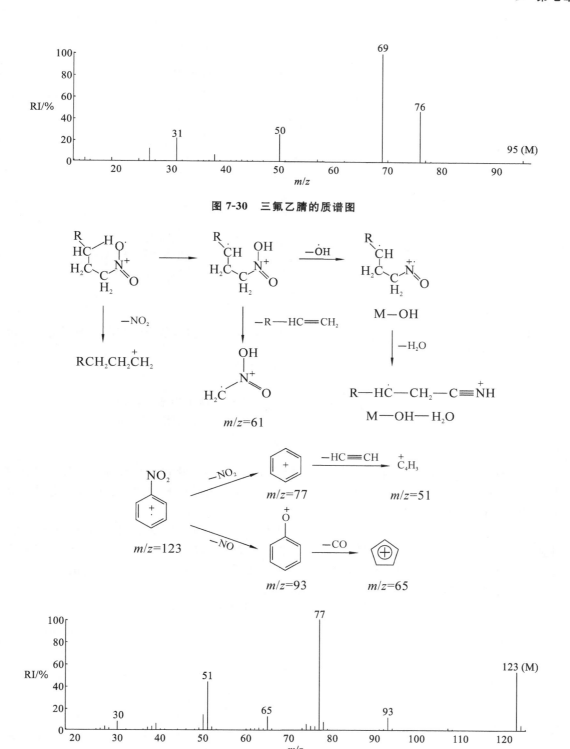

图 7-30 三氟乙腈的质谱图

图 7-31 硝基苯的质谱图

五、卤化物

脂肪族卤化物的分子离子峰不明显,芳香族的分子离子峰较明显。其中,分子离子峰相对丰度可随 F、Cl、Br、I 的顺序依次增加。卤化物裂解类型较为复杂,可以发生杂原子的 α-裂解、碳—卤 σ-键断裂以及饱和环过渡态重排。

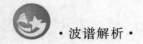
（1）α-裂解。

$$R—CH_2—\overset{+\cdot}{X} \longrightarrow CH_2=\overset{+}{X} + \dot{R}$$

$$M \qquad\qquad\qquad M-R$$

$$R—\overset{+\cdot}{X} \overset{\alpha}{\longrightarrow} \dot{R} + \overset{+}{X}$$

（2）i-裂解。

$$R—\overset{+\cdot}{X} \overset{i}{\longrightarrow} \overset{+}{R} + \dot{X}$$

（3）脱 HX，发生 H 的重排。

$$R—\overset{H}{\underset{H}{C}}—CH_2 \overset{+\cdot}{X} \longrightarrow R—\overset{}{\underset{H}{C}}=CH_2{}^{+\cdot} + HX \quad （当 X=F 或 Cl,强峰）$$

$$M \qquad\qquad\qquad\qquad M-XH$$

（4）烃基重排。

当烃链长度合适时，容易通过五元环的过渡态发生烃基重排，形成含有卤素原子的五元环特征离子，常为基峰或次强峰。

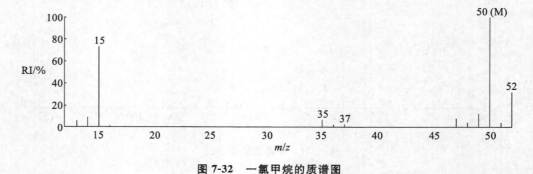

卤化物质谱中通常有明显的 X、M-X、M-HX、M-H$_2$X 峰和 M-R 峰。多氟烷烃质谱中，$m/z=69（CF_3^+）$是基准峰，$m/z=131（C_3F_5^+）$和 $m/z=181（C_4F_7^+）$的峰也明显。芳香卤化物中，当 X 与苯环直接相连时，M-X 峰显著。

此外，氯化物和溴化物的同位素峰是很有特征的。含一个 Cl 的化合物有强的 M+2 峰，其强度相当于 M 峰的 1/3。含一个 Br 的化合物有与 M 峰强度相当的 M+2 峰。含有多个 Cl 或 Br 或同时含 Cl 和 Br 的化合物，质谱中出现明显的 M+2、M+4，甚至 M+6 的同位素峰。而氟化物和碘化物无天然同位素，所以没有相应的同位素峰。

图 7-32、图 7-33 分别为一氯甲烷、间溴甲苯的质谱图。

图 7-32　一氯甲烷的质谱图

六、含硫化合物

由于 ^{34}S 丰度较大，因此含硫化合物的 M+2 峰较强，易辨认。硫醇与硫醚的分子离子峰一般都较强，含硫化合物主要发生 α-裂解和 i-裂解。

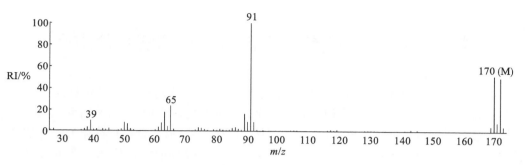

图 7-33 间溴甲苯的质谱图

（1）α-裂解。

$$R-CH_2-CH_2-\overset{+\cdot}{SH} \xrightarrow{\alpha-裂解} R-\overset{\cdot}{CH_2} + C=\overset{+}{SH}$$

$$R_1 \overset{+\cdot}{\underset{R_2}{S}} R_2 \xrightarrow{\alpha-裂解} \overset{\cdot}{R_2} + R_1 \overset{\overset{+\cdot}{S}}{\underset{H}{}} \longrightarrow R_1 \overset{CH_2}{} + CH_2=\overset{+}{SH}$$

$$R_1-\overset{+\cdot}{S}-R_2 \xrightarrow{\alpha-裂解} R_1-\overset{+}{S} + \overset{\cdot}{R_2}$$

（2）i-裂解。

$$\overset{+\cdot}{S} \xrightarrow{i-裂解} CH_3-\overset{+}{CH_2} + \overset{..}{S}$$

$$m/z=90 \qquad\qquad m/z=29$$

（3）含硫化合物还可以发生氢的重排，如二乙基硫醚的质谱图中 $m/z=47$ 碎片离子的生成（图 7-34）。

$$\overset{+\cdot}{S} \longrightarrow =\overset{+}{S} \overset{H}{} \longrightarrow =\overset{+}{S}-H + C=CH_2$$

$$m/z=90 \qquad m/z=75 \qquad m/z=47$$

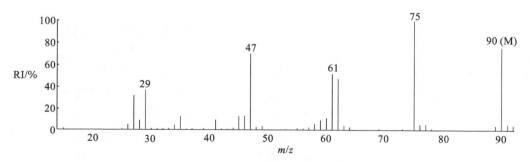

图 7-34 二乙基硫醚的质谱图

（4）硫醇还可以发生类似于醇脱水的裂解反应，通过氢的重排脱去 H_2S。

$$\overset{+\cdot}{SH} \underset{H}{\overset{R}{}} \xrightarrow{i-裂解} \overset{+}{} \overset{R}{} + H_2S \xrightarrow{i-裂解} \overset{+}{} R + CH_2=CH_2$$

第五节 质谱在有机化合物结构解析中的应用

质谱中有机化合物的分子离子峰（或准分子离子峰）、碎片离子峰以及亚稳离子峰均能提供很多的结构信息，尤其在分子量较小的简单化合物的结构确定中，质谱数据可推测出其准确的结构信息。但是对于分子量较大、结构较为复杂的化合物，质谱分析往往作为一种辅助鉴定手段，推测其分子量和结构片段，还需与其他波谱技术所提供的结构信息综合进行解析。总之，质谱在化合物的结构鉴定中具有很重要的作用。

一、质谱解析程序

解析有机化合物的质谱图，大致可以遵循以下步骤。

（一）分子离子峰的识别

用质谱法研究过的有机化合物中，约有 75％可由谱图直接读出其分子量。这些化合物所产生的分子离子足够稳定，能正常到达收集器。在有机化合物的质谱中，不同结构的分子离子峰的强度次序（实际次序因结构影响会有变化）：芳香化合物（包括芳香杂环）＞脂环化合物＞硫醚、硫酮＞共轭多烯＞直链烷烃＞酰胺＞酮＞醛＞胺＞酯＞醚＞羧酸＞支链烃≫伯醇＞叔醇＞缩醛。脂肪族和分子量较大的醇、胺、亚硝酸酯、硝酸酯等化合物及高分子支链化合物往往没有分子离子峰。

分子离子峰区域是指质谱图中质荷比最大的离子区域，依据判断分子离子峰的原则确认分子离子峰，定出分子量。

（二）确定分子式

确定分子式，计算不饱和度，确定化合物中双键和芳环的数目等。利用质谱测定分子式有两种方法。

1. 同位素峰相对强度法 同位素峰相对强度法也称为同位素丰度比法，该法适用于低分辨质谱仪。根据同位素分子离子峰（M，M＋1，M＋2）的相对丰度加以分析，初步判断化合物的类型及是否含有 Cl、Br、S 等元素。

2. 高分辨质谱法 用高分辨质谱仪通常能测定每一个质谱峰的精确相对质量数，从而确定化合物实验式和分子式。自 1962 年起，国际上把 ^{12}C 的原子量定为 12.000 000，则其他各种元素的原子量不会是整数。根据这一标准，^{1}H 的精确相对质量数不是刚好 1.000 000，而是 1.007 825；^{16}O 的精确原子量是 15.994 915（表 7-2）。这种与整数值相差的小数值是由每个原子的"核敛集率"（nuclear packing）引起的。化合物的组成是固定的，其元素的种类和每种元素的原子个数也是一定的，所以它的精确相对质量数也是固定的。在仪器测得分子的相对质量数精确到小数点后 3～4 位数字时，与此质量数一样或相近的分子组成个数已很少。仪器可根据分子的相对精确质量数，给出可能的几个或一个分子式，再根据其他数据确定分子式。

用低分辨质谱仪只能测得整数的相对质量数，无法辨别符合这个整数值的各种可能分子式。而用高分辨质谱仪则可测得小数点后 3～4 位数字，如傅里叶变换离子回旋共振（FT-ICR）质谱仪的测量精度可达到 10^{-6}。质谱仪分辨率越高，测定越正确，误差越小。一般高分辨质谱仪测定分子离子相对质量数的误差不大于 ±0.006。能符合这一准确数值的可能分子式数目大为减少，若再配合其他信息，即可从这少数可能化合物中判断最合理的分子式。现在高分辨质谱仪附属的计算机系统可以给出分子离子峰的元素组成，同时也可给出质谱图中主要的碎片离子峰的元素组成。

（三）分析碎片离子，解析某些主要质谱峰的归属及峰间关系

（1）确定主要碎片离子的组成　根据其质荷比分析其可能的化学组成。注意一些弱的离子峰也可能提供重要的结构信息。

（2）离去碎片的判断　分析分子离子峰与其左侧低质量数离子峰之间的质量差，判断离去的自由基或小分子的可能结构，有助于分子结构的确定。

（3）用 MS-MS 找出母离子和子离子，或用亚稳扫描技术找出亚稳离子，把这些离子的质荷比精确到小数点后一位。根据 $m^* = m_2^2/m_1$ 找出 m_1 和 m_2 两种碎片离子，由此判断裂解过程，有助于了解官能团和碳骨架。

（四）确定可能结构

综合分析 UV、IR、样品理化性质及以上信息，推导化合物可能的结构。

（五）结构验证

分析推导可能结构的质谱裂解规律，检查各碎片离子是否符合。若没有矛盾，就可确定可能的结构式。已知化合物可用标准图谱对照来确定结构是否正确；对新化合物的结构，最终结论要用波谱综合分析的方法来确证。已知化合物的标准图谱可以用质谱仪自带的标准谱库检索、对照，也可以使用 http://webbook.nist.gov/chemistry 等网站来查找。

二、解析实例

例 7-1　某化合物的质谱图如图 7-35 所示，试推测其可能的结构式。

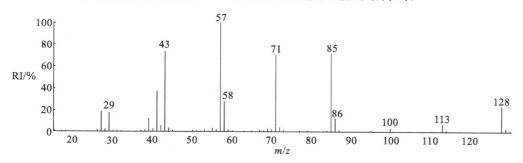

图 7-35　未知化合物的质谱图

解：

（1）确定分子离子峰。假设高质荷比区 $m/z = 128$ 为 M 峰，相邻碎片离子峰 $m/z = 113$（M−15）和 $m/z = 100$（M−28）之间关系合理，所以该峰为分子离子峰，其质荷比为偶数，表明分子中不含氮或是含偶数个氮。

（2）图中 $m/z = 43$（100）及 57、71、85 等系列 C_nH_{2n+1} 或 $C_nH_{2n+1}CO$ 碎片离子峰，无明显含氮的特征碎片峰（$m/z = 30、44$ 等），可认为化合物不含氮，图中无苯基的特征峰。

$m/z = 58、86、100$ 的奇电子离子峰应为 γ-H 的重排峰，表明化合物含有 C＝O，结合无明显 M−1、M−45、COOH、M−OR 的离子峰，排除醛、酸、酯类化合物的可能性，可认为该化合物为酮类化合物。

由 $m/z = 100$ 的 M−28（$CH_2 = CH_2$）及 $m/z = 86$ 的 M−42（C_3H_6）奇电子离子峰可知分子中可能含以下基团：$CH_3CH_2CH_2CO$—，$CH_3CH_2CH_2CH_2CO$—或（CH_3）$_2CHCH_2CO$—。

（3）由分子离子峰 $m/z = 128$ 可以推出化合物的分子式为 $C_8H_{16}O$，$\Omega = 1$。其结构可能为
(a)$CH_3CH_2CH_2COCH_2CH_2CH_2CH_3$ 或 (b)$CH_3CH_2CH_2COCH_2CH(CH_3)_2$。

由 $m/z=113$（M$-$15）峰可判断,化合物的结构为（b）更合理。

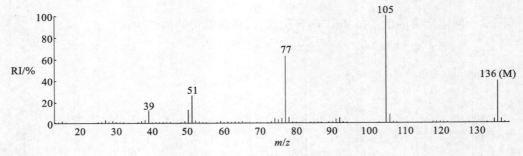

例 7-2　一个只含 C、H、O 的有机化合物,其 IR 在 3100～3700 cm^{-1}显示无吸收。其质谱图如图 7-36 所示,M$+$1 峰的丰度为 M 峰的丰度的 9.0%,在 33.8 和 56.5 处有两个亚稳离子。试求其结构式。

图 7-36　未知化合物的质谱图

解:

（1）由质谱图看出分子离子峰较强,$m/z=136$。结合 $m/z=39$、51、77 可推测出化合物中含有芳环。

（2）由题意可知,M$+$1 峰的丰度为 M 峰的丰度的 9%。碳原子数为 9.0/1.1$\approx$8 个,加上含氧元素,可能的分子式为 $C_8H_8O_2$,$\Omega=5$,进一步说明化合物可能含有苯环。

（3）由 33.8 和 56.5 处两个亚稳离子的存在,$77^2/105\approx56.47$ 和 $51^2/77\approx33.78$ 证实可能的裂解过程:

$$m/z=105 \longrightarrow m/z=77 \longrightarrow m/z=51$$

基准峰 $m/z=105$ 推测为苯甲酰离子 $C_6H_5CO^+$。$m/z=77$ 为 $C_6H_5^+$,所以裂解过程为

$$C_6H_5CO^+ \xrightarrow{-CO} C_6H_5^+ \xrightarrow{-C_2H_2} C_4H_3^+$$
$$m/z=105 \qquad m/z=77 \qquad m/z=51$$

（4）由 $C_8H_8O_2$ 减去苯甲酰基,剩下的基团为—OCH_3 或—CH_2OH。因此可能的结构式有两种:（a）$C_6H_5COOCH_3$ 或（b）$C_6H_5COCH_2OH$。

根据 IR 数据 3100～3700 cm^{-1}无吸收,所以化合物不可能含有—OH。最终确定样品的结构式为（a）$C_6H_5COOCH_3$。

例7-3 三岁小女孩茵茵,被送到医院急诊室的时候,已呈昏迷状态,还有抽搐现象。从她的胃液中分离出一种化合物,其质谱图如图 7-37 所示,质谱数据如表 7-4 所示,试推测其可能的结构式。

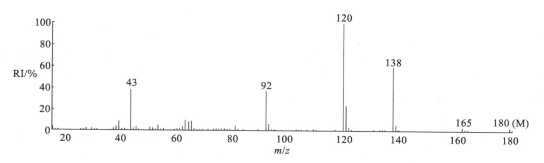

图 7-37　未知化合物的质谱图

表 7-4　化合物的质谱数据

m/z	RI/(%)	m/z	RI/(%)
15.0	2.3	92.0	19.5
28.0	1.2	93.0	3.5
38.0	1.5	120.0	100.0
39.0	5.0	121.0	17.6
42.0	1.1	122.0	1.5
43.0	42.1	138.0	70.5
44.0	1.0	139.0	5.6
53.0	3.9	140.0	0.43
64.0	4.6	163.0	1.8
65.0	4.9	180.0	5.3
81.0	1.3		

解:

(1) 确定分子离子峰。

$m/z = 180$ 符合分子离子峰的要求。从它及碎片的同位素峰提示该化合物不含 S、Cl、Br 等杂原子,低质量端奇数碎片提示该化合物不含氮元素。

(2) 确定分子式。

分子离子峰 $m/z = 180$ 的强度较弱,不宜用它确定分子式,像这种情形可用高质量端强度较大的碎片,确定其组成后,通过它与分子离子峰的关系来确定分子式。在该例中,$m/z = 138(70.5\%)$、$m/z = 139(5.6\%)$、$m/z = 140(0.43\%)$ 是在高质量端较强的碎片,首先归一化。

$$m/z = 138(M) \qquad\qquad 100\%$$
$$m/z = 139(M+1) \qquad (5.6/70.5) \times 100\% = 7.9\%$$
$$m/z = 140(M+2) \qquad (0.43/70.5) \times 100\% = 0.61\%$$

该碎片峰中含 C 数为 $7.9/1.1 \approx 7$,含氧数为 $0.61/0.2 \approx 3$,此碎片峰的可能组成是 $C_7H_6O_3$。

基峰 $m/z=120(100\%)$ 的组成是 $C_7H_4O_2$，但 $m/z=121(17.6\%)$ 的强度很大，若只是 $m/z=120$ 的同位素峰，则含碳数不符。$m/z=121$ 还可对应组成是 $C_7H_5O_2$ 的峰。$m/z=121$ 的峰是 $m/z=120$ 的同位素峰和组成是 $C_7H_5O_2$ 的峰的叠加，这就解释了为什么 $m/z=121$ 的丰度较大。

$m/z=138$ 及 $m/z=120$ 的离子与分子离子间的关系是 $M_r-42=138$ 和 $M_r-60=120$。

$m/z=43$ 若含氧元素则对应的组成是 CH_3CO，$m/z=15$ 也可作为该基团存在的佐证。$M-42$ 峰是从分子离子失去乙烯酮（$CH_2=C=O$）所致。所以在 $m/z=138$ 的峰 $C_7H_6O_3$ 上加 C_2H_2O 即得该化合物的分子式 $C_9H_8O_4$，$\Omega=6$。

在低质量端的 $m/z=39$、64、65 表明该化合物中含有苯环。

$M_r-60=120$ 是什么？$M_r(C_9H_8O_4)-M_r(C_7H_4O_2)=M_r(C_2H_4O_2)$，苯环的不饱和度为4，乙酰基的不饱和度为1，所以 $C_2H_4O_2$ 也应该占有1个不饱和度，应是乙酸（CH_3COOH）。

（3）确定结构。

由上面的讨论已知该化合物是由苯环、乙酰基和能失去乙酸的基团组成，考虑到氧元素有4个，可能的结构式如下：

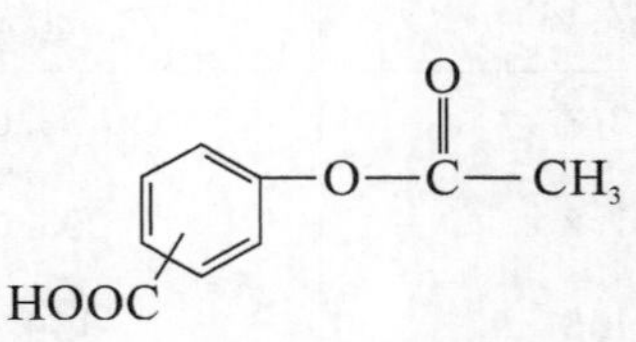

从很容易失去乙酸得到基峰 $m/z=120$，可知羧基应在乙酰氧基的邻位。该化合物就是乙酰水杨酸（阿司匹林），小女孩可能误服大量阿司匹林导致昏迷。

可能的裂解方式如下：

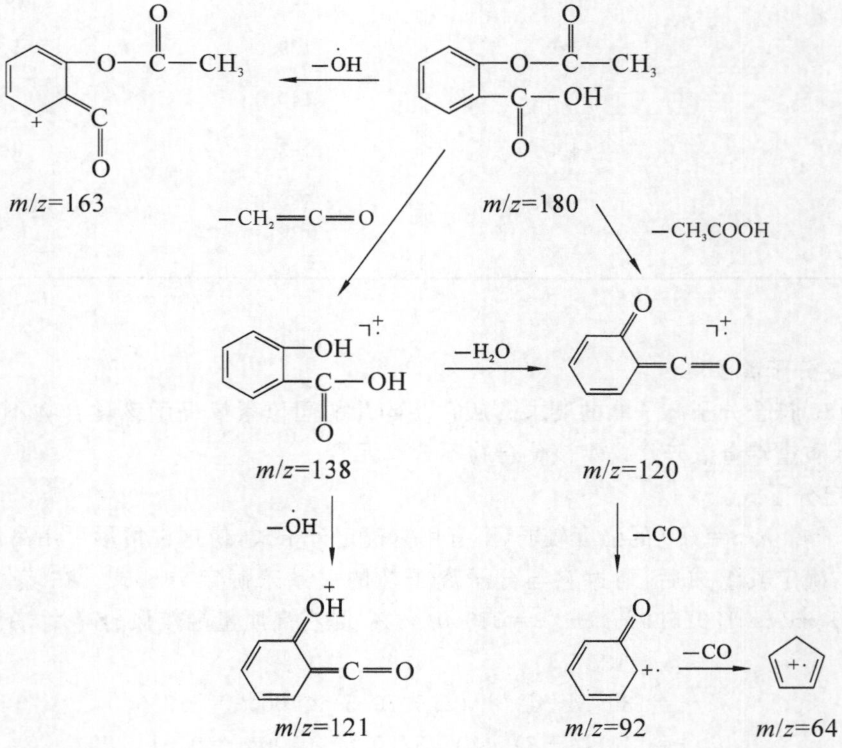

本章小结

质　　谱	学 习 要 点
基本原理	质谱图表示方法
质谱的裂解	常见的质谱裂解方式、质谱裂解表示法
质谱中的主要离子	主要离子类型及其在结构分析中的作用
主要有机化合物的质谱	各类化合物的质谱特征
质谱在有机化合物结构解析中的应用	判断分子离子峰的原则、质谱解析步骤

目标检测

目标检测
答案

一、选择题

（一）单选题

1. 质谱图中强度最大的峰,规定其相对强度为 100%,称为（　　）。

A. 分子离子峰　　　　　　　　　　B. 基峰

C. 亚稳离子峰　　　　　　　　　　D. 准分子离子峰

2. 下列选项中属于同位素分类中的"A"类的是（　　）。

A. Br、Cl　　　　B. Si、S　　　　C. F、P　　　　D. C、N

3. 质谱中 RBr_3 产生离子丰度比为（　　）。

A. $1:3:3:1$　　　　　　　　　　B. $27:27:9:1$

C. $3:4:1$　　　　　　　　　　D. $9:6:1$

4. MS 结构分析所需固体样品质量一般为（　　）。

A. $1\sim5$ mg　　　B. $5\sim10$ mg　　　C. <1 mg　　　D. >10 mg

5. 认为两个相邻的质谱峰被分开,一般是指两个谱峰间的"峰谷"为两峰平均峰高的（　　）。

A. 0%　　　　B. 5%　　　　C. 10%　　　　D. 15%

6. 下列不是直链烷烃常见的碎片离子的是（　　）。

A. $m/z=57(^{+}C_4H_9)$　　　　　　B. $m/z=29(^{+}C_2H_5)$

C. $m/z=91$(苄基离子)　　　　　　D. $m/z=43(^{+}C_3H_7)$

7. 下列碎片离子含偶数个电子的是（　　）。

A. $C_4H_8N_2$　　　B. $CH_2=NH_2$　　　C. $C_6H_{15}N$　　　D. C_4H_8O

8. 下列化合物中,分子离子峰质荷比为偶数的是（　　）。

A. $C_8H_6N_2O$　　　B. $C_6H_5N_3$　　　C. $C_9H_{12}NO$　　　D. C_4H_4N

9. 有机化合物的分子离子峰的稳定性顺序正确的是（　　）。

A. 芳香化合物＞醚＞环状化合物＞烯烃＞醇

B. 芳香化合物＞烯烃＞环状化合物＞醚＞醇

C. 醇＞醚＞烯烃＞环状化合物

D. 烯烃＞醇＞环状化合物＞醚

10. 在质谱中通过二项式 $(a+b)^n$ 的展开,可以推导出（　　）。

NOTE

A.同位素的丰度比　　　　　　　　　B.同位素的自然丰度比

C.同位素的原子数目　　　　　　　　D.轻、重同位素的质量

11. EI-MS 表示(　　)。

A.电子轰击质谱　　B.化学电离质谱　　C.电喷雾质谱　　　D.激光解吸质谱

12. 某一化合物分子离子峰区相对丰度近似为 RI(M)∶RI(M+2)=1∶1,则该化合物分子式中可能含有(　　)。

A.1个 F　　　　　　B.1个 Cl　　　　　C.1个 Br　　　　　D.1个 I

13. CH_3CH_2OH 中羟基的 C_α—C_β 键断裂,形成极强峰的 m/z 为(　　)。

A.59　　　　　　　B.45　　　　　　　C.31　　　　　　　D.18

14. 下列化合物中可以发生麦氏重排的是(　　)。

A.1-己烯　　　　　　　　　　　　　B.5,5-二甲基-1-己烯

C.甲基苯　　　　　　　　　　　　　D.$CH_3CH_2COOCH_3$

15. 某化合物的 IR 图谱在 1703 cm^{-1} 处有一强峰,其 M(150)100%、M+1(151)11.1%、M+2(152)0.8%,其分子式是(　　)。

A.$C_9H_{14}N_2$　　　B.$C_9H_{12}NO$　　　C.$C_{10}H_{16}N$　　　D.$C_{10}H_{14}O$

(二)多选题

1. 有关质谱分析法的特点,下列描述错误的是(　　)。

A.灵敏度高　　　B.分析速度慢　　　C.不破坏样品,且可回收

D.应用范围广　　E.样品用量多

2. 下列是分子离子必要但非充分的条件是(　　)。

A.必须是图谱中最高质量端的离子

B.必须是图谱中相对丰度最高的离子,并常常作为基准峰

C.必定是奇电子离子

D.必须通过丢失合理的中性碎片,产生图谱中高质量区的重要离子

E.必须离子质量数是奇数

3. 有关质谱中的阳离子下列描述正确的是(　　)。

A.分子离子是奇电子离子,质量数是化合物的相对分子质量

B.简单裂解离子是分子离子与未电离的分子互相碰撞发生二级反应形成的

C.重排裂解前后母离子与子离子的电子奇偶性不变

D.分子离子一般位于质荷比最高位置的那一端,但不一定是质荷比最大的离子

E.一般一个含奇数电子离子简单开裂后失去一个中性分子,得到含偶数电子的离子碎片

4. 在质谱中出现的非整数质荷比的谱峰可能是(　　)。

A.重排离子峰　　B.同位素离子峰　　C.亚稳离子峰

D.分子离子峰　　E.多电荷离子峰

5. 在高质区,下列脱去的碎片不合理的是(　　)。

A.M—5　　　　　　B.M—15　　　　　C.M—13

D.M—11　　　　　　E.M—14

二、判断题(正确的打√,错误的打×)

1. (　　)质谱中的半异裂是指 2 个价电子转移到一边,此价键断裂。

2. (　　)重排裂解前后母离子与子离子中氮原子的个数不变,则母离子与子离子的质量奇偶性不变。

3. (　　)分子离子一般位于质荷比最高位置的那一端,但不一定是质荷比最大的离子。

4. (　　)分子离子峰可以是奇电子离子,也可以是偶电子离子。

5.（　　）在质谱中，一般来说碳链长和存在支链有利于分子离子峰裂解，所以分子离子峰强。

6.（　　）用高分辨质谱仪通常能测定每一个质谱峰的精确相对质量数，从而推测化合物分子式。

7.（　　）质谱中，分子离子峰不可能丢失 14 质量单位。

8.（　　）长链烷烃容易失去甲基，所以 M－15 峰很强。

9.（　　）质谱中，烯烃的基峰为烯丙基型裂解产生的离子峰。

10.（　　）根据氮规律，由 C、H、O、N 组成的有机化合物，N 原子个数为奇数，质量数也一定是奇数；N 原子个数为偶数，质量数也为偶数。

三、简答题

1. α-紫罗兰酮的质谱中除 $m/z=192$ 的分子离子峰和较强峰 $m/z=93$、$m/z=121$、$m/z=136$ 外，还发现有亚稳离子峰 $m^{*}=108.2$ 和 $m^{*}=71.8$。试推测离子峰间的裂解过程。

2. 试写出丙基苯的裂解过程及产生的主要离子质荷比 m/z。

3. 已知 CO 和 N_2 所形成离子的质量数分别为 27.9949 u 和 28.0061 u。若某仪器能够刚好分开这两种离子，则该仪器的分辨率是多少。

4. 化合物的 MS（m/z）（括号内数字为峰的相对丰度）58（100）、59（3.9）、71（0.36）、72（19）、73（31）、74（1.9），求其分子式。

5. 某有机化合物可能是 3,3-二甲基-2-丁醇或者是其异构体 2-甲基-3-戊醇。在它的质谱中出现两个强峰 $m/z=87$（30％）和 $m/z=45$（80％）和一个弱峰 $m/z=102$，根据这些质谱数据判断该化合物的结构。

6. 正庚酮有三种异构体，某正庚酮的质谱图如图 7-38 所示，试确定羰基的位置。

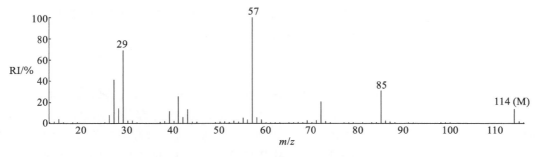

图 7-38　未知化合物的质谱图

参考文献

[1] 孔令义.波谱解析[M].2 版.北京：人民卫生出版社，2016.

[2] 常建华，董绮功.波谱原理及解析[M].3 版.北京：科学出版社，2012.

[3] 何祥久.波谱解析（案例版）[M].北京：科学出版社，2018.

[4] 柴逸峰，邸欣.分析化学[M].8 版.北京：人民卫生出版社，2016.

[5] 吴立军.有机化合物波谱解析[M].3 版.北京：中国医药科技出版社，2009.

[6] 宁永成.有机化合物结构鉴定与有机波谱学[M].3 版.北京：科学出版社，2014.

［山东第一医科大学（山东省医学科学院）　赵　莹］

第八章 其他结构测定技术

扫码看课件

案例导入

案例导入
答案解析

学习目标

1. 掌握旋光谱、圆二色谱和 X 射线单晶衍射技术的基本原理及使用方法。
2. 熟悉旋光谱、圆二色谱和 X 射线单晶衍射技术在有机化合物结构研究中的应用。
3. 了解旋光谱、圆二色谱和 X 射线单晶衍射技术的发展。

有机化合物的结构鉴定不仅要鉴定化合物分子的构造即分子中各原子的连接方式和连接次序,还需要对化合物的立体结构进行鉴定,如对手性化合物的构型、构象的鉴定,圆二色谱、旋光谱和 X 射线单晶衍射技术等测定技术在确定化合物立体结构方面具有独到之处。

第一节 旋光谱和圆二色谱

旋光谱和圆二色谱在测定手性化合物的构型和构象、确定某些官能团(如羰基)在手性分子中的位置方面有独到之处,是其他光谱无法代替的。

一、基础知识

旋光(optical rotatory dispersion,ORD)谱和圆二色(circular dichroism,CD)谱是分别于 20 世纪 50 年代和 20 世纪 60 年代发展起来的仪器分析方法,原理都是利用电磁波和手性物质相互作用的信息来研究化合物立体结构及其他有关问题。旋光谱和圆二色谱在测定手性化合物的构型和构象、确定某些特征官能团(如羰基)在手性分子中的位置方面有独到之处,与其他光谱方法确定立体化学构象方面相比,其优势是无可替代的。

(一) 旋光谱

光是一种电磁波,电磁波是横波,横波区别于纵波最明显的标志是横波具有光的偏振,即横波的振动矢量(垂直于波的传播方向)偏于某些方向的现象称为光的偏振现象,只包含一种振动,其振动方向始终保持在同一平面内,这种光称为线偏振光(平面偏振光),如图 8-1 所示。

若有机分子是具有手性的,即分子和它的镜像互相不能重叠,当平面偏振光通过它时,偏振面便发生旋转,即该物质具有"旋光性",如图 8-2 所示。

偏振面所旋转的角度称为旋光度,可用旋转检偏镜进行测定。从观察者的角度看当检偏镜顺时针方向旋转时,样品称右旋(+)物质,逆时针方向旋转时称左旋(-)物质,通常用钠光 D 线(≈589.3 nm),来测量。定义比旋光度 $[\alpha]_D$:

$$[\alpha]_D = [\alpha_实/(cL)] \times 100 \tag{8-1}$$

式中,$\alpha_实$ 是实际观察到的旋光度;c 为 100 mL 溶剂中溶质的质量(g);L 是试样槽的厚度(dm)。

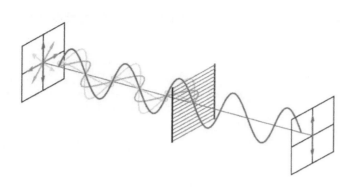

图 8-1 线偏振光(平面偏振光)

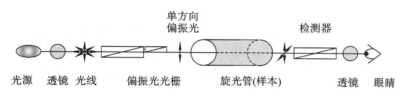

图 8-2 旋光性

当线偏振光垂直入射到四分之一波片时,若是线偏振光的振动方向与四分之一波片的光轴夹角为±45°时,从四分之一波片出射的光即为圆偏振光,我们可以把平面偏振光(线偏振光)看成是以相同的传播速度前进的左、右两个圆偏振光的矢量和,如图 8-3 所示。

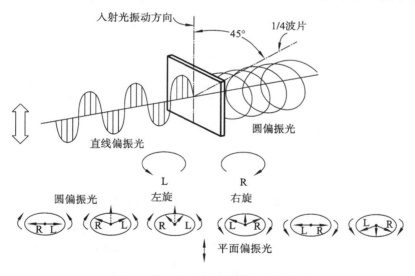

图 8-3 平面偏振光和圆偏振光的关系

当介质有对称结构时,左旋圆偏振光和右旋圆偏振光在该介质中的传播速度相同,表现为它们的折射率 n_L、n_R 相同,因为:

$$n = C_0 / C_1$$

$$\Delta n = n_L - n_R = 0$$

式中,C_0 为真空中的光速;C_1 为介质中的光速。

矢量和保持在同一个平面之中,从迎着光传播方向观察,矢量和是忽长忽短周期性变化的一条线。介质为有不对称结构的晶体或手性化合物的溶液(总称旋光性物质),则 $n_L \neq n_R$,$\Delta n \neq 0$,从而使它们的矢量和偏离原来的偏振面,并且偏离程度随光程增大而增大,这就是旋光现象。旋光现象是由于平面偏振光通过旋光性物质时,组成平面偏振光的左旋圆偏光和右旋圆

 NOTE

191

偏光在介质中的传播速度不同（即 $n_L \neq n_R$），使平面偏振光的偏振面旋转了一定的角度造成，如图 8-4 所示。

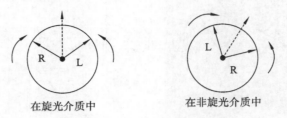

在旋光介质中　　　　　在非旋光介质中

图 8-4　偏振面旋转

若用不同波长的平面偏振光来测量化合物的比旋光度 $[\alpha]_\lambda$，并以 $[\alpha]_\lambda$ 或有关量为纵坐标，波长为横坐标，得到的图谱称为旋光谱（简称 ORD 谱）。

实际的 ORD 测量工作中常用摩尔旋光度 $[\varphi]_\lambda$ 来代替比旋光度 $[\alpha]_\lambda$，它们之间的关系为：

$$[\varphi]_\lambda = [\alpha]_\lambda \cdot M/100 \qquad (8-2)$$

式中，100 是人为指定的，为的是使摩尔旋光度的值不至于过大；$[\alpha]_\lambda$ 为比旋光度；M 为待测物质分子量；$[\varphi]_\lambda$ 的量纲为度·cm² · dmol⁻¹。

旋光谱的谱线分为三大类：平坦型谱线、单纯 Cotton 效应谱线、复杂 Cotton 效应谱线。

1. 平坦型谱线　指化合物结构中无发色团时，对旋光度为负值的化合物，ORD 谱线从紫外区到可见区呈单调上升；而旋光度为正的化合物是单调下降。两种情况下都趋向和逼近 $[\varphi]_\lambda = 0$ 的线，但不与零线相交。即谱线只是在一个相内延伸，没有峰也没有谷，这类 ORD 谱线称为正常的或平坦的旋光谱线，如图 8-5 所示。

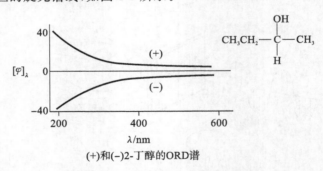

(+)和(−)2-丁醇的ORD谱

图 8-5　（＋）和（－）2-丁醇的 ORD 谱

2. 单纯 Cotton 效应谱线　指分子中有一个简单的发色团（如羰基）的 ORD 谱线，ORD 谱线在紫外光谱 λ_{max} 处越过零点，进入另一个相区。形成的一个峰和一个谷组成的 ORD 谱线，称为单纯 Cotton 效应（cotton effect，CE）谱线。当波长由长波一端向短波一端移动时，ORD 谱线由峰向谷变化称为正的 Cotton 效应；而 ORD 谱线由谷向峰变化则称为负的 Cotton 效应。而 ORD 谱线与零线相交点的波长称为 λ_K，谷至峰之间的高度称为振幅，如图 8-6 所示。

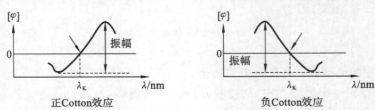

正Cotton效应　　　　　　　负Cotton效应

图 8-6　Cotton 效应谱线

Cotton 效应的强度通常用摩尔振幅 α 来表示：

$$\alpha = ([\varphi]_1 - [\varphi]_2)/100 \tag{8-3}$$

式中,$[\varphi]_1$＝ORD 谱顶峰处的摩尔旋光度;$[\varphi]_2$＝ORD 谱谷底处的摩尔旋光度。

D-(＋)-樟脑酮的 ORD 谱,呈正的简单 Cotton 效应,λ_K＝294 nm,α＝(＋3080＋3320)/100＝64(图 8-7)。

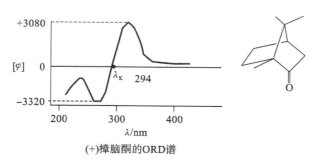

(+)樟脑酮的ORD谱

图 8-7 樟脑酮的 ORD 谱

3. 复杂 Cotton 效应谱线 有些化合物同时含有两个以上不同的发色团,其 ORD 谱可有多个峰和谷,呈复杂 Cotton 效应曲线。每一个实际的 ORD 谱都是分子中各个发色团的平均效应,是分子的每种取向及每种构象的贡献。因此,ORD 谱常呈复杂情况。

旋光光度计是用单色器分光,一边改变波长一边连续记录旋光度的一种装置。广泛的研究表明,把旋光谱图与紫外-可见光谱图对照在测定旋光性化合物的构型和构象时是很有价值的。

（二）圆二色谱

具有手性的旋光性有机分子对组成平面偏振光的左旋圆偏振光和右旋圆偏振光的摩尔吸光系数是不同的,即 $\varepsilon_L \neq \varepsilon_R$,这种现象称为圆二色散性。

两种摩尔吸光系数之差:

$$\Delta\varepsilon = \varepsilon_L - \varepsilon_R, \Delta\varepsilon = (d_L - d_R)/(CL) \tag{8-4}$$

式中,d_L 和 d_R 为吸光度;C 为溶液浓度;L 为测量池的池长。两种摩尔吸光系数之差 $\Delta\varepsilon$ 是随入射偏振光的波长变化而变化的,以 $\Delta\varepsilon$ 或有关量为纵坐标,波长为横坐标,得到的图谱就称为圆二色(CD)谱。由于 $\Delta\varepsilon$ 绝对值很小,常用摩尔椭圆度 $[\theta]$ 来代替,它与摩尔吸光系数的关系如下:

$$[\theta] = 3300\Delta\varepsilon = 3300(\varepsilon_L - \varepsilon_R) \tag{8-5}$$

左旋圆偏振光和右旋圆偏振光分别通过光学活性物质,所得的图谱如图 8-8 所示,其中(a)是正常的紫外吸收,(b)是左圆偏振光和右圆偏振光分别的吸收及圆二色吸收。

当平面偏振光通过在紫外区有吸收峰的旋光性介质时,它所包含的左旋和右旋圆偏振光分量不仅传播速度不同(因折射率不同),强度也不同(圆二色性)。在图 8-9 中用代表矢量的箭头长短来表示左旋和右旋圆偏振光分量强度。在迎着它的传播方向观察时,它们的矢量和将描出一个椭圆轨迹。这椭圆的长轴即二矢量相位相同时的值(左右圆偏光矢量之和),短轴即二矢量相位相反时的值(左右圆偏光矢量差),两短轴与长轴比例的正切 $\tan\theta$,同时反映了圆双折射和圆二向色性。

θ 是平面偏振光离开试样槽,即最后出来时的椭圆度,它与摩尔椭圆度 $[\theta]$ 的关系:

$$[\theta] = \theta M/(100lc) = 3300\Delta\varepsilon \tag{8-6}$$

因为 $[\theta]$＝$3300\Delta\varepsilon$,$\Delta\varepsilon$ 可为正值亦可为负值,圆二色性曲线(CD)也有正性谱线(向上)和负性谱线(向下)。

图 8-10 为化合物 A 和 B 的 CD 谱,A 呈正的 Cotton 效应,B 呈负的 Cotton 效应。

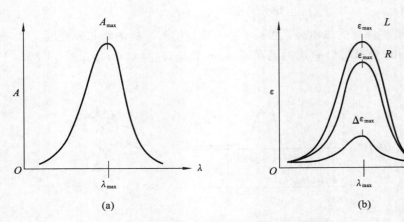

图 8-8　紫外吸收与圆二色吸收

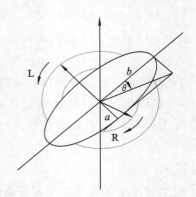

图 8-9　摩尔椭圆度的物理意义

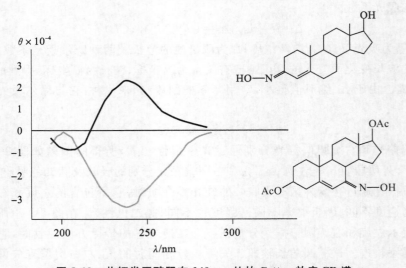

图 8-10　共轭类固醇肟在 240 nm 处的 Cotton 效应 CD 谱

　　圆二色性是由于平面偏振光透过旋光性介质时，使左、右圆偏振光的摩尔吸光系数不同而产生的，故测量时，在光电调制器上加一交流电压，便可得到交替组成的左右偏振光。

　　1. Cotton 效应的分类　有机物分子中发色团能级跃迁受到不对称环境的影响是产生 CD 和 ORD 谱 Cotton 效应的本质原因。造成 Cotton 效应的结构因素大致可分为以下三类。

　　(1) 由固有的手性发色团产生的，如不共平面的取代联苯化合物、螺烯（图 8-11）等。

　　(2) 原发色团是对称的，但因处于手性环境中而被歪曲。如手性环酮中的羰基有邻位手

NOTE

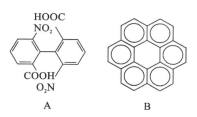

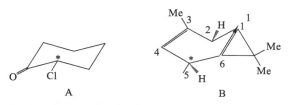

图 8-11 不共平面的取代联苯化合物（A）；螺烯（B）

性中心时是不对称的,手性烯烃(＋)-3-蒈烯(carene)中的双键也一样,如图 8-12 所示。

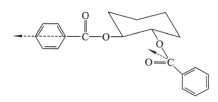

图 8-12 手性环酮（A）和手性烯烃（＋）-3-蒈烯（B）

（3）由分子轨道不互相交叠的发色团偶极相互作用产生的（图 8-13）。

图 8-13 分子轨道不互相交叠引起的 Cotton 效应

2. 各类化合物的 ORD 和 CD 谱 ORD 和 CD 曲线中的 Cotton 效应与该化合物中发色团的 UV 吸收有关联。所以下面联系 UV 对一些化合物的 ORD 和 CD 谱做一些简单介绍。

（1）羰基化合物 这是一类目前研究得比较细且深入的化合物。虽然羰基发色团是对称的,但如果其处于不对称的环境中亦可诱导其电子分布不对称而产生 Cotton 效应。通常其在近紫外区发生 n→π* 跃迁,有一个弱吸收带,属 R 带。

①饱和的酮和醛 羰基是由于被手性环境所诱导而具有光学活性的发色基团,以环己酮为例来介绍经验规律——八区律(图 8-14)。

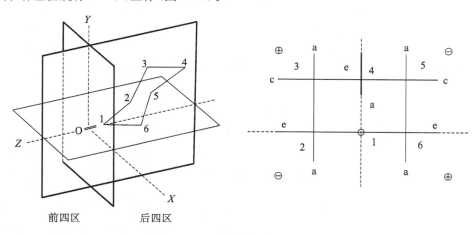

图 8-14 环己酮的八区律

把环己酮按图的样子放好,即以环己酮 C ═O 键的中心为原点,如用 XY 平面、XZ 平面,

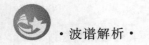

YZ 平面(A、B、C)三个平面来隔开,那么就会产生八个空间。从环己酮氧的一侧来看,XY 平面后方的四个空间称后四区,XY 平面前方的四个空间称为前四区。一般化合物只考虑后四区。

    a. 位于 ABC 三个分割面(XY 平面、XZ 平面,YZ 平面)上的取代基,对 Cotton 效应贡献为零;

    b. 位于正、负区的取代效应可以相抵消;

    c. 取代基对于 Cotton 效应贡献的大小随着与生色团的距离增加而减小;

    d. 贡献大小还与取代基的性质有关。

八区律用于 2,2′,5-三甲基环己酮(图 8-15)。

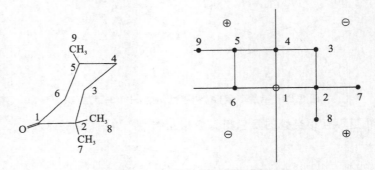

图 8-15　2,2′,5-三甲基环己酮八区律

C1,C2,C4,C6,C7 均在分割面上,对 Cotton 效应没有贡献。C3 和 C5 的贡献相互抵消,C8 和 C9 的贡献均为正。所以这个化合物应当有正的 Cotton 效应,即 CD 谱中 $\Delta\varepsilon>0$,吸收峰在横坐标上方;ORD 谱中,长波位置出现峰,短波方向出现谷;这与实验结果一致。

②α-卤代物环己酮的有关 Cotton 效应　α-卤代酮的卤素在平伏键时,并不影响 Cotton 效应。而在 α-位引入一个竖直键的溴、氯或碘原子,根据八区律则产生了 Cotton 效应,6 位产生正 Cotton 效应,2 位产生负 Cotton 效应。引入一个直立键的氟原子与其他卤原子相比则给出一个相反的效应。这可能是氟原子电负性大的原因,也说明 Cotton 效应是与取代基的性质有关的。

③α、β-不饱和醛酮　α、β-不饱和醛酮的羰基 R 带的 n-π* 跃迁发生红移,出现在 320～350 nm 处。K 带 π→π* 吸收带出现在 240 nm 左右。在 220～260 nm 处有一个确定的 π→π* 吸收带。另有第三个带可以被圆二色谱检测出来,但至今尚不清楚其归属。这三个跃迁是光学活性的,可以产生简单的或复杂的 Cotton 效应。

α、β-不饱和酮一般是非平面构型,并且在发色团的两部分之间有一个扭转角,可以被看作固有的不对称发色团,Cotton 效应的振幅和符号依赖于发色团的这个扭转角。K 带和 R 带常常是(但不总是)相反符号的。

n-π* 电子跃迁规则:在 α、β-不饱和酮中,八区律不再被应用。在非平面类反式环己烯酮和 R 带 Cotton 效应符号之间的相互关系如图 8-16 所示,这个规则对于六元环和七元环都是有效的。

对于平面共轭的环己烯酮类化合物而言,伸出环平面的 C 原子决定了 Cotton 效应的符号(图 8-17)。

π→π* 电子跃迁的规则:当把 C =C—C =O 基团看作一个固有的不对称发色团,在 240～260 nm 处吸收为 K 带,在 A 类(顺式)和 B 类(反式)构型中,若羰基和双键之间的扭转角是正的,在此处有正的 K 带的 Cotton 效应,而负的 Cotton 效应代表了它们的镜像关系,如图 8-18所示。

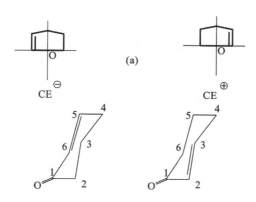

图 8-16 非平面类反式环己烯酮的 Cotton 效应

图 8-17 平面共轭的环己烯酮的 Cotton 效应

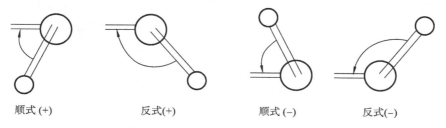

图 8-18 C＝C—C＝O 基团中顺式和反式的扭转角

（2）不饱和烃类

①单烯烃　在 200 nm 以下有一个孤立的双键吸收。乙烯通常的吸收在 162 nm 处，烷基取代使这个吸收发生了向红移动。

②共轭烯烃　丁二烯的紫外吸收在 214 nm 处。其取代物 λ_{max} 红移，λ_{max} 可以按 Wood Ward 规则预估。螺旋规则：对于不对称共轭二烯，二烯基团的电子跃迁是光学活性的。其光学活性的符号依赖于由碳原子 C1、C2、C3、C4 所形成的螺旋手性，右手螺旋相当于一个正号。该规律称为螺旋规则。丁二烯的螺旋手性如图 8-19 所示。

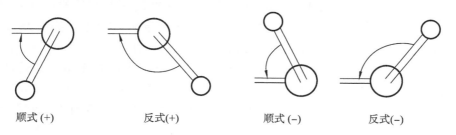

图 8-19 丁二烯的螺旋手性

判断 Cotton 效应的一些规律不仅受结构类型的制约，也是与取代基的性质有关的。一个化合物的 Cotton 效应在有些情况下可以用规律来判断，但最好找一些类似化合物来对照判断。

（三）旋光谱、圆二色谱与紫外光谱的关系

旋光（ORD）谱，圆二色（CD）谱是同一现象的两个方面，它们都是光与手性物质作用产生的。ORD 谱主要与电子运动有关。而 UV 谱却反映了光和分子的能量交换。在紫外可见区域,用不同波长的左、右旋圆偏振光测量 CD 谱和 ORD 谱的主要目的是研究有机化合物的构型或构象。在这方面,ORD 谱和 CD 谱所提供的信息是等价的,实际上它们互相之间有固定的关系。如果测定的样品在 200～800 nm 波长范围内无主要特征吸收,ORD 呈单调平滑曲线,此时 CD 谱近于水平直线,不呈特征吸收,对解释化合物的立体构型没有贡献。若在上述范围内有特征吸收,则 ORD 谱和 CD 谱都呈特征的 Cotton 效应。

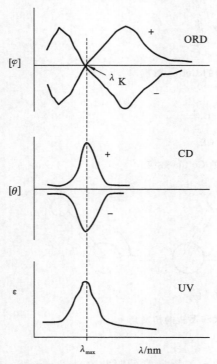

图 8-20　旋光谱、圆二色谱与紫外光谱的关系

理想情况下,UV 吸收峰 λ_{max}、CD 谱的 $\Delta\varepsilon$ 绝对值最大对应波长(成峰或谷处)及 ORD 谱的 λ_k 三者很接近,不一定重合。当 ORD 谱呈正性 Cotton 效应时,相应的 CD 谱也呈正性 Cotton 效应,反之亦然。所以两者都可以用于测定有特征吸收的手性化合物的绝对构型,得出的结论是一致的。这两种方法可以分别单独使用,但更多的是两者与 UV 配合使用。CD 谱比较简单明确,容易解析。ORD 谱比较复杂,但它能提供更多的立体结构信息。对于有多个紫外吸收峰的化合物,就会有多个连续变化的 CD 峰和相应的 ORD 谱线。

旋光谱、圆二色谱与紫外光谱的关系如图 8-20 所示。

OSD 谱中的摩尔振幅与 CD 谱中 $[\theta]$ 或 $\Delta\varepsilon$ 之间存在下述关系:

$$a=0.0122[\theta]=40.28\Delta\varepsilon \qquad (8-7)$$

一般说来,对紫外可见区吸收带清晰的化合物而言,在研究分子结构时用 CD 谱比 OSD 谱更好。然而,对紫外光谱不具有吸收的醇、胺、醚等而言,由于可以利用长波长一端延伸到 OSD 谱线末端部分,故用 OSD 谱比 CD 谱更有利。

（四）圆二色谱的测定条件

圆二色谱是用于推断非对称分子的构型和构象的一种旋光光谱,该分子为具有光学活性物质,对组成平面偏振光的左旋和右旋圆偏振光的吸收系数(ε)是不相等的,$\varepsilon_L\neq\varepsilon_R$,即具有圆二色性,然后才能以不同波长的平面偏振光的波长 λ 为横坐标,以吸收系数之差 $\Delta\varepsilon=\varepsilon_L-\varepsilon_R$ 为纵坐标作图,得到圆二色图谱,这是圆二色谱测定的先决条件。

一个非对称化合物的选择一般要满足以下两条。(1)对映性。两个结构成镜像关系的化合物即具有手性;(2)邻近关系。发色团通过另一基团诱导而产生的不对称性随着该诱导基团离发色基团距离的增加迅速减弱。因此具有相同的发色团又有类似骨架的两个化合物,具有类似的光学活性。

与紫外光谱相似,当一个分子含有两个相互分离而互相之间互不影响的发色基团时,其光谱是两个光学活性发色团光谱的组合。

除此之外圆二色谱的测定条件还包括以下几点。

1. 样品要求　①样品必须保持一定的纯度,不含光吸收的杂质,溶剂必须在测定波长范围内没有吸收干扰;样品能完全溶解在溶剂中,形成均一透明的溶液。②氮气流量的控制。③缓冲液、溶剂要求与池子选择:缓冲液和溶剂在配制溶液前要做单独的检查,是否在测定波长范围内有吸收干扰,是否形成沉淀和胶状;在蛋白质测量中,经常选择透明性极好的磷酸盐作为缓冲体系。④样品浓度与池子选择,样品不同,测定的圆二色谱范围不同,对池子大小(光径)的选择和浓度的要求也不一样。

2. 谱带宽度 谱带宽度一般选为 1 nm。对于高分辨率测量,要用较窄的狭缝宽度,此时光电倍增管的电压较高,谱的信噪比差。虽然对于正常测量最佳谱带宽度是 $1\sim2$ nm,但是在下列情况下需要牺牲分辨率而设置较宽的狭缝宽度。当样品的吸光度很高但 CD 信号很弱时,一方面要尽量保证测定 CD 峰所需的足够浓度,另一方面要设置较宽的狭缝。不过此时要特别小心,因为样品在吸光度过高($A>2$)的情况下可能存在荧光或杂散光引起的某些假象。另外,在固体 CD 谱测试时也需要较大的狭缝宽度(一般要求大于 2 nm)。

3. 测量条件 椭圆率和摩尔椭圆率都依赖于测量条件。因此,温度、波长和样品浓度应该特别注明。

4. 固体样品要求 当用压片法或石蜡糊法进行固体粉末样品测试时,要尽可能地研磨获得细小均匀的样品颗粒。采用石蜡糊法时,必须注意某些憎水有机化合物可能溶于石蜡油中,这时所得 CD 谱在某种意义上应视为溶液 CD 谱。采用压片法测试固体 CD 谱时,在保证手性样品的定性浓度达到 CD 光谱仪检测要求的同时,片越薄越透明越好(但切忌破损)。在某些情况下,压片法不适用于手性抗衡阴离子存在下的固体诱导 CD 谱的测定。

5. 对获取理想的溶液或固体 CD 谱图的建议 ①手性样品符合 CD 谱测试的条件(在给定波长范围内有较强的 CD 信号和合适的吸收值)。必须事先测定手性样品的 UV-Vis 吸收光谱(溶液或固体漫反射),预测 CD 谱峰的可能位置和选择合适的制样浓度(对于溶液吸收光谱,$A\approx1$);②提供高对映纯度的手性样品;③根据样品的性质选择测定方式(溶液、固体、单晶或荧光 CD);④对溶液样品应选用合适的溶剂、浓度和光程(与测定 UV-Vis 光谱类似)。对于在紫外区测试的样品建议选用较小的光程(≤0.5 cm)和截止波长足够低的溶剂,最好为高纯水或醇类溶剂;⑤对固体样品的压片法测试,应视样品的不同选用合适百分比浓度及合适的稀释剂(KBr、KCl 或 CsI 等)研磨压片后进行透射扫描;⑥选择适当的测定参数(波长范围、扫描速度、灵敏度和狭缝等);⑦对于同一个样品,在可能的条件下,建议同时做其溶液和固体的 CD 谱并加以比较;⑧如果可能,最好同时做一对对映体的 CD 谱,以检查其 CD 信号的真伪和在定量的条件下互相印证其对映纯度。

二、圆二色谱和旋光谱在有机化合物立体结构研究中的应用

如前所述,CD 谱和 ORD 谱都是与化合物的光学活性有关的光谱,它们在提供手性分子的绝对构型、优势构象和反应历程的信息方面,具有其他任何光谱不能代替的独到优越性。下面我们举例说明圆二色谱和旋光谱在有机化合物立体结构研究中的应用。

例 8-1 把一种从天然油脂中分离的不饱和酮进行氧化,得到的产物经鉴定是 3-羟基-3-十九烷基环己酮,实验测得它具有正的 Cotton 效应。试判断该化合物的绝对构型?

$$\text{OH}$$

$$\text{C}_{19}\text{H}_{29}$$

$$\text{O}$$

解: 在该化合物中,大的烷基应处在平伏键位置,这样的一对 D、L 构型,光学异构体的结构式应如图 8-21 所示。

按照八区律,左边具有 S 构型的化合物应当有正的 Cotton 效应,右边具有 R 构型的化合物应当有负的 Cotton 效应。由此可知,该化合物应具有 S 构型。

例 8-2 咖啡醇是来自咖啡豆的一种双萜,经化学降解后所得的产物(A),与已知构型的 4α-乙基-胆甾烷-3-酮(B)的 ORD 谱图近似地为镜像关系。如图 8-22 所示。请问为什么两骨

199

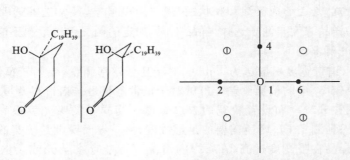

图 8-21　3-羟基-3-十九烷基环己酮的结构式及八区律

架相似的化合物的 ORD 谱近似为镜像关系？

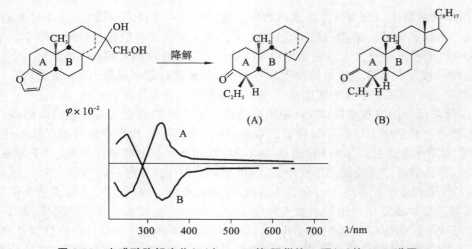

图 8-22　咖啡醇降解产物(A)与 4α-乙基-胆甾烷-3-酮(B)的 ORD 谱图

　　解：因为 A、B 两化合物 ORD 图谱近似地互为镜像，按照八区律，在生色基团(羰基)附近两种化合物的部分结构(A、B 环)应具有对称关系，如图 8-23 所示。

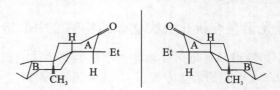

图 8-23　咖啡醇降解产物(A)与 4α-乙基-胆甾烷-3-酮(B)的对称关系

　　远离生色基团的那部分结构对于 ORD 和 CD 谱线影响较小，因此尽管 A、B 两种化合物仅在生色基团附近骨架相似其余部分并不相同，但它们的 ORD 谱仍然互为镜像关系。

　　例 8-3　天然樟脑为(＋)-樟脑可能有两种绝对构型，W. HVekel 曾人为指定它为 A 构型，而 Fredge 等人却确定它为 B 构型。试确定天然樟脑的构型。

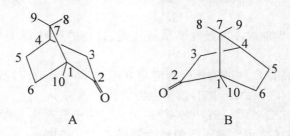

这两种构型在后四区的分布分别如图 8-24 所示。

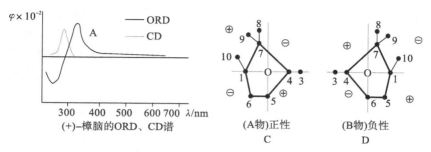

(+)-樟脑的 ORD、CD 谱 (A物)正性 C (B物)负性 D

图 8-24 樟脑的 ORD、CD 谱及八区律

解: C 表明其主要分布在后四区的左上区,应为正的 Cotton 效应,而 D 主要分布在后四区的右上区,应为负的 Cotton 效应,根据实验(+)-樟脑的 CD 和 ORD 谱都呈正的 Cotton 效应,故构型应确定为 A。

可以看出在确定一个化合物的立体结构如绝对构型时,可以利用一些经验规律来确定。但应当注意的是这些经验规律在使用时,要小心使用,因为它有很多例外。经验规则只是对于具有相同发色基团而骨架又相似的化合物确定其构型时或直接与模型化合物比较来确定构型时,才是有用的。但应当着重指出的是,尽管这些经验规则在确定各种不同发色团的手性分子的构型和构象上已有不少成功的应用,但例外也时有发生。所以在使用这些规则时一定要谨慎,最好有标准样品或模型化合物来加以对照,或配合其他方法才能取得可靠满意的结果。

第二节　X 射线单晶衍射测定技术

X 射线衍射测定晶体结构的方法自问世数十年以来获得了极为丰富的成果。其中,X 射线单晶衍射法已成为人们认识物质微观结构重要的途径和权威方法之一。通过测定单晶的晶体结构,可以在原子水平上了解晶体中原子的三维空间排列,获得有关键长、键角、扭角、分子构型和构象、分子间相互作用和堆积等大量微观信息并研究其规律,从而进一步阐明物质的性质,为化学、物理学、材料科学、生命科学等学科的发展提供基础。可以毫不夸张地说,人们对于物质在原子、分子水平上的认识和了解,大部分来源于单晶的 X 射线衍射。

一、基本原理

X 射线单晶衍射是利用晶体的 X 射线衍射现象来测定晶体及分子的结构。而 X 射线衍射可简单理解为当一束平行的 X 射线投射到晶体上时,大部分入射线穿过晶体沿原方向前进,而部分射线却偏离了入射方向,如图 8-25 所示。

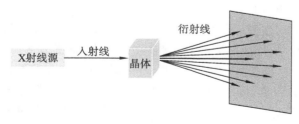

图 8-25　X 射线晶体衍射

用 X 射线衍射法测定晶体结构是根据晶体中原子重复出现的周期性结构。当 X 射线穿

过晶体的原子平面层时，只要原子层的距离 d 与入射角的 X 射线波长 λ、入射角 θ 之间的关系能满足布拉格（Bragg）方程式：$2d\sin\theta = n\lambda (n = \pm 1, \pm 2, \pm 3, \cdots)$，则反射波可以互相叠加而产生衍射，形成复杂的衍射图谱（图 8-26）。不同物质的晶体形成各自独特的 X 射线衍射图。根据记录下来的衍射图谱，经过复杂的数学处理，可推知晶体中原子的分布和分子的空间结构。

要想利用 X 射线衍射测定单晶的结构，首先需要对晶体和 X 射线衍射理论进行了解。

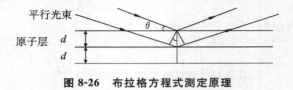

图 8-26　布拉格方程式测定原理

（一）晶体学基础

世界上的固态物质可分为两类：一类是晶态，一类是非晶态。晶体是由原子或分子在空间按一定规律、周期重复地排列所构成的固体物质。单晶即结晶体内部的微粒在三维空间呈有规律地、周期性地排列，或者说晶体的整体在三维方向上由同一空间格子构成，整个晶体中质点在空间的排列为长程有序。晶体内部原子或分子按周期性规律排列的结构，是晶体结构最基本的特征，晶体具有下列共同特性：①均匀性；②各向异性；③自发地形成多面体外形；④有确定的熔点；⑤有特定的对称性；⑥使 X 射线产生衍射。

1. 晶体的点阵和结构基元　1895 年 Roentgen 发现 X 射线，1912 年 Bragg 首次用 X 射线衍射测定晶体结构，标志现代晶体学的创立。晶体内部原子、分子结构的基本单元，在三维空间作周期性重复排列。若将晶体中某种相同的粒子，如 NaCl 中的 Na^+ 和 Cl^- 抽取出来并用一个点来表示，可以用一种数学抽象——点阵来研究晶体结构。若晶体内部结构的基本单元可抽象为一个或几个点，则整个晶体可用一个三维点阵来表示。

在晶体的点阵结构中每个点阵所代表的具体内容，包括原子或分子的种类和数量及其在空间按一定方式排列的结构，称为晶体的结构基元。结构基元是指重复周期中的具体内容；点阵点是代表结构基元在空间重复排列方式的抽象的点。如果在晶体点阵中各点阵点位置上，按同一种方式安置结构基元，就得到整个晶体的结构。所以可简单地将晶体结构表示为：晶体结构＝点阵＋结构基元。

点阵是一组无限的点，点阵中每个点都具有完全相同的周围环境。在平移的对称操作下（连接点阵中任意两点的矢量，按此矢量平移），所有点都能复原，满足以上条件的一组点称为点阵。我们研究的晶体含有各种原子、分子，它们按某种规律排列成基本结构单元，我们可按结构基元抽象为点阵点。

我们先观察二维周期排列的一些原子、分子。图 8-27 为金属 Cu 的金属点阵，其中（a）为金属 Cu 的一层平面排列，每个 Cu 原子可抽取一个点阵点。在二维平面（b）中，可将点阵点连接成平面格子。（c）为三维周期排列的结构及其点阵。

2. 点阵单位　晶体的空间点阵可以选择 3 个互相平行的单位向量 a、b、c 画出一个六面体单位，称为点阵单位。在点阵中以直线连接各个点阵点，形成直线点阵，相邻两个点阵点的矢量 a 是这直线点阵的单位矢量，矢量的长度 $a = |a|$，称为点阵参数。平面点阵必可划分为一组平行的直线点阵，并可选择两个不相平行的单位矢量 a 和 b 划分成并置的平行四边形单位，点阵中各点阵点都位于平行四边形的顶点上。矢量 a 和 b 的长度 $a = |a|$，$b = |b|$ 及其夹角 γ 称为平面点阵参数，如图 8-28 所示。

3. 晶胞　在晶体的三维周期结构中，按照晶体内部结构的周期性，可以划分出的若干大小和形状完全相同的六面体单位称为晶胞（cell），如图 8-29 所示。晶胞是晶体结构的基本重

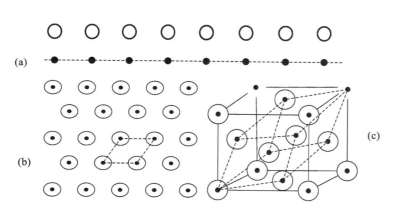

图 8-27 金属 Cu 的一维、二维、三维周期排列的结构及其点阵（黑点代表点阵点）

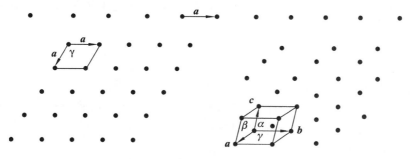

图 8-28 点阵单位及点阵参数

复单位，整个晶体就是晶胞在三维空间周期性地重复排列堆砌而成的，只要将一个晶胞的结构剖析透彻，整个晶体结构也就掌握了。晶胞中 3 个单位向量的长度 a、b、c 以及它们之间的夹角 α、β、γ 称为晶胞参数（cell parameter），其中 α 是 b 和 c 的夹角，β 是 a 和 c 的夹角，γ 是 a 和 b 的夹角。

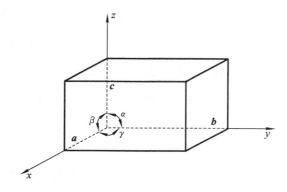

图 8-29 晶胞及晶胞参数

晶胞包括晶胞的大小与形状、晶胞的内容两大要素。

（1）晶胞的大小和形状 主要由晶胞参数 a，b，c，α，β，γ 规定；a，b，c 为六面体边长，α，β，γ 分别是 bc、ca、ab 所组成的夹角。晶胞内部各个原子的坐标位置，由原子坐标参数（x，y，z）规定。

（2）晶胞的内容 主要指粒子的种类，数目及它在晶胞中的相对位置。

按晶胞参数的差异将晶体分成七种晶系，如表 8-1 所示。

表 8-1　7 个晶系及有关特征

晶　系	边　长	夹　角	晶体实例
立方晶系	$a=b=c$	$\alpha=\beta=\gamma=90°$	NaCl
三方晶系	$a=b=c$	$\alpha=\beta=\gamma\neq90°$	Al_2O_3
四方晶系	$a=b\neq c$	$\alpha=\beta=\gamma=90°$	SnO_2
六方晶系	$a=b\neq c$	$\alpha=\beta=90°,\gamma=120°$	AgI
正交晶系	$a\neq b\neq c$	$\alpha=\beta=\gamma=90°$	$HgCl_2$
单斜晶系	$a\neq b\neq c$	$\alpha=\beta=90°,\gamma\neq90°$	$KClO_3$
三斜晶系	$a\neq b\neq c$	$\alpha\neq\beta\neq\gamma\neq90°$	$CuSO_4 \cdot 5H_2O$

7 种晶系的主要特征及其对称性特点：

（1）立方晶系：在立方晶胞 4 个方向体对角线上均有三重旋转轴（$a=b=c,\alpha=\beta=\gamma=90°$）；

（2）六方晶系（h）：有 1 个六重对称轴（$a=b,\alpha=\beta=90°,\gamma=120°$）；

（3）四方晶系（t）：有 1 个四重对称轴（$a=b,\alpha=\beta=\gamma=90°$）；

（4）三方晶系：有 1 个三重对称轴（$a=b,\alpha=\beta=90°,\gamma=120°$）；

（5）正交晶系：有 3 个互相垂直的二重对称轴或 2 个互相垂直的对称面（$\alpha=\beta=\gamma=90°$）；

（6）单斜晶系：有 1 个二重对称轴或对称面（$\alpha=\gamma=90°$）；

（7）三斜晶系：没有特征对称元素。

4. 平面点阵指标与晶面指数　在空间点阵中选择某一点作原点，选择三个不互相平行的向量 a,b,c 后，空间点阵将按照确定的平行六面体进行划分，而点阵中的每一个点阵点、每一组直线点阵和每一组平面点阵也可以用一定的指标标记它们的取向。

晶体的空间平面点阵可划分为一族平行而等间距的平面点阵。每个晶面都和一族平面点阵平行。如果选择某一阵点为原点 O，引入坐标系 $O\text{-}XYZ$，若有一平面点阵和 X、Y、Z 轴相交，截距为 r、s、t（以 a、b、c 三参数为 X、Y、Z 轴的单位），截距的倒数之比作为此平面点阵的指标。这个比值可以化为互质的整数比 $h:k:l=\dfrac{1}{r}:\dfrac{1}{s}:\dfrac{1}{t}$。平面点阵的取向就用指标 (hkl) 表示，这也叫晶面指标，因为晶面都和一族平面点阵平行。如图 8-30 中，r、s、t 分别为 3、3、5，而 $\dfrac{1}{r}:\dfrac{1}{s}:\dfrac{1}{t}=\dfrac{1}{3}:\dfrac{1}{3}:\dfrac{1}{5}=5:5:3$。所以该平面的指标为 (553)。平面点阵族中相邻两个点阵平面的间距用 $d_{(hkl)}$ 表示。

（二）X 射线的产生

X 射线的本质是电磁辐射，X 射线是一种电磁波，波长比可见光短，介于紫外与 γ 射线之间，波长通常为 $0.01\sim100$ Å。

X 射线具有波粒二象性，即波动性和粒子性。解释它的干涉与衍射时，把它看成波，而考虑它与其他物质相互作用时，则将它看成粒子流，这种微粒子通常称为光子。

用于晶体结构测定的 X 射线波长为 $50\sim250$ pm，与晶体内原子间距大致相当。这种 X 射线，通常在真空度为 $10\sim4$ Pa 的 X 射线管内，由高压加速的电子冲击阳极金属靶产生，常用的靶材有 Cu 靶、Mo 靶和 Fe 靶。以 Cu 靶为例，当电压达 $35\sim40$ kV 时，X 射线管内加速电子将 Cu 原子最内层的 1s 电子轰击出来，次内层 2s，2p 电子补入内层，2s，2p 电子能级与 1s 能级间隔是固定的，发射的 X 射线有某一固定波长，故称为特征射线，如 Cu Kα 射线的 $\lambda=1.54$ Å，Mo Kα 射线的 $\lambda=0.70$ Å，Fe Kα 射线的 $\lambda=1.9373$ Å。

NOTE

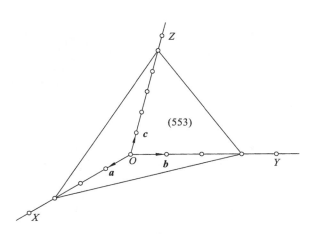

图 8-30　平面点阵(553)取向

1. X 射线的衍射　X 射线与可见光一样,有直进性、折射率小、穿透力强。当它射到晶体上,大部分透过,小部分被吸收散射,而光学的反射、折射极小,可忽略不计。

一束 X 射线照射到晶体上时,首先被电子所散射,每个电子都是一个新的辐射波源,向空间辐射出与入射波同频率的电磁波。可以把晶体中每个原子都看作一个新的散射波源,它们各自向空间辐射与入射波同频率的电磁波。由于这些散射波之间的干涉作用,使得空间某些方向上的波始终保持相互叠加,于是在这个方向上可以观测到衍射线,而另一些方向上的波始终是互相是抵消的,于是就没有衍射线产生。X 射线在晶体中的衍射现象,实质上是大量的原子散射波互相干涉的结果。

X 射线衍射理论所要解决的中心问题为在衍射现象与晶体结构之间建立起定性和定量关系。

2. 衍射花样　晶体所产生的衍射花样都反映出晶体内部的原子的分布规律。概括地讲,一个衍射花样的特征,可以认为由两个方面的内容组成:一方面是衍射线在空间的分布规律(又称衍射几何),衍射线的分布规律由晶胞的大小、形状和位向决定;另一方面是衍射线的强度,其取决于原子的品种和它们在晶胞中的位置。

(1)衍射几何　晶体衍射方向就是 X 射线射入周期性排列的晶体中的原子、分子,产生散射后次生 X 射线干涉、叠加相互加强的方向。晶体的点阵结构使晶体对 X 射线、中子流和电子流等产生衍射。其中 X 射线衍射法最重要,已测定了二十多万种晶体的结构,是物质空间结构数据的主要来源。

晶体的 X 射线衍射包括两个要素:衍射方向和衍射强度。晶体的衍射方向和晶胞的大小和形状有关,讨论衍射几何的方程有 Laue(劳埃)方程和 Bragg(布拉格)方程。前者从一维点阵出发,后者从平面点阵出发,两个方程是等效的。

①Laue(劳埃)方程　直线点阵衍射的条件:设有原子组成的直线点阵,相邻两原子间的距离为 a,如图 8-31 所示,X 射线入射方向 S_0 与直线点阵的交角为 α_0。若在与直线点阵交成 α 角的方向 S_1 发生衍射,则相邻波列的光程差 Δ 应为波长 λ 的整数倍,即 $\Delta = |OQ| - |PR| = h\lambda$,$h$ 为整数。由 $|OQ| = a\cos\alpha$,$|PR| = a\cos\alpha_0$ 得 $a(\cos\alpha - \cos\alpha_0) = h\lambda(h=0,\pm1,\pm2,\cdots)$,即直线点阵产生衍射的条件。

以直线点阵为出发点,是联系点阵单位的 3 个基本矢量 a、b、c 以及 X 射线的入射和衍射的单位矢量 S_0 和 S 的方程,其数学形式为:

$$a \cdot (S - S_0) = h\lambda \quad a(\cos\alpha - \cos\alpha_0) = h\lambda$$
$$b \cdot (S - S_0) = k\lambda \quad b(\cos\beta - \cos\beta_0) = k\lambda$$
$$c \cdot (S - S_0) = l\lambda \quad c(\cos\gamma - \cos\gamma_0) = l\lambda$$

NOTE

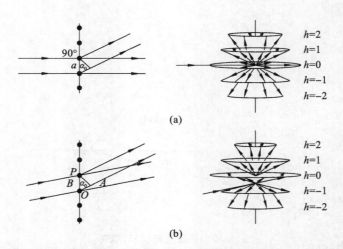

图 8-31　直线点阵间距为 α 的衍射(a)及与直线点阵的交角为 α_0 的 X 射线衍射(b)

$$h,k,l,=0,\pm1,\pm2,\cdots\cdots$$

上式称为 Laue 方程,式中 λ 为波长,h,k,l 均为整数,h,k,l 称为衍射指标。衍射指标和晶面指标不同,晶面指标是互质的整数,衍射指标都是整数但不一定是互质的。为了区别起见,在以下的讨论中我们用 (hkl) 来表示晶面指标。

符合上式的衍射方向应是三个圆锥面的共交线。但三个圆锥面却不一定恰好有共交线,这是因为上式中的三个衍射角 α,β,γ 之间,还存在着一个函数关系 $F(\alpha,\beta,\gamma)=0$。例如当 α、β、γ 相互垂直时,则有 $\cos^2\alpha+\cos^2\beta+\cos^2\gamma=1$。

α、β、γ 共计三个变量,但要求它们满足上述的四个方程,这在一般情况下是办不到的,因而不能得到衍射图。为了获得衍射图就必须增加一个变量。增加一个变量可采用两种办法:一种办法是晶体不动(即 $\alpha_0,\beta_0,\gamma_0$ 固定),只让 X 射线变化;另一种办法是采用单色 X 射线(λ 固定),但改变 $\alpha_0,\beta_0,\gamma_0$ 的一个或两个变化以达到产生衍射的目的。前一种办法称为劳埃摄谱法,后一种办法包括回转晶体法和粉末法等。

②Bragg(布拉格)方程　布拉格(William Henry Bragg)主要成就可分为两个阶段:第一阶段在澳大利亚,研究静电学、磁场能量及放射射线;第二阶段即 1912 年后,布拉格与儿子一起推导出布拉格关系式,说明 X 射线波长与衍射角之间关系,1913 年建立第一台 X 射线摄谱仪,并将晶体结构分析程序化。

空间点阵的衍射条件除了用劳埃方程来表示以外,还有一个很简便的关系式,这就是 Bragg 方程。根据 Laue 方程,我们现在要证明这样的事实,即在 $h=nh^*$、$k=nk^*$、$l=nl^*$ 的衍射中,晶面指标为 $(h^*k^*l^*)$ 的平面点阵组中的每一点阵平面都是反射面,而且其中两相邻点阵平面上的原子所衍射 X 射线的光程等于波长的整数倍 $n\lambda$。

设 X 射线在入射方向的单位向量为 S_0,衍射方向的单位向量为 S,空间点阵的三个单位平移向量为 a、b 和 c,则劳埃方程可以写成下列的向量形式:

$$a\cdot(S-S_0)=h\lambda$$
$$b\cdot(S-S_0)=k\lambda$$
$$c\cdot(S-S_0)=l\lambda$$

由此可得
$$\left(\frac{b}{k}-\frac{a}{h}\right)\cdot(S-S_0)=0$$
$$\left(\frac{c}{l}-\frac{b}{k}\right)\cdot(S-S_0)=0$$
$$\left(\frac{a}{h}-\frac{c}{l}\right)\cdot(S-S_0)=0$$

NOTE

因为两个向量的数量积等于零表示两个向量互相垂直，所以从上式可知向量 $S-S_0$ 与向量 AB,BC,CA 垂直。这说明 $S-S_0$ 与 $\triangle ABC$ 所组成的平面垂直，也就是与平面点阵组 (hkl) 中的每一个点阵平面垂直。如图 8-31 所示。

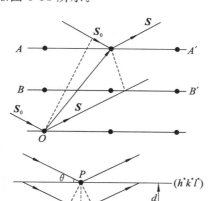

图 8-32　光程差公式推导及点阵面间的反射

向量 OP 可表示为：$OP = xa + yb + zc$ 应用 Laue 方程，光程差为

$$\Delta = (xa + yb + zc) \times (S - S_0)$$
$$= h\lambda x + k\lambda y + l\lambda z$$
$$= n\lambda$$

我们还可以用两相邻平面点阵间的距离 d_{hkl} 和衍射角 θ_n 来表示两相邻平面点阵所衍射 X 射线的光程差。由于这个光程差与从平面点阵中所选择的点阵点无关，所以我们可以选择两个特殊的阵点 P、Q 来讨论问题。

这时 $\Delta = |MQ| + |NQ| = 2d_{(hkl)}\sin\theta_n$

结合上面两式，则得

$$2d_{(hkl)}\sin\theta_n = n\lambda \tag{8-8}$$

式(8-8)就是 Bragg 方程。式中 n 为整数，λ 为波长，θ_n 为衍射角。上式可改写为

$$2d_{(hkl)}\sin\theta = \lambda \tag{8-9}$$

式(8-9)中 h、k、l 称为衍射指标，不加括号表示这 3 个整数不必互质。d_{hkl} 为衍射面间距，它等于 $d_{(hkl)}/n$。Laue 方程和 Bragg 方程是等效的。

Laue 方程和 Bragg 方程都是联系 X 射线的入射方向、衍射方向、波长和点阵常数的关系式，前者是基本的关系式，但后者在形式上更为简单，而且提供了由衍射方向计算晶胞大小的原理，故布拉格方程在 X 射线结构分析中有广泛的应用。

（2）衍射强度　晶体对 X 射线在某方向上的衍射强度，与衍射方向及晶胞中原子的分布有关。前者由衍射指标 hkl 决定，后者由晶胞中原子的坐标参数 (x,y,z) 决定。定量地表达这两个因素和衍射强度的关系，需考虑波的叠加，并引入结构因子 F_{hkl}。

3. 晶体结构分析　晶体的形状和大小决定了衍射线条的位置，也即 $\theta(2\theta)$ 角的大小，而晶体中原子的排列及数量，则决定了该衍射线条的相对强度。

晶体的结构，决定该晶体的衍射花样，由晶体的衍射花样，采用尝试法来推断晶体的结构。从目前的实验手段看，测定晶体结构可采用多晶法和单晶法两种。多晶法样品制备、衍射实验和数据处理简单，但只能测定简单或复杂结构的部分内容，而单晶法则样品制备、衍射实验和数据处理复杂，但可测定复杂结构。

X 射线衍射晶体结构测定，包含三个方面的内容：

NOTE

（1）通过 X 射线衍射实验数据，根据衍射线的位置（θ 角），对每一条衍射线或衍射花样进行指标化，以确定晶体所属晶系，推算出单位晶胞的形状和大小；

（2）根据单位晶胞的形状和大小，晶体材料的化学成分及其体积密度，计算每个单位晶胞的原子数；

（3）根据衍射线的强度或衍射花样，推断出各原子在单位晶胞中的位置。

（三）X 射线单晶衍射法

1. 衍射仪 X 射线衍射仪的形式多种多样，用途各异，但其基本构成很相似，图 8-33 为四圆 X 射线衍射仪的基本构造图和示意图，主要部件包括 4 个部分。

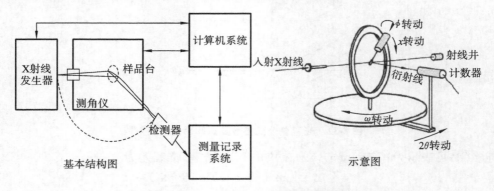

图 8-33 四圆 X 射线衍射仪的基本构造图和示意图

（1）高稳定度 X 射线源 提供测量所需的 X 射线，改变 X 射线管阳极靶材质可改变 X 射线的波长，调节阳极电压可控制 X 射线源的强度。

（2）样品及样品位置取向的调整机构系统 样品须是单晶、粉末、多晶或微晶的固体块。

（3）射线检测器 检测衍射强度或同时检测衍射方向，通过仪器测量记录系统或计算机处理系统可以得到多晶衍射图谱数据。

（4）衍射图的处理分析系统 现代 X 射线衍射仪都附带安装有专用衍射图处理分析软件的计算机系统，它们的特点是自动化和智能化。

2. 样品制备技术 X 射线单晶衍射法要求必须选择在同一晶核上长成的单晶体，能够满足单晶结构分析的晶体，须达到如下标准：

（1）单晶外观的选择 品质好的晶体，应该外形规整，有光泽的表面，颜色和透明度一致，没有裂缝和瑕疵，应该是一个完整的个体，不应有小卫星晶体或微晶粉末附着，不是孪晶。

（2）单晶大小的选择 单晶的大小是一个重要因素，理想的尺寸取决于晶体的衍射能力和吸收效应程度（取决于晶体所含元素的种类和数量）；所用射线的强度和探测器的灵敏度（仪器的配置）。

光源所带的准直器的内径决定了 X 射线强度以及区域的大小，晶体的尺寸一般不能超过准直器的内径（常用的为 0.5～0.6 mm）。

要选三个方向尺寸相近的晶体（否则对衍射的吸收有差别），过大的可以用解剖刀切割，切割时要用惰性油或凡士林。

一般来说，球形晶体优于立方形，优于针状，优于扁平形。

晶体的安置通常也称为粘晶体，安置前一般最好先要观察其是否稳定。首先，将晶体用胶液粘在玻璃毛上，然后将粘好的晶体安置到测角头上，再装到测角仪的相应位置上，最后要把晶体的重心和衍射仪的中心调至重合，图 8-34 为晶体安置图。

3. X 射线单晶衍射测定法 单晶衍射用的晶体一般为直径 0.1～1 mm 的完整晶粒。当选好晶体后用胶液粘在玻璃毛顶端，安置在测角头上，收集衍射强度数据。测定晶胞参数及各

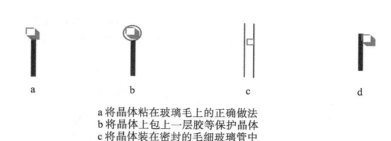

a 将晶体粘在玻璃毛上的正确做法
b 将晶体上包上一层胶等保护晶体
c 将晶体装在密封的毛细玻璃管中
d 将晶体粘在玻璃毛上的不正确做法

图 8-34　晶体安置图

个衍射的相对强度数据后，需将强度数据统一到一个相对标准上，对一系列影响强度的几何因素、物理因素加以修正，求得 K 值，从强度数据得到 $|F_{hkl}|$ 值。

结构振幅和结构因子的关系为：

$$F_{hkl} = |F_{hkl}| \exp[i \pm hkl] \tag{8-10}$$

式中，α_{hkl} 称为衍射 h、k、l 的相角。相角 α_{hkl} 的物理意义是指某一晶体在 X 射线照射下，晶胞中全部原子产生衍射 h、k、l 的光束的周相，与处在晶胞原点的电子在该方向上散射光的周相，两者之间的差值。

X 射线单晶衍射测定中，空间衍射方向 $S(\alpha、\beta、\gamma)$ 必满足四个方程：

$$a \cdot (S - S_0) = h \qquad a \cdot (\cos\alpha - \cos\alpha_0) = h$$
$$b \cdot (S - S_0) = k \quad 或 \quad b \cdot (\cos\beta - \cos\beta_0) = k$$
$$c \cdot (S - S_0) = l \qquad c \cdot (\cos\gamma - \cos\gamma_0) = l$$
$$f(\cos\alpha, \cos\beta, \cos\gamma) = 0$$

为满足这四个条件，主要通过以下两个途径。

（1）晶体不动（α_0，β_0，γ_0 固定）而改变波长，即用白色 X 射线；

（2）波长不变，即用单色 X 射线，转动晶体，即改变 α_0，β_0，γ_0。

X 射线单晶衍射测定具体的方法主要有韦森堡照相法、回摆照相法和单晶衍射仪法。

1. 韦森堡照相法（移动底片法）　同一层线的衍射点是由不同晶面在晶体转动的不同时刻反射得到的，若在晶体转动时，让带动晶体摆动的马达通过涡轮涡杆同时使底片圆筒左右来回摆动，就可将原在同一层线的衍射点分开，这类方法称为移动底片法，韦森堡照相法是移动底片法的一种。晶体的转轴和感光胶片圆筒均水平安放，在晶体与底片之间有一个层线屏，以便将其他层的衍射线遮住，只让某一层的衍射线射到底片上。

韦森堡照相法既可用来确定晶体的微观对称性和晶格参数，又可较方便地进行衍射点的指标化和测量强度，因而在四圆衍射仪被广泛使用之前，它是测定晶体结构的重要方法之一。

2. 回摆照相法　实验条件和装置与转动法基本一样，差别在于照相过程中，晶体只在选定的角度范围内来回摆动。这样可以避免同一层线上衍射点的重叠。但要摄取多套回摆图，才能收集完整的衍射数据。回摆照相法若配上计算机，自动测量衍射点强度和指标化，则有相当的优越性。回摆照相法广泛用于蛋白质的结构分析，与四圆衍射仪比较，可节省衍射实验的时间。

3. 单晶衍射仪法　此法用射线计数仪直接记录射线的强度。单晶衍射仪有线性衍射仪、四圆衍射仪和韦森堡衍射仪等，其中以四圆衍射仪最为通用。所谓四圆是指晶体和计数器借以调节方位的四个圆，分别称为 φ 圆、圆、w 圆和 2θ 圆。φ 圆是安装晶体的测角头转动的圆；圆是支撑测角头的垂直圆，测角头可在此圆上运动；w 圆是使圆绕垂直轴转动的圆，2θ 圆与 w 圆共轴，计数器绕着这个轴转动。这四个圆中，w 圆、φ 圆和圆用于调节晶体的取向，使某一指定的晶面满足衍射条件，同时调节 2θ 圆，使衍射线进入计数器中。通常，四圆衍射仪配用电子

NOTE

计算机进行自动控制和记录,可以精确测定晶格参数,并将衍射点的强度数据依次自动收集,简化了实验过程,而且大大提高了数据的精确度。因此,它已成为当前晶体结构分析中强有力的工具。

知识链接
8-1

二、X射线单晶衍射测定技术在有机化合物结构研究中的应用

X射线单晶衍射测定技术在有机化合物结构研究中的应用主要包括以下几个方面:微量化合物或未知化合物的分子结构测定;以共晶方式存在的混合物的分子结构测定;绝对构型测定;构象分析;氢键、盐键、配位键等的计算与分子排列规律;原料药中溶剂分子的确定;生物大分子结构分析;为计算机辅助药物分子设计提供起始三维结构数据。

1. 微量化合物或全未知化合物的分子结构测定 随着分离、提取等分析技术的飞速发展,从天然产物中可获得低含量的化合物,X射线单晶衍射分析只需要一颗单晶(1/6～1/4 mg),就可直接使用X射线单晶衍射分析技术独立完成所需的化合物的全部结构测定工作,而一般不再需要借助其他谱学(NMR、MS等)信息。

2. 以共晶方式存在的混合物分子结构测定 共晶在固体药物样品中是常见的现象,最简单的例子是药物分子与溶剂或结晶水分子以共晶方式存在。共晶分子结构可以由异构体形成,也可以由不同结构的分子形成。在药物研究中确切地了解共晶样品的组成成分,以及它们实际存在的比例是至关重要的。X射线单晶衍射分析技术对药物中的共晶样品可以给出准确、定量的分析结果。

3. 绝对构型测定 如无特别说明,X射线单晶衍射分析给出的是分子的相对构型。应用X射线单晶衍射分析方法可获得药物分子的绝对构型。测定药物分子的绝对构型常用的方法为反常散射法,即利用分子中所含原子(特别是重原子)的X射线反常散射(色散)效应,可以准确地测定分子构型。

4. 构象分析 从X射线单晶衍射分析所得分子的立体结构中,可以准确地计算出被测化合物的构象信息,即组成药物分子骨架各环的船或椅式构象、环与环间的顺反连接方式、环自身的平面性质、环与环间的扭转角、侧链的相对取向位置、大环构象等。

5. 氢键、盐键、配位键等的计算与分子排列规律 氢键、盐键、配位键等是研究药物分子生物活性中的重要信息。利用X射线单晶衍射分析结果,可以准确地计算出药物分子的氢键、盐键、配位键的成键方式和数值。特别是分子内与分子间氢键的关系,将影响晶态下分子在空间形成确定排列方式,由此可获得分子在空间的层状、螺旋、隧道或空穴等各种排列关系,这些重要信息将有助于了解和解释药物分子的作用机理。

6. 原料药中溶剂分子的确定 在制药研究中,原料药中是否含有结晶水分子或溶剂分子?特别是当重结晶过程中使用过对人体有害的溶剂时,它们是否进入晶格?其含量是多少?X射线单晶衍射分析可以准确地回答这些问题。

7. 生物大分子结构分析 天然产物中的水溶部分多含有蛋白质、多肽、多糖类等化合物,这类物质的生物活性一直是药物化学家关注的内容。现有的波谱分析方法,除NMR对多肽、蛋白质等分子量低于5万,且有同源性质的分子结构分析取得进展外,欲得到更大分子的准确三维结构,还只能借助于X射线单晶衍射分析方法。我国晶体学家早在20世纪70年代就完成了结晶猪胰岛素的X射线晶体结构测定工作。

8. 为计算机辅助药物分子设计提供起始三维结构数据 计算机辅助药物分子设计是20世纪90年代药学研究领域中的热点,因它可以为药物的改造和修饰,以及药物的合成等提供一定的参考信息。计算机辅助药物设计的计算软件是以分子力学、热力学、量子化学与药理学等为基础的。对于化学药物中的小分子,起始计算依据是化合物分子的三维结构数据。

例8-4 酮咯酸与L-脯氨酸苄酯在缩合剂的作用下形成酰胺,用柱层析分离了一对非对

映异构体,对其中一个非对映异构体培养单晶,并采用 X 射线衍射测定了酮咯酸脯氨酸苄酯酰胺一个异构体的结构。其晶体结构属正交系,空间群 $P2_12_12_1$,晶胞参数 $a=0.896\ 45(1)$ nm,$b=1.271\ 23(2)$ nm,$c=2.076\ 21(4)$ nm,$V=2.366\ 04(6)$ nm³,分子式 $C_{27}H_{26}O_4$,$Z=4$,$D_c=1.242$ mg·m⁻³,$\mu(\text{MoK}\alpha)=0.084$ mm⁻¹,$F(000)=936$。最终偏离因子 $R_1=0.046$,$wR_2=0.1105$,$\text{GOF}=1.016$,图 8-35 是该化合物的分子结构和原子编号示意图,试判断该化合物的绝对构型。

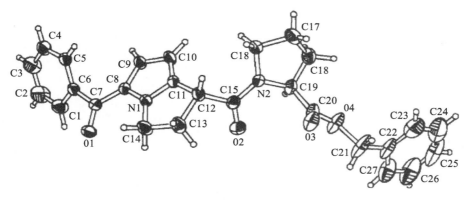

图 8-35 分子结构和原子编号示意图

解: 由于该化合物氨基酸部分的手性中心的绝对构型是已知的,根据 X 射线单晶衍射提供的信息,用内参法推断该化合物的酮咯酸部分的手性中心的绝对构型为 S 构型,即该化合物为 S,S-酮咯酸脯氨酸苄酯酰胺。

本章小结

其他结构测定技术概述	学 习 要 点
旋光谱	基本原理,Cotton 效应,应用范围
圆二色谱	基本原理,应用范围,ORD、CD、UV 之间的关系
X 射线单晶衍射技术	基本原理,使用方法

目标检测

1. 什么是旋光性?具有旋光性化合物的特点是什么?
2. 什么是圆二色性?圆二色谱的表示方法是什么?
3. 简述 Cotton 效应产生的本质原因及主要结构分类。
4. 旋光谱、圆二色谱与紫外吸收光谱的关系?
5. X 射线单晶衍射测定技术测定化合物结构的基本原理是什么?
6. X 射线单晶衍射测定技术在化合物结构解析中的主要应用是什么?

知识拓展 8-1

目标检测 答案

参 考 文 献

[1] 常建华,董绮功.波谱原理及解析[M].3 版.北京:科学出版社,2012.
[2] 裴月湖.有机化合物波谱解析[M].4 版.北京:中国医药科学技术出版社,2015.
[3] 张俊.单晶 X 射线衍射结构解析[M].合肥:中国科学技术大学出版社,2017.

［4］ Silverstein R M,Webster F X,Kiemle D J,等.有机化合物的波谱解析［M］.8 版.上海：华东理工大学大学出版社,2017.

［5］ 徐勇,范小红.X 射线衍射测试分析基础教程［M］.北京:化学工业出版社,2014.

［6］ 潘峰,王英华,陈超.X 射线衍射技术［M］.北京:化学工业出版社,2016.

（内蒙古医科大学　董　玉）

NOTE

第九章 综合解析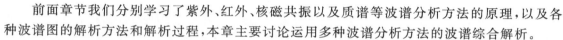

 学习目标 ....

1. 掌握有机化合物结构鉴定的一般程序。
2. 熟悉根据相对分子质量和元素分析数据初步推测化合物分子式的基本方法。
3. 了解每一种光谱的特点,进行有机化合物的结构解析。

扫码看课件

前面章节我们分别学习了紫外、红外、核磁共振以及质谱等波谱分析方法的原理,以及各种波谱图的解析方法和解析过程,本章主要讨论运用多种波谱分析方法的波谱综合解析。

综合解析的方法集中于几种常见的波谱分析方法,即紫外光谱法、红外光谱法、核磁共振波谱法和质谱法,上述波谱方法也是目前有机化合物结构解析中最常用、最基本的结构解析方法。在实际工作中,为了解释这四种谱图并寻求其中的相互关系,解谱工作者仍然会处于一种不能完全肯定的状态。化合物的纯度如何,数据的可靠性如何,有时只有少数谱图是确切的。因此没有什么东西能代替丰富的经验和专业基础知识,因而也就没有一个规定的程序。但是在多数情况下,有机化合物的鉴定首先是从了解样品的来源开始的。经过进一步的观察和检验就可以很快地将范围缩小,最后通过对波谱数据的综合分析,相互补充、相互印证从而得到正确的结论。

案例导入

案例导入
答案解析

第一节 有机化合物结构鉴定的一般程序

一、波谱解析中应注意的问题

由于有机化合物图谱的复杂性,在运用波谱分析方法分析试剂化合物化学结构时,应特别注意以下几点。

(1) 注意待测试样的纯度;

(2) 注意区分溶剂峰和杂质峰;

(3) 注意待测试样谱图以外的信息。

在实际分析工作中,有时还需要将波谱方法和经典的分析方法配合使用,才能取得正确的结果。实际解谱中经常会涉及用化学方法配合进行化合物结构分析的例子,如制备衍生物、同位素标识、重氢交换、成盐反应等。由此通过化学反应改造化合物的结构,获得更有特征的波谱,并借以了解反应机制,便于对化合物结构的鉴定。

当未知化合物分子量大,结构复杂,尤其是未知物表现为新结构的化合物时,经常需要借助波谱方法与化学方法相结合的手段才能同时发挥双方的长处,加快化合物结构解析的过程。当常见的波谱方法难以确定化合物完整结构时,一般可通过以下两种方法进行结构解析:①制备未知物样品的单晶,通过 X 射线衍射测定该化合物的 X 射线衍射图,得到该未知物的准确

NOTE

213

结构;②当样品为非晶态或单晶难以制备时,通过化学反应将未知物裂解(或降解)成几个较小的分子,进一步确定小分子的结构,再合理推测原来未知物的结构。

二、样品的纯度检测

有机化合物的谱图分析,首先必须保证样品的纯度。一般样品的纯度需大于 98%,此时测得的光谱,才可与标准光谱对比,并可以避免因杂质的存在而影响对谱图的解析。纯度的检查可通过各种色谱法如薄层色谱、纸色谱、高效液相色谱或气相色谱进行判断。但需要注意的是无论采用哪种色谱法进行样品纯度检验,均要采用两种以上的色谱条件进行检验,并均显示为单一的色谱斑点或唯一的色谱峰才能确认为单一化合物。也可以通过物理常数的测定判断样品纯度。例如,纯的有机化合物外形、颜色单一纯正,晶形一致,有固定的物理常数,例如熔点、沸点、相对密度和折光率等。且其熔点或沸点范围很小(一般为 2～3 ℃)。如果化合物不纯,则熔点或沸点范围增大,甚至测不出固定的常数。

三、有机化合物结构解析常用的波谱学方法

进行综合解析时,常用的谱学方法主要有紫外光谱、红外光谱、核磁共振谱、质谱以及二维核磁共振谱等。每一种方法在结构解析中各有所长,提供不同的化学结构信息。因此,在化合物结构解析时,应利用各种谱学方法的特点及其所能提供的结构信息,对所获得的结构信息进行归纳整理,从而推断出化合物的准确化学结构。

(一)紫外光谱

紫外光谱(UV)是指有机化合物吸收紫外光或可见光后,发生电子跃迁而形成的吸收光谱。能提供具有生色团的化合物的紫外吸收特征,常用于判断分子内的生色团和助色团即共轭系统的情况。紫外光谱主要提供化合物的以下结构信息。

(1)判断化合物结构中是否具有共轭体系;

(2)判断分子结构中是否具有 α,β-不饱和酮结构存在;

(3)判断化合物结构中是否具有芳香结构的存在。

但紫外光谱的特征性较差,主要用于定量分析。在天然有机化合物结构解析中,对于含共轭体系较长的有机分子如苯丙素类、醌类和黄酮类有一定的价值。尤其在对黄酮类化合物进行结构解析时,将加入诊断试剂前后的紫外光谱进行对照,必要时结合显色反应是进行黄酮结构鉴定的经典方法。

(二)红外光谱

红外光谱(IR)主要提供未知物官能团种类、化合物类别(芳香族、脂肪族、饱和、不饱和)等信息。红外光谱亦可提供未知物的细微结构信息,如直链、支链、链长、异构及官能团间的关系等信息,在综合光谱解析中居次要地位。根据红外光谱可以得出以下信息。

(1)判断化合物结构中是否有含氧官能团(如羟基、醛基、酮基、羧基、酯基及醚基等)的存在;

(2)判断化合物结构中是否有含氮官能团(如氨基、氰基、酰胺基等)的存在;

(3)判断化合物结构中是否有芳香苯环的存在及芳环的取代类型;

(4)判断化合物结构中是否有烯基、炔基的存在以及烯基的取代类型。

(三)核磁共振氢谱

核磁共振氢谱(^{1}H-NMR)主要根据共振峰的化学位移、偶合常数以及峰强度判断化合物结构中氢原子的类型、分布、化学环境等信息。在综合解析中主要提供化合物以下信息。

(1)根据共振峰的化学位移判断质子的类型及化学环境;

（2）根据共振峰的强度判断质子的分布；

（3）根据偶合分裂判断基团的连接情况，如连接方式、位置、距离、结构异构与立体异构（几何异构、光学异构、构象）等结构信息；

（4）根据共振峰的峰形及重水交换判断化合物结构中是否有活泼氢（如羟基）的存在。

（四）核磁共振碳谱

核磁共振碳谱主要提供化合物结构中碳核的类型、碳的化学环境及核间关系等结构信息来判断化合物以下骨架结构信息。

（1）根据质子噪音去偶或称全去偶谱判断化合物结构中碳原子个数；其作用是完全除去氢核干扰，提供各类碳核的准确化学位移。

（2）根据偏共振去偶谱判断碳原子的类型或杂化方式（sp、sp^2、sp^3）；因为 C 与相连的 H 偶合也服从 $n+1$ 律，由峰分裂数，可以确定是甲基、亚甲基、次甲基或季碳。例如在偏共振碳谱中 CH_3、CH_2、CH 与季碳分别为四重峰（q）、三重峰（t）、二重峰（d）及单峰（s）。

（3）根据共振峰的化学位移判断羰基是否存在及其种类（如醛基、酮基、羧基等）。

（4）根据化学位移的大小及变化判断苯环或烯基的取代基的数目及取代基的种类。

氢谱不能测定不含氢的官能团，如羰基、氰基等；对于含碳较多的有机物，如甾体化合物、萜类化合物等，常因烷氢的化学环境类似，而无法区别，这是氢谱的弱点。碳谱弥补了氢谱的不足，碳谱不但可以给出各种含碳官能团的信息，且光谱简单易辨认，对于含碳较多的有机物，有很高的分辨率。当有机物的分子量小于 500 时，几乎可分辨每一个碳核，能给出丰富的碳骨架信息。普通碳谱（COM 谱）的峰高常不与碳数成比例，这是其缺点，而氢谱峰面积的积分高度与氢数成比例，因此二者可互为补充。

（五）二维核磁共振

二维核磁共振（2D-NMR）主要通过同核 $^1H\text{-}^1H$ 相关谱（COSY）和全相关谱（TOCSY）研究化合物结构中各种氢的相互关系，并通过异核相关谱（HMBC、HSQC、HMBC）来研究分子结构中碳与氢的相互键合与偶合关系，或通过空间效应谱（NOESY、ROESY）来研究更为复杂的分子空间立体结构。二维核磁共振可以提供以下信息。

（1）判断化合物结构中的碳氢官能团类型；

（2）确定化合物结构中官能团的取代基连接情况；

（3）确定化合物的构型；

（4）推断化合物结构中新的结构单元。

（六）质谱

质谱（MS）主要根据化合物在离子源中电离产生分子离子峰以及分子离子峰进一步裂解产生碎片离子峰来确定化合物的结构信息。质谱图上的碎片峰可以提供结构信息如下。

（1）判断化合物的分子量；

（2）判断化合物结构中是否存在 Cl、Br、S 等元素及其原子个数；

（3）根据高分辨质谱确定化合物的分子式；

（4）根据碎片离子及碎片离子间的质荷比的差推断化合物的结构信息。

对于一些特征性很强的碎片离子，如烷基取代苯的 $m/z=91$ 的苄基离子及含 γ 氢的酮、酸、酯的麦氏重排离子等，由质谱即可认定某些结构的存在。质谱的另一个主要功能是在综合光谱解析后，验证所推测的未知物结构的正确性。

知识链接
9-1

四、化合物分子量的测定

在有机化合物的结构分析中，分子量是仅次于分子式的最有用的数据。单一纯净的有机化合物可以先通过元素定性分析,确定该化合物的元素组成。然后再进行元素定量分析,以确定组成各元素的含量。有机化合物的元素分析一般在自动化的元素分析仪中进行。或根据质谱中分子离子判断分子量,分子离子峰的质荷比 m/z 即为化合物的分子量,高分辨质谱的分子离子峰还可以给出精确的分子量,从而推断化合物的分子式。但采用分子离子峰判断化合物分子量时,须将分子离子峰与同位素离子峰区分开来。

根据元素分析给出的结果,通过计算可以求得此化合物的实验式。

例 9-1 某样品的元素分析值为 C:60.00%;H:13.40%;O:26.60%,试推导其化学式。

解:各元素的百分含量分别用各元素的原子量去除,得到各元素的原子个数的比例:

$$C:60/12=5.00;H:13.40/1.008=13.29;O:26.60/16=1.66$$

由各元素的原子个数比得 C、H、O 原子个数的最小整数比为 3:8:1。

故该样品的实验式为 C_3H_8O。

实验式是反映组成化合物分子的各元素原子的种类和最小整数比的化学式,并不能反映分子中各原子的确切数目;也写不出化合物的确切分子式。分子式表示分子中所含的各种原子的数量。知道了某一化合物的实验式,再利用实验方法测出该化合物的分子量,即可分析得到其分子式。

例 9-2 某样品的元素分析值为 C:78.6%;H:8.3%;$M_r=122$,试推导其分子式。

解:元素的原子个数的比例为

$$C:78.6/12.00=6.55;H:8.3/1.008=8.3;O:(100-78.6-8.3)/16=0.82$$

C、H、O 原子个数的最小整数比为 8:10:1。

得到该化合物的实验式为 CHO,分子量为 122。因为该样品的分子量为 122,得此该化合物的分子式应为 $C_8H_{10}O$。

五、化合物分子式的确定

一般由质谱获得的分子离子峰结合化合物的元素分析及同位素峰强比确定化合物的分子式。或直接根据高分辨质谱给出的精确质量数直接获得化合物的分子式。在确定化合物分子式时,通常将 MS 与 ^{13}C-NMR、^{1}H-NMR、IR 等结合起来进行分子式确定。

(一)确定碳原子数

根据 ^{13}C-NMR 中宽带去偶谱中吸收峰的数目推测碳原子的个数,但应注意化合物的结构对称信息。

(二)确定氢原子数

根据 ^{13}C-NMR 非去偶谱或 DEPT 谱可以得到与碳原子相连的氢原子数,从而计算出质子总数;并与从 ^{1}H-NMR 的积分强度计算得到的氢原子数应一致。若氢谱中的氢原子数比碳谱中的氢原子数多,且所多的氢原子数与样品重水取代后的 ^{1}H-NMR 测定中所减少的质子数相对应,则氢谱中多出的氢原子为活泼氢。特别要注意结构中活泼氢的存在。

(三)确定氧原子数

由 IR 谱确定有无 ν_{OH}、$\nu_{C=O}$ 及 ν_{C-O-C} 的特征吸收谱带,进一步比较由 ^{13}C-NMR 和 ^{1}H-NMR 所得的氢原子数之间的差别,或从有无 C=O 或 C—O 吸收峰来确定含氧原子的可能性。同时,也可由元素分析测定的氧含量推测氧原子个数。

(四)确定氮原子数

通过 IR、^{1}H-NMR 分析相应的官能团产生的吸收峰,确定氮原子的存在。MS 中有分子离子峰且 m/z 为奇数时,分子中应含奇数个氮。若分子离子峰 m/z 为偶数,则分子中应含偶数个氮。在其他元素如碳、氢和氧等确定的情况下,可由元素分析测定的氮含量,推测氮原子个数。

(五)确定卤素原子数

从 MS 中的 M、M+2、M+4 峰很容易确定是否含有氯和溴原子及其个数。而碘和氟元素由于只含一种同位素,因此它们没有同位素峰。在大多数情况下,元素分析也能确定卤素含量以推测卤素原子个数。

(六)确定硫原子

利用 IR 检查是否含有相应的含 S 官能团,以确定是否含有硫原子。由于相关 C—S—C 键及 C—S—S—C 键在 IR 中的吸收带比较弱,所以确定硫原子时一定结合其他图谱的信息,从整体综合判断确定硫原子,当然从 MS 中也可以得到是否含硫原子的信息。

特别强调的是,从分子式可算出该化合物的不饱和度,当不饱和度大于 4 时,应考虑苯环的存在。

六、化合物的结构确定

在各种有机波谱分析方法中,应尽可能根据某个官能团存在的特征吸收峰来确定该官能团的存在。

(一)官能团和结构单元的确定

在化合物结构解析过程中,为确定各种有机波谱方法所能给出的结构信息,当未知物的分子式确定后,应仔细研究各个谱图。

1. 核磁共振氢谱 在质子核磁共振谱中由低场向高场找出所有质子的积分面积比,计算出全部质子的最小公倍数,确定比较明显的自旋系统,从而判定质子的类型,如芳香质子、烷基质子等。

2. 核磁共振碳谱 由全去偶谱确定碳原子的个数,根据化学位移确定碳原子类型如羰基碳原子、芳/烯碳原子、烷基碳原子。再由 DEPT 确定每个碳原子上所连接的相应的质子数目。当所连接的质子数目与质子核磁共振不相符时,应该考虑到等价碳原子数目(或化学位移偶然重叠)。

3. 红外光谱 在红外光谱图中,能确定大部分官能团和分子骨架的特征吸收峰,以及除了 C、H 和 O 以外的其他原子(X)的 X—H 和 X—C 的特征吸收峰。

4. 紫外光谱 由紫外光谱确定分子中是否有共轭体系及芳香体系的存在。

5. 质谱 从质谱中可以确定化合物的分子量及分子式信息,以及分子中是否含有卤素及其数目,以及是否含有其他杂原子。从碎片的质量系列,确定其属于哪类化合物,如芳香碎片系列、含氮原子的偶数碎片系列等。

通过以上分析,即可确定分子中各种结构单元,如羟基、羰基、取代苯等。经过 MS 分析后,所找出的未知物元素组成可能已与其分子量对应,若属此情况,分子式已知晓;但有些结构单元在光谱图中不能被检出,为了确定这些未能从光谱图中检出的剩余结构单元,应当从化合物的分子式或分子量中减去已经确定的结构单元的分子式或分子量。若二者之间还存在简单的质量差额,可补充相应元素组成,或至少可以找出质量差所相应的几种元素组成的可能性。如质量差为 16,这说明分子中可能还存在着一个氧原子;如质量差为 28,则分子中可能还存在两个氮原子或存在有一个羰基;如质量差为 32,则分子中可能还存在着两个氧原子(当 M 峰强度不低时,硫原子的存在可从 M+2 峰看出;当 M 峰强度低时,M+2 峰不出现,此时应考虑分子中存在着一个硫原子的可能性)。如果剩余结构单元中还含有其他原子,则需依据剩余分子式计算其不饱和度。剩余分子式或剩余相对分子质量对于确定剩余结构单元的可能结构式,可以提供许多有价值的信息。此外有关未知物的熔点、气味等信息对于剩余结构单元可能结构的确定也是很有帮助的。

(二)结构单元之间的关系

氢谱的偶合裂分及化学位移值常常是确定相邻基团的重要线索。碳谱中碳原子的化学位移以及碳原子共振峰个数与分子式中碳原子个数的关系对分子是否具有对称性具有一定的作用。根据质谱中主要碎片离子之间的质量差、亚稳离子的质荷比、重要的重排离子的质荷比可得出化合物结构中基团的相互连接信息。由紫外图谱可得出化合物结构中不饱和基团形成大的共轭体系的存在与否。在红外谱图中,某些基团的吸收峰位置可反映该基团与其他基团相连接的信息(如羰基与双键共轭时,红外吸收频率移向低波数)。

值得一提的是,对某一给定的结构单元,与各种图谱给出的信息必须相吻合,如果与其中一种图相矛盾,则应考虑推导过程的哪一环节出了问题。

(三)利用已确定的结构单元,提出可能的结构式

若已确定的不饱和基团和化合物的不饱和度相符,则应考虑各基团之间可能的连接顺序。若已确定的不饱和基团的不饱和度与化合物的不饱和度不相符,则应考虑已确定的结构单元的相互连接之外,还应考虑分子中环的存在与否。在组成分子的可能结构时,应注意不饱和键及杂原子的位置,因它们的位置对氢谱、碳谱、质谱、红外、紫外均可能产生重要影响。当组成几种可能的结构时,某些谱图的数据可能已超出该官能团的常见数值,这种情况(至少在初步考虑可能结构时)是可以容许而不能轻率地加以排除的。当然,若所推测的结构与已知谱图有很明显的矛盾时,应予以除去。

(四)确定结构

以推出的每种可能结构为出发点,用全部光谱分析方法核对推定的结构式并对结构式进行指认。一般来说,可用 IR 核对官能团,用 ^{13}C-NMR 核对碳的类型和对称性,借助 ^{1}H-NMR 确定氢核的化学位移和它们相互偶合关系,必要时可通过与计算值对照比较确定;而 UV 则主要用于核对分子中共轭体系和一些官能团的取代位置,或用经验规则计算 λ_{max} 值。如果对某结构各种谱图的解析结果均很满意,说明该结构是合理和正确的。当几种可能结构与谱图均大致符合时,可以对结构中某些特征碳原子或某些氢原子的化学位移值进行计算,从计算值与实测值相比的结果,找出最可能的结构。在指认不能顺利完成,或计算值与实测值差别很大时,这说明该结构是不合理的,此时应重新推测别的结构式,并再通过指认来验证该结构的合理性。

(五)利用已知化合物的标准谱图对结构进行验证

解析化合物的结构是源于对谱图信息的推测。因此推导得出化合物的化学结构后,要对其化学结构进行验证。对于已知化合物,当有标准图谱时,则可按名称、分子式索引查找标准图谱并进行核对。用标准谱图核对时应注意测试条件对结果的影响。如果已知待测物的物理、化学性质,来源和用途等,也可利用这些已知条件进行核对。

知识拓展
9-1

第二节 综合解析实例

综合解析并无规定的统一格式和方法,大体上是按各种波谱和理化分析的各自特点,根据各种谱图所提供的结构信息判断化合物分子结构和构型中某一部分的问题。实际分析中往往是多种波谱方法联合使用,通过将各种方法分别得到的化合物的结构信息综合起来解决有关

分子结构和构型的全部问题。

例 9-3 某未知化合物的质谱、红外光谱、核磁共振氢谱分别如图 9-1、9-2、9-3 所示,根据元素分析已知该化合物分子式为 $C_6H_{11}O_2Br$,试推测该未知化合物的化学结构。

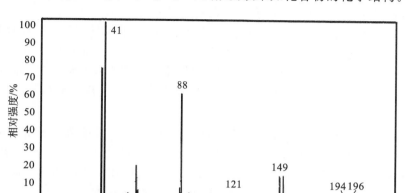

图 9-1 未知化合物的质谱图

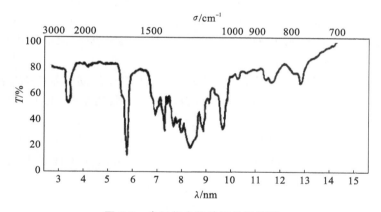

图 9-2 未知化合物的红外光谱图

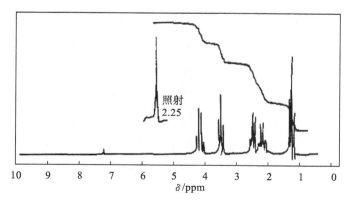

图 9-3 未知化合物的 ^{1}H-NMR 谱图

解:

1. 不饱和度的计算公式 $\Omega = (2+2n_4+n_3-n_1)/2 = (2+2\times6-12)/2 = 1$ 得出不饱和度 $\Omega = 1$,说明化合物结构中有一个双键或饱和的环的存在。因分子式中有氧原子存在,双键可能为羰基。

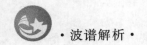

2. 结构片段的确定

(1) 红外光谱:由 1725 cm^{-1} 峰的产生,结合不饱和度为 1,表明有羰基的存在。

(2) 核磁共振氢谱:氢谱上共有五组峰,谱线强度比从高场至低场为 3∶2∶2∶2∶2,化合物分子式为 $C_6H_{11}O_2Br$,因此这五组峰所代表的质子数分别是 3、2、2、2、2。最高场的 $\delta_H = 1.25$ ppm的三重峰与最低场 $\delta_H = 4.25$ ppm 的四重峰裂距相等,可见化合物结构中含有 CH_3CH_2O— 单元。由于只有一个甲基,不可能有支链,而且 Br 只能连接在另一端的端基上。δ_H 为 2.25、2.50、3.50 ppm 的三组亚甲基峰依次排列,分别呈现多重峰、三重峰、三重峰,这是因相互偶合造成的谱线裂分,其中低场的 CH_2 与 Br 相连,说明这是一个 $CH_3CH_2CH_2Br$ 结构单元。

(3) 质谱:质谱图中有几处 m/z 相差两个质量单位、强度几乎相等的成对的峰,这是因为样品分子含有 Br,Br 的两种同位素 ^{79}Br 和 ^{81}Br,天然丰度比约为 1∶1。最高质量端的一对峰中,m/z 为 194 的质量数与实验式 $C_6H_{11}O_2Br$ 的质量数一致,说明该峰为分子离子峰。

综合以上分析,连接三个结构单元,该化合物的结构式及 δ_H 如下所示。

$$H_3C—CH_2—O—\overset{\overset{\displaystyle O}{\|}}{C}—CH_2—CH_2—CH_2—Br$$

δ_H/ppm　　1.25　　4.25　　　　　2.50　　2.25　　3.50

3. 结构验证,红外光谱中,1300～1000 cm^{-1} 的二个强吸收带是酯基的 ν_{C-O-C},高波数的 ν_{as} 较低波数的 ν_s 吸收强度大,吸收带宽。3000 cm^{-1} 以上无吸收带,表明该化合物是饱和酯类化合物。

质谱图中,$m/z = 194$ 的分子离子峰和 $m/z = 196$ 的(M+2)同位素峰强度很弱,说明分子离子峰不稳,极易断裂。$m/z = 149$:M—OCH_2CH_3;$m/z = 121$:M—CH_3CH_2OCO;$m/z = 88$:

麦氏重排,M—CH_2CH_2Br,$\underset{CH_2}{\overset{\overset{+\cdot}{OH}}{\underset{\|}{C}}}—O—C_2H_5$;$m/z = 41$:基峰,$BrCH_2CH_2\overset{+}{C}H$—HBr 都一一

符合,因此结构式是正确的。

例 9-4 某未知样品经元素分析知其中不含氮、硫和卤素,相对分子质量为 105±2。其的紫外光谱、红外光谱和 ^{1}H-NMR 谱分别如图 9-4、9-5 和 9-6 所示。试确定其化学结构。

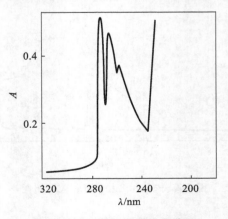

图 9-4 未知样品的紫外光谱图

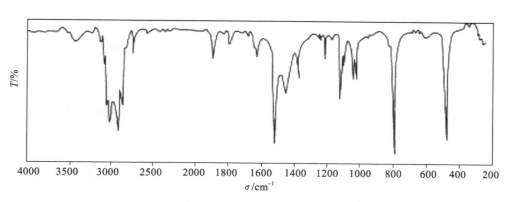

图 9-5 未知样品的红外光谱图

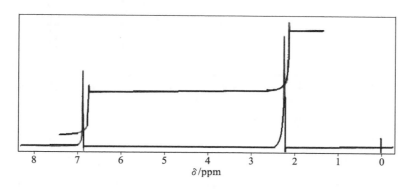

图 9-6 未知样品的 ^{1}H-NMR 谱图

解：

1. 分子式的确定。由于没有质谱和元素分析数据，因此只能结合相对分子质量用 ^{1}H-NMR 谱确定其分子式。在 ^{1}H-NMR 谱中从低场向高场各个峰的积分面积的简单整数比为 2：3。由于分子中不含氮和卤素，所以分子中氢的数目必然是偶数，即在这个分子中氢的个数一定是 10 的整数倍，考虑到分子中可能存在氧原子，可能的碳数计算如下：

$$(105 \pm 2 - 10)/12 = 8.1 \sim 7.1$$
$$(105 \pm 2 - 20)/12 = 7.3 \sim 6.9$$
$$(105 \pm 2 - 10 - 16)/12 = 6.8 \sim 6.4$$
$$(105 \pm 2 - 20 - 16)/12 = 5.9 \sim 5.6$$
$$(105 \pm 2 - 10 - 32)/12 = 5.4 \sim 5.1$$
$$(105 \pm 2 - 20 - 32)/12 = 4.1 \sim 3.8$$

排除非整数碳数和不合理的分子式，该未知物的分子式一定是 C_8H_{10} 和 $C_4H_{10}O_3$ 二者之一。

2. 结构片段的确定。红外光谱表明，分子中没有羟基和羰基，而且也没有醚。但在 1520 cm^{-1} 与 800 cm^{-1} 处的两个谱带以及紫外光谱所示的共轭体系均说明有苯环的存在。同时分子式 C_8H_{10} 的不饱和度为 4，也与谱图所示相符。所以可排除 $C_4H_{10}O_3$，而确定 C_8H_{10} 为未知物的分子式。^{1}H-NMR 谱中 δ 为 7.0 ppm 处的单峰的积分值相当于 4 个质子，表明分子中存在一个二取代苯；红外光谱中 800 cm^{-1} 的谱带进一步说明这个二取代苯为对位二取代苯。δ 为 2.2 ppm 处的单峰的积分值相当于 6 个质子，这说明了分子中存在着两个孤立甲基或三个孤立的亚甲基，由分子式推断后者是不可能的。因此，未知物的分子式极有可能是 C_8H_{10}，结构式如下：

NOTE

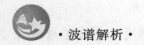

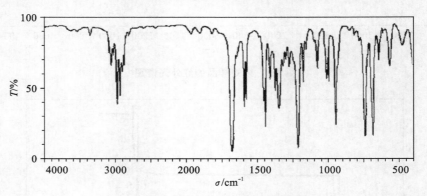

将未知物的红外光谱与标准的对二甲苯的红外光谱仔细对照,完全一致。证明结论是正确的。

例 9-5 某未知化合物 A 的分子式为 $C_9H_{10}O$,已知其紫外图谱中最大吸收峰位于 240 nm 处(乙醇为溶剂),吸光度为中等强度。其余红外谱图、质谱图、^{1}H-NMR 谱及 ^{13}C-NMR 谱分别如图 9-7、9-8、9-9 和 9-10 所示。请解析各谱图并推测化合物 A 分子的结构。

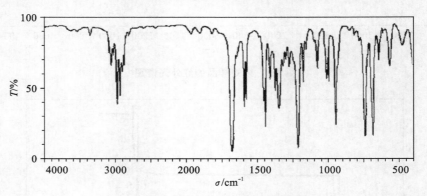

图 9-7 未知化合物 A 的红外光谱图

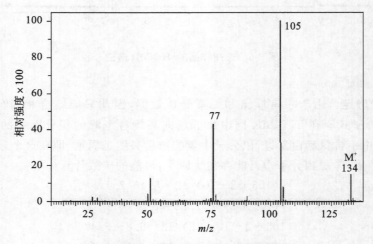

图 9-8 未知化合物 A 的质谱图

解:(1) 根据分子式 $C_9H_{10}O$,计算不饱和度 $\Omega=(2+2n_4+n_3-n_1)/2=(2+2\times 9-10)/2=5$。推测化合物可能含有苯环(不饱和度为4)。

(2) UV 最大吸收峰位于 240 nm 处,而且为中等强度,表明可能存在苯环。

(3) IR 表明:1688 cm^{-1}处有吸收,说明有—C=O,此吸收与正常羰基相比有一定蓝移,推测此—C=O 可能与其他双键或 π 键体系共轭;2000~1669 cm^{-1}有吸收,有泛频峰形状表明可能为单取代苯。1600 cm^{-1}、1580 cm^{-1}、1450 cm^{-1}处有吸收,表明有苯环存在。1221 cm^{-1}处有强峰,表明有芳酮(芳酮的碳-碳伸缩在 1325~1215 cm^{-1})。746 cm^{-1}、691 cm^{-1}处有吸收表明可能为单取代苯。故推测化合物有 C_6H_5—C=O 基团(C_7H_5O),分子式为 $C_9H_{10}O$,则剩余基团为 C_2H_5。

(4) MS 表明:分子离子峰 $m/z=134$,碎片离子峰 $m/z=77$,可能为 C_6H_5;碎片离子峰 $m/z=105$,可能为 C_6H_5CO;$M_r-105=134-105=29$,失去基团可能为 C_2H_5。由此推测分子可能的结构为

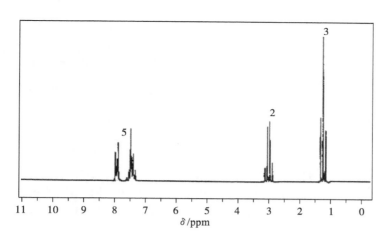

图 9-9 未知化合物 A 的 ^{1}H-NMR 谱图

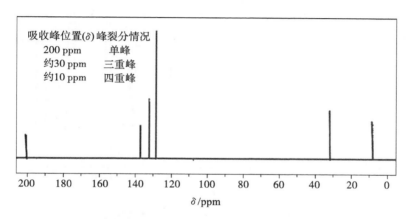

图 9-10 未知化合物 A 的 ^{13}C-NMR 谱图

（5）^{1}H-NMR 表明：三种氢，比例为 5∶2∶3。$\delta=7\sim8$ ppm，多峰，五个氢，对应单取代苯环，C_6H_5；$\delta=3$ ppm，四重峰，二个氢，对应 CH_2，四重峰表明邻碳上有三个氢，即分子中存在 CH_2CH_3 片断，化学位移偏向低场，表明与吸电子基团相连；$\delta=1\sim1.5$ ppm，三重峰，三个氢，对应 CH_3，三重峰表明邻碳上有两个氢，即分子中存在 CH_2CH_3 片断。

（6）^{13}C-NMR 表明：δ 位于 200 ppm，一种碳（C1），对应 C=O；δ 位于 120～140 ppm（C2～C5），四种碳，对应苯环；δ 位于 30 ppm（C6），三重峰，表明与两个氢相连，对应 CH_2；δ 位于 10 ppm（C7），四重峰，表明与三个氢相连，对应 CH_3。综合上述分析，化合物可能的结构为

（7）结构验证：不饱和度为 5，与由分子式计算得到的不饱和度一致。

MS 裂解规律：

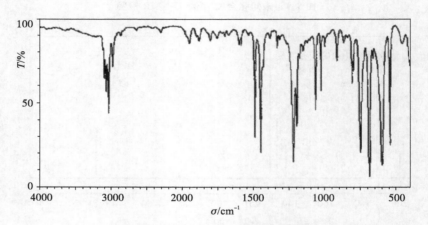

验证结果证明所推结构正确。

例 9-6 已知某未知化合物 B 的分子式为 C_7H_7Br，红外图谱、质谱、^1H-NMR 谱以及 ^{13}C-NMR谱如图 9-11、9-12、9-13 及 9-14 所示，请根据各谱图解析并推测该化合物的分子结构。

图 9-11 未知化合物 B 的红外光谱图

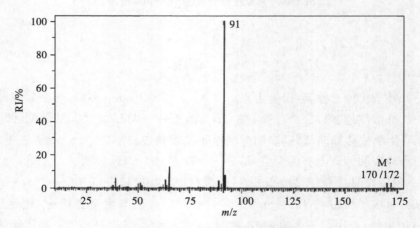

图 9-12 未知化合物 B 的质谱图

解：根据分子式 C_7H_7Br，计算不饱和度为 4，推测化合物可能含有苯环（C_6H_5）。

（1）IR 表明：1500 cm^{-1}、1450 cm^{-1} 处有吸收，表明有苯环。758 cm^{-1}、695 cm^{-1} 处有吸收表明可能为单取代苯。对照分子式 C_7H_7Br，推测分子可能结构为

（2）^1H-NMR 表明：

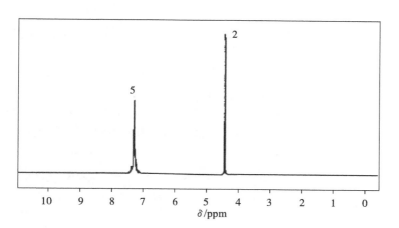

图 9-13 未知化合物 B 的 ^{1}H-NMR 谱图

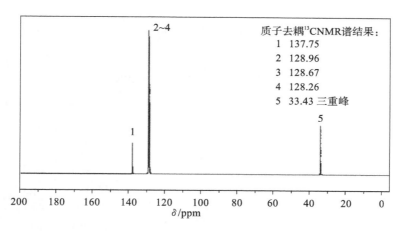

图 9-14 未知化合物 B 的 ^{13}C-NMR 谱图

吸收峰位置(δ/ppm)	吸收峰强度	峰裂分情况	对应基团	相邻基团信息
7~8	5	多峰	苯环上氢	
4~5	2	单峰	—CH₂	无相邻碳上氢

（3）^{13}C-NMR 表明：

吸收峰位置(δ/ppm)	对应碳种类数	峰裂分情况	对应碳类型	相邻基团信息
140~120	4		苯环上碳	
40~20	1	三重峰	—CH₂	与两个氢相连

以上结果与所推测结构吻合。

（4）MS 表明：分子离子峰 $m/z=170$，M+2 峰的 $m/z=172$，此为 Br 的同位素峰。
$m/z=91$ 峰对应

$$\left[\text{—CH}_2 \right]^+$$

$170-91=79$，恰好为一个 Br 原子，即

$$\text{—CH}_2\text{Br} \xrightarrow{-e^-} \left[\text{—CH}_2\text{Br} \right]^{+\cdot} \longrightarrow \left[\text{—CH}_2 \right]^+ + \text{Br}\cdot$$

NOTE

225

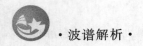

综合以上分析结果,此化合物结构为

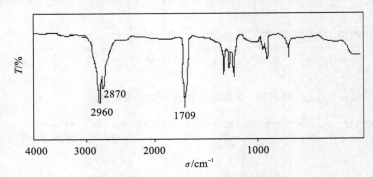

与标准图谱进行对照化合物 B 结构解析正确。

例 9-7 已知某未知化合物的红外光谱、^{1}H-NMR 谱分别如图 9-15 和 9-16 所示,其紫外光谱和质谱数据分别如表 9-1 和表 9-2 所示。试推测该未知物的化学结构。

图 9-15 未知化合物的红外光谱图

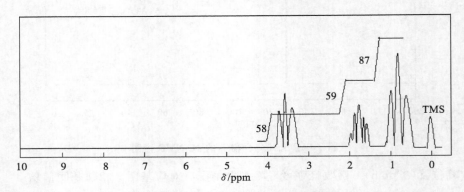

图 9-16 未知化合物的 ^{1}H-NMR 谱图

表 9-1 未知化合物紫外光谱数据

λ_{max}(乙醇溶剂)	ε_{max}
275 nm	12

表 9-2 未知化合物的质谱数据

m/z	相对丰度/%	m/z	相对丰度/%	m/z	相对丰度/%	m/z	相对丰度/%
27	40	28	7.5	29	8.5	31	1
39	18	41	26	42	10	43	100
44	3.5	55	3	57	2	58	6
70	1	71	76	72	3	86	1
99	2	114 (M)	13	115 (M+1)	1	116 (M+2)	0.06

解:(1)确定分子式。

由质谱数据 M$^+$ 的 $m/z=114$ 得未知物的分子量是 114。同位素峰的丰度计算如下:

M(114)峰的相对丰度:13/13×100%＝100%

M＋1(115)峰的相对丰度:1/13×100%＝7.7%

M＋2(116)峰的相对丰度:0.06/13×100%＝0.46%

因为 M＋2 峰的相对丰度很小,排除未知物中含硫原子或卤原子的可能性,查阅 Beynon 表,获得可能分子式如下:

编号	分子式	M＋1 峰的相对丰度	M＋2 峰的相对丰度	
1	$C_5H_{12}N_3$	6.47	0.20	不符合氮规则,排除掉
2	$C_6H_{10}O_2$	6.72	0.59	
3	$C_6H_{12}NO$	7.10	0.42	不符合氮规则,排除掉
4	$C_6H_{14}N_2$	7.47	0.24	
5	$C_7H_2N_2$	8.36	0.31	含氢太少,排除掉
6	$C_7H_{14}O$	7.83	0.49	
7	$C_7H_{16}N$	8.20	0.29	不符合氮规则,排除掉
8	C_8H_2O	8.72	0.53	含氢太少,排除掉

因为未知物的分子量是偶数(114),根据氮规律,排除含有奇数氮原子的分子式(即编号 1、3、7),而且排除掉无实际意义的编号 5 和 8 分子式。剩余三个可能分子式中 M＋1 相对丰度值最接近 MS 实测值的分子式是:$C_7H_{14}O$,这个分子式是仅含 C、H、O。碳原子数:7.7/1.1＝7,所以未知物的分子式是 $C_7H_{14}O$。

从碳氢比例来看该分子是脂肪族化合物,故分子离子峰弱。

(2)计算不饱和度:$\Omega＝1+7+(0-14)=1$,不饱和度为 1,进一步排除了不是芳香族化合物。$\Omega＝1$,意味着未知物中可能含有一个双键。

(3)推导结构:IR 1709 cm^{-1}处尖锐的强的羰基特征吸收带表明未知物属于脂肪醛或酮。IR 3413 cm^{-1}处的极弱的羰基倍频峰及 UV 在 275 nm 处极弱的吸收峰($n→\pi^*$ 跃迁)也支持了这一结论。

那么究竟是醛还是酮? 若是饱和脂肪醛时,IR 谱中应有 1740～1720 cm^{-1} 和 2840～2690 cm^{-1} 的特征吸收。但 IR 谱均未发现,这就排除了醛存在的可能性。而且^{1}H-NMR 谱中无低场共振信号(因脂肪醛基质子的 δ 为 9.7～9.8 ppm),更加证实了未知物不是醛而是脂肪酮。

那么,与羰基相连的烃基是怎么排列的呢? 从^{1}H-NMR 共振谱看有三类不同的质子,如表 9-3 所示。

表 9-3 未知物^{1}H-NMR 三类不同的质子

信 号 次 序	化学位移 δ/ppm	积分曲线(高度比值)	质子数目(比值)	峰 形
1	2.37	58	2	三重峰
2	1.57	59	2	多重峰
3	0.86	87	3	三重峰

而三类质子的比值为 2：2：3,即化学位移 0.86 ppm(3H)处是甲基质子的共振信号,此峰被分裂为三重峰($J＝7$ Hz)。说明邻近碳上必须有 2 个质子。于是可得出如下的结构单元:$CH_3CH_2—$,2.37 ppm(2H)处是$—CH_2CO—R$ 中的质子所产生的共振信号。此信号被分裂为三重峰,可知其邻近的氢也是 2 个,即$—CH_2CH_2CO—R$,1.57 ppm 处多重峰(2H),总共 7 个氢,2.37 ppm(2H)、0.8 ppm(3H)、1.57 ppm 处又是多重峰,推测烃基的结构:

$$CH_3CH_2CH_2COR$$

由于 $C_7H_{14}O$ 中含有 14 个 H 质子,即 NMR 谱只显示三类质子的共振信号。可想而知一

NOTE

定是一个对称的结构,即未知物完整的结构式:

$$CH_3CH_2CH_2\overset{\overset{\displaystyle O}{\|}}{C}CH_2CH_2CH_3$$

(4)结构的核实和验证。

①不饱和度为1。

②质谱:分子离子峰的 $m/z=114$ 与推导的结构式的分子量相符。由分子离子裂解生成的 $m/z=43$(基峰)、71、58 等碎片峰进一步证明了上述结构式的正确。

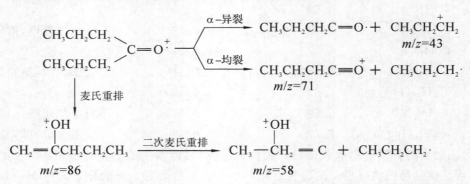

③查阅 4-庚酮的标准 IR 谱图及其物理常数与未知物相符,上述结构解析结果正确。

例 9-8 某未知化合物的分子式为 $C_9H_{11}NO$,UV(乙醇作溶剂):λ_{max} 为 235 nm,ε_{max} 为 28300;λ_{max} 为 336 nm,ε_{max} 为 8650,其红外光谱、质谱和 ^{1}H-NMR 谱分别如图 9-17、9-18 和 9-19 所示。试推测未知化合物的化学结构。

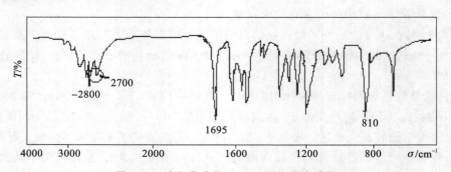

图 9-17 未知化合物 $C_9H_{11}NO$ 红外光谱图

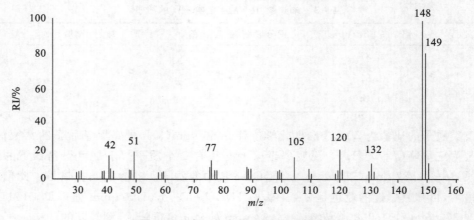

图 9-18 未知化合物 $C_9H_{11}NO$ 质谱图

 NOTE

解:(1)验证分子式。

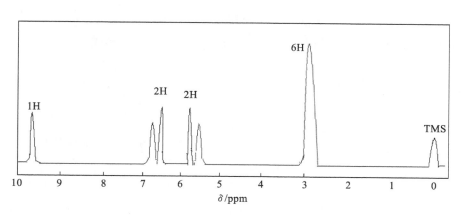

图 9-19 未知化合物 $C_9H_{11}NO$ 的 ^1H-NMR 谱图

MS：分子离子峰的质荷比为 149，此值与未知物分子式的 M 值一致。而且，M^+ 的 m/z 是奇数，应含奇数氮质子，这也符合分子式 $C_9H_{11}NO$ 的要求。

（2）不饱和度：$\Omega = 1 + 9 + (1-11)/2 = 5$，推想可能含有苯环和一个双键。

（3）图谱解析。

① UV 谱中出现 K 和 R 吸收带，说明含有芳环和羰基。

② IR 图中，在 3030 cm^{-1} 左右处有弱吸收，在 1600 cm^{-1}、1567 cm^{-1}、1528 cm^{-1} 处有芳环特征吸收峰，1695 cm^{-1} 处强吸收表明分子中氧原子是以羰基存在，而且向低波数移动说明羰基连在苯环上且和苯环发生了共轭。而且在 2740 cm^{-1} 附近出现中等强度的谱带，证明分子中有醛基。

③ 由 ^1H-NMR 谱可知，6.65～7.7 ppm 处有芳环质子的共振信号，且为对位双取代；9～10 ppm 处有醛氢信号。

④ MS 谱的 M^+ 强度大，且有 M-1 峰。碎片峰含 $m/z = 51$、77、105，说明含有如下所示基团：

$$\text{苯环}-C\equiv O^+$$

⑤ 扣除苯环和醛羰基，剩余的基团为 NC_2H_6。

再从 IR 图得知 3100 cm^{-1} 以上无吸收，表明无 ν_{N-H} 存在，氮可能以叔胺形式存在，即 $-N(CH_3)_2$。^1H-NMR 谱 2.98 ppm（6H）处的单峰，进一步表明 6 个质子是以 $-N(CH_3)_2$ 形式存在。再从 NMR 图谱分析，积分高度比为 1∶2∶2∶6 与分子式中总 H 数（11）一致，出现 4 种不同类型的质子。除了醛基的一个 H，$-N(CH_3)_2$ 两个甲基的 6 个 H，还剩两种不同的质子，就说明可能是对位，只有对位苯环上才能出两种不同类型的质子，因此与上述推断的结构一致。

可能结构：

$$\underset{H_3C}{\overset{H_3C}{{>}}}N-\text{苯环}-CHO$$

（4）结构的验证和确证。

① 不饱和度一致；

② ^1H-NMR 谱中，低场的两个 H（7.7 ppm）处在醛基的邻位，因为受 $-CHO$ 去屏蔽效应，致使邻位 H 在较低场发生共振。在较高场的两个 H（6.65 ppm）是处在 $-N(CH_3)_2$ 邻位上的

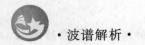

两个 H。因为受—N(CH₃)₂ 的屏蔽效应在较高场共轭。因此,上述结构也一致。

（3）MS 基峰的 $m/z＝148$ 为 M－1 峰。可通过下列两种方式形成:

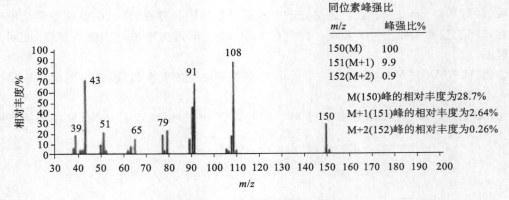

例 9-9　某未知化合物经质谱测得分子离子峰的精密质量（m/z）为 150.0680,其 MS、IR 及 ¹H-NMR 谱图分别如图 9-20、9-21 和 9-22 所示,请通过综合光谱解析,确定该未知化合物的化学结构。

同位素峰强比

m/z	峰强比%
150(M)	100
151(M+1)	9.9
152(M+2)	0.9

M(150)峰的相对丰度为28.7%

M+1(151)峰的相对丰度为2.64%

M+2(152)峰的相对丰度为0.26%

图 9-20　未知化合物的质谱图

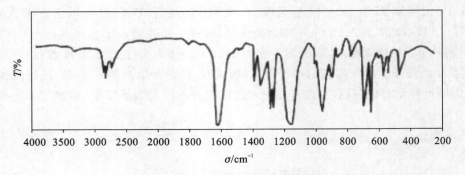

图 9-21　未知化合物的红外光谱图

解:首先,由质谱数据求算未知物的分子式。

精密质量法:由高分辨质谱仪测得未知物分子离子峰的精密质量（m/z）为 150.0680,查精密质量表得未知物的分子式为 $C_9H_{10}O_2$。

$m/z＝150$ 的 Beynon 表（部分）及精密质量数据如表 9-4 所示。

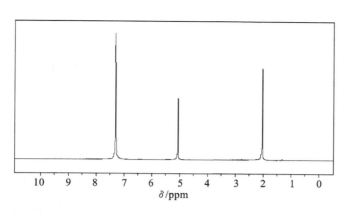

图 9-22　未知化合物的 ^{1}H-NMR 谱图

表 9-4　$m/z=150$ 的分子式 Beynon 表

元 素 组 成	M+1 峰的相对丰度	M+2 峰的相对丰度	精密质量(精密质荷比)
$C_8H_8NO_2$	9.23	0.78	150.0555
$C_8H_{10}N_2O$	9.61	0.61	150.0794
$C_8H_{12}N_3$	9.98	0.45	150.1032
$C_9H_{10}O_2$	9.96	0.84	150.0681
$C_9H_{12}NO$	10.34	0.68	150.0919
$C_9H_{14}N_2$	10.71	0.52	150.1158

根据分子式,计算不饱和度为 5,提示该未知物可能含一个苯环和一个双键。红外吸收光谱在 1745 cm^{-1} 处给出一强峰,为羰基吸收峰。该羰基的伸缩振动频率较高,考虑到未知物分子中不含氯原子,不可能是酰氯,因而推测该羰基为酯羰基的可能性较大。1225 cm^{-1} 和 1030 cm^{-1} 左右处的二个强吸收峰分别是 C—O—C 的不对称伸缩和对称伸缩振动峰,进一步印证了未知物具有酯羰基官能团。3100 cm^{-1} 左右、1450 cm^{-1} 左右、749 cm^{-1} 及 679 cm^{-1} 处的吸收峰提示可能有单取代的苯环。

^{1}H-NMR 谱中有三组孤立的吸收峰,它们的化学位移分别是 7.22、5.00 和 1.96 ppm,峰面积比为 5:2:3。从化学位移与氢原子数目,可以认定 7.22 ppm(5H)处为单取代苯,5.00 ppm(2H)及 2.01 ppm(3H)处分别是 CH_2 及 CH_3 基团。二组峰都是孤立的,没有相互偶合作用。

质谱有较强的分子离子峰 $m/z=150$,碎片峰 $m/z=91$ 为苄基离子、$m/z=43$ 为 CH_3CO^+。由苄基离子的存在,可证明 C_6H_5—CH_2 基团的存在;$m/z=43$ 处是—$COCH_3$ 的特征峰,说明未知物是乙酸苯酯。

MS 裂解途径如下:

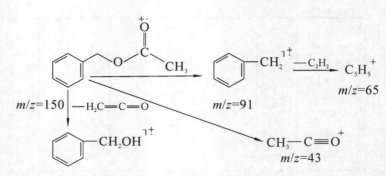

例 9-10 某未知化合物的沸点为 219 ℃，元素分析数据为 C：78.6％，H：8.3％；MS 给出分子离子峰 122，丰度较大。该未知化合物的 ^{1}H-NMR、IR、UV、MS 分别如图 9-23、9-24、9-25 和 9-26 所示，试推导该未知化合物的化学结构。

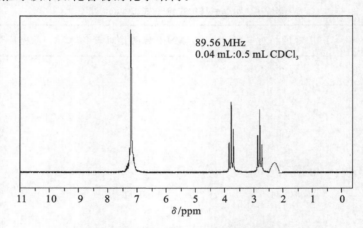

图 9-23 未知化合物的 ^{1}H-NMR 谱图

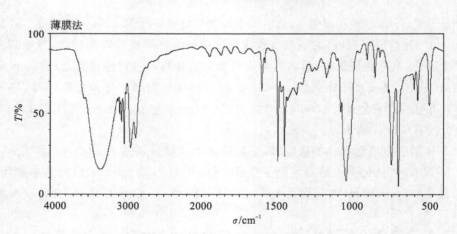

图 9-24 未知化合物的 IR 谱图

解：根据元素分析 C：78.6％，H：8.3％；MS 给出分子离子峰 122。

首先，确定其分子式：

C 数目：$122 \times 78.6\% \div 12 \approx 8$

H 数目：$122 \times 8.3\% \div 1 \approx 10$

O 数目：$122 \times (100 - 78.6 - 8.3)\% \div 16 \approx 1$

得该未知物分子式为 $C_8H_{10}O$，不饱和度为 4，提示分子中可能含有苯环或其他不饱和键。

IR 光谱给出 3350 cm^{-1} 强峰，为缔合 OH 的伸缩振动。1650～1900 cm^{-1} 无峰，说明分子

中没有 C═O。1100 cm^{-1} 左右的强峰为 γ_{C-O} 振动,说明是伯醇。

紫外光谱 $\lambda_{max}=258$ nm,且有精细结构,为苯环结构特征。

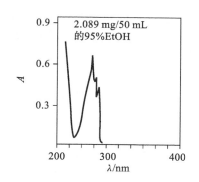

图 9-25 未知化合物的 UV 图

^{1}H-NMR 出现 4 组峰,化学位移为 7.2 ppm 处的峰是来自苯环的氢,这与紫外光谱结论相符,积分强度显示为 5 个氢,说明苯环为单取代。IR 光谱 1600~1500 cm^{-1} 的苯环骨架振动吸收峰,也证明了苯环的存在。700 和 750 cm^{-1} 处的 2 个苯环面外弯曲振动吸收峰,进一步佐证苯环为单取代;3.7 ppm 与 2.7 ppm 处的峰,

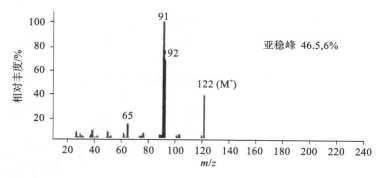

图 9-26 未知化合物的质谱图

各含 2 个氢原子,且都为三重峰,为相互偶合的 2 组氢原子,即含有—CH$_2$CH$_2$ 结构;2.4 ppm 处的宽峰,为活泼氢质子,考虑到分子式中不含氮以及 IR 谱中提示的—OH,说明该峰为—OH 产生的。综合以上信息可知该未知物含有如下结构片断:

因此,结合上述四种波谱学知识,推测该未知物的可能结构为

MS 裂解的主要过程如下:

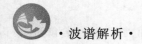

例 9-11 已知某未知化合物的分子式为 $C_8H_{10}SO_3$。其在环己烷中的紫外光谱、红外光谱及 ^{1}H-NMR 图谱分别如图 9-27、9-28 和 9-29 所示。试确定该未知化合物的化学结构。

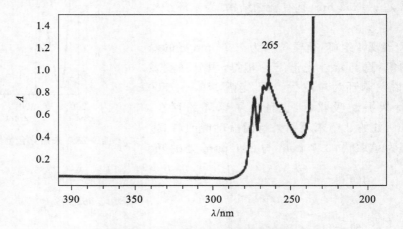

图 9-27 未知化合物的紫外光谱图

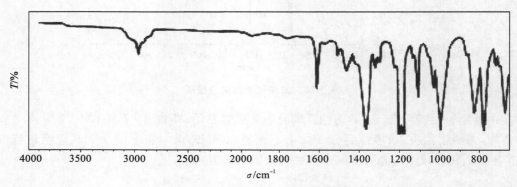

图 9-28 未知化合物的红外光谱图

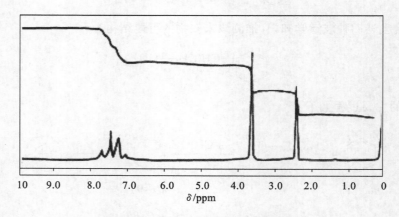

图 9-29 未知化合物的 ^{1}H-NMR 谱图

解：由分子式 $C_8H_{10}SO_3$ 可知其不饱和度为 4，表明未知物结构中可能含有 1 个苯环。紫外光谱中最大吸收在 265 nm 处（$\varepsilon=465$），也证实了这一点。红外光谱中在 3100～3000 cm^{-1} 的 γ_{CH} 弱吸收带以及 1600～1450 cm^{-1} 由苯核骨架振动所引起的三个吸收峰进一步证明苯环的存在。苯环的取代情况通过苯环面外弯曲振动区的 820 cm^{-1} 和 770 cm^{-1} 两个吸收峰初步确定为对位二取代。1370 cm^{-1} 和 1190 cm^{-1} 处出现的 2 个强吸收峰，是由—SO$_2$—基的伸缩振动引起的。而在 1000 cm^{-1} 左右处的强吸收带是由—CO—伸缩振动引起的。

核磁共振谱在 7.50 ppm 处的四重峰,形似一个 AB 四重峰,但实为 AA'BB'系统,从积分曲线可算出含有 4 个氢原子,表明未知物为对二取代苯。2.4 ppm(s,3H)处可能是连在苯环上的甲基,而较低场处 3.7 ppm 处的信号(s,3H)表明为与氧原子连接的甲基。

综上所述,该未知物具有的碎片结构如下:

$$—\langle\hspace{-4pt}\bigcirc\hspace{-4pt}\rangle—CH_3 \qquad —OCH_3 \qquad —SO_2—$$

根据以上碎片,可以组合如下几种结构式:

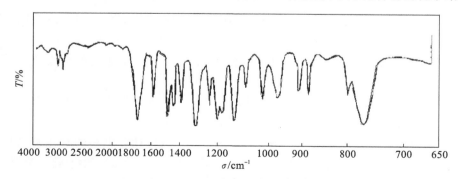

硫酸酯 I　　　　亚硫酸酯 II　　　　砜 III

^{1}H-NMR 图得出甲基化学位移值 δ(ppm)如下:

甲基	I	II	III
a	2.4	2.4	3.0
b	4.0	3.8	3.8

通常,含硫化合物的红外吸收特征:砜中 SO_2 的 γ_{as} 和 γ_s 分别在 1320 cm^{-1} 和 1150 cm^{-1} 处;硫酸酯中 SO_2 的 γ_{as} 和 γ_s 分别在 1370 cm^{-1} 和 1200 cm^{-1} 处,而其在亚硫酸酯中在 1200 cm^{-1} 左右处有一强吸收峰。结合红外图谱中 1379 cm^{-1} 和 1190 cm^{-1} 处的吸收峰,排除分子式 II 和 III。故分子式为 I 式,即对甲基苯磺酸甲酯。

$$CH_3—\langle\hspace{-4pt}\bigcirc\hspace{-4pt}\rangle—SO_2—OCH_3$$

例 9-12 某未知化合物的紫外光谱数据:λ_{max}(EtOH)$=250$ nm,lg$\varepsilon=4.14$,其质谱、红外光谱及^{1}H-NMR 谱分别如图 9-30、9-31 和 9-32 所示。试确定该未知化合物的化学结构。

图 9-30 未知化合物的红外光谱图

解:由质谱图中分子离子峰的同位素相对丰度,可推断它的分子式。根据未知物的 $M_r=126$,M+1 峰的相对丰度为 7.02%,M+2 峰的相对丰度为 0.81%,可以从 Beynon 表中找出有关分子式,然后排除含有奇数个 N 原子的分子式,余下的分子式如表 9-5 所示。

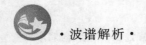

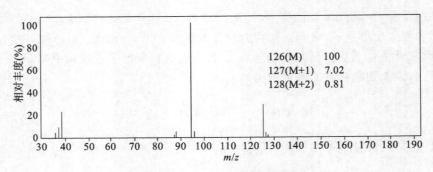

126(M)	100
127(M+1)	7.02
128(M+2)	0.81

图 9-31　未知化合物质谱图

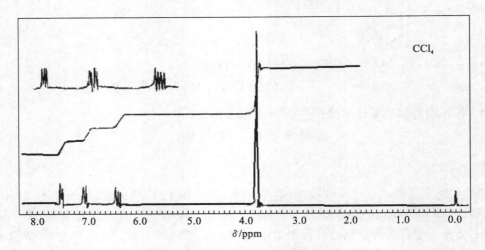

图 9-32　未知化合物的 ^{1}H-NMR 谱图

表 9-5　化合物分子式 Beynon 表

分　子　式	M+1 峰的相对丰度/%	M+2 峰的相对丰度/%
$C_5H_6N_2O_2$	6.34	0.57
$C_5H_{10}N_4$	7.09	0.22
$C_6H_6O_3$	6.70	0.79
$C_6H_{10}N_2O$	7.45	0.44

由表 9-5 可知,分子式 $C_6H_6O_3$ 的 M+2 峰的相对丰度与未知物的 M+2 峰的相对丰度最接近,因此可以认为是未知物的分子式。在红外光谱中除了在 800 cm^{-1} 处的强吸收带以外在 1587 和 1479 cm^{-1} 处有两个吸收带,在 3106 cm^{-1} 处还有一个中等强度的吸收带,这些都表明未知物具有芳香性。

紫外光谱在 250 nm 处的强吸收带,暗示化合物分子中有 1 个与芳香环共轭的发色基团。核磁共振在低场末端的特征图形表示有某种类型的芳环存在。

在红外光谱中 1730 cm^{-1} 处有羰基吸收带,这个羰基很可能与上述的共轭发色基团有关。如果估计是正确的,则这个共轭的羰基发色基团应该是酯基。因为共轭酮基的羰基吸收带通常出现在较低频区,并且在紫外光谱中也看不到波长较长的共轭酮基吸收带。

此外,在红外光谱中 1420～1110 cm^{-1} 有不少强的吸收带,其中包括酯基的 C—O—C 伸缩振动吸收带。

在未知物的质谱中基峰 $m/z=95$ 相当于从分子离子丢掉质量为 31 的碎片,这正好是 1 个甲酯的特征断裂。

NOTE

$$Ar \overset{|}{\underset{\underset{95}{\overset{\|}{O}}}{C}} OCH_3$$

质量为95的组成必须是 $C_4H_3O—C\!=\!O$，因此可以认为这个芳香环是属于呋喃环。由此可以得出该未知物的化学结构：

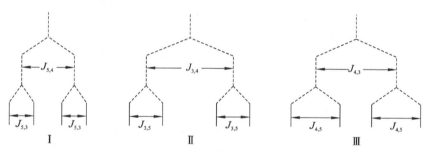

未知物的核磁共振谱与这个结构式一致。我们看到的核磁共振谱是由三组分离的环上质子峰及在3.81 ppm处的甲基质子的单峰组成。在低场的三组峰分别代表5、3、4位上的质子。由于受到取代基酯基的去屏蔽作用的影响，它们都向低场位移。这三组多重峰的裂分关系很好地验证了上述结构。3、4、5位上的质子组成了具有三个偶合常数的 AMX 系统。5位上的质子不但与4位上的质子偶合（$J_{5,4}=2\ Hz$），而且也与3位上的质子偶合（$J_{5,3}=1\ Hz$），因此5位上的质子显示出两个双峰，见图9-33（Ⅰ）。

图 9-33　未知物核磁共振裂分关系图

同样，3位上的质子与4位上的质子偶合（$J_{3,4}=3.5\ Hz$），也与5位上的质子偶合（$J_{3,5}=1\ Hz$），所以3位上的质子的信号是"双线的双线"，见图9-33（Ⅱ）。

4位上的质子与3位上的质子偶合（$J_{4,3}=3.5\ Hz$），也与5位上的质子偶合（$J_{4,5}=2\ Hz$），因此4位上的质子也显示出"双线的双线"，见图9-33（Ⅲ）。

这样，上述未知物的结构式成功地解释了它的核磁共振谱。

本章小结

一般情况，由 IR、^{1}H-NMR、^{13}C-NMR 及 MS 谱图提供的数据（图9-34）即可确定未知物的化学结构。特殊情况，还可辅助以其他谱图，如荧光光谱、旋光谱等提供的结构信息。在进行波谱综合解析时，不可单靠一种谱图进行结构解析，一定要充分利用各种谱图的特点，取长补短、相互配合、相互补充才能正确解析物质结构。

概　　述	学　习　要　点
波谱分析方法的分类	紫外光谱、红外光谱、核磁共振氢谱、核磁共振碳谱、质谱、CD 谱、ORD 谱及 X 射线单晶衍射法
波谱学的基本理论	波粒二象性；分子内部能量的组成：电子能、振动能和转动能；电磁波与对应波谱技术的关系
发展历史	经典化学分析为主的阶段；波谱分析方法为主的阶段

概　　述	学习要点
样品的准备	样品的量、样品的纯度和样品的制备

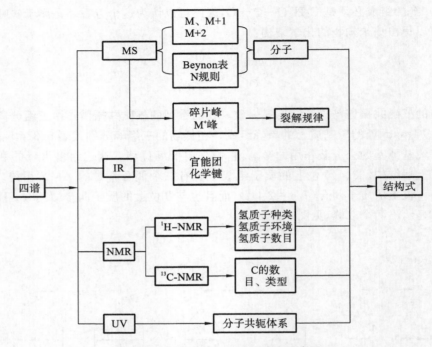

图 9-34　四谱数据与结构式确定示意图

目标检测

1. 某未知化合物的质谱、红外光谱、核磁共振氢谱如图 9-35、9-36 及 9-37 所示,紫外光谱数据:乙醇溶剂中 $\lambda_{max}=220$ nm(lgε＝4.08),$\lambda_{max}=287$ nm(lgε＝4.36)。试确定该未知化合物的化学结构。

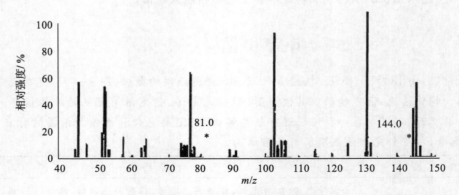

图 9-35　未知化合物的质谱图

2. 某未知化合物,其分子式为 $C_{13}H_{16}O_4$,其红外光谱、紫外光谱以及核磁共振氢谱分别如图 9-38、9-39 及 9-40 所示,试确定该未知化合物的化学结构。

3. 某未知化合物的质谱数据如表 9-6 所示,其红外光谱和核磁共振谱分别如图 9-41 和

目标检测
答案

NOTE

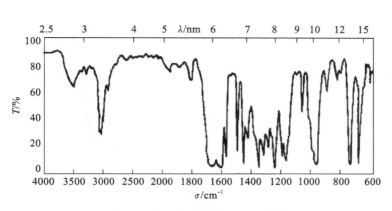

图 9-36 未知化合物的红外光谱图

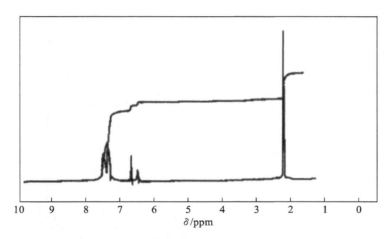

图 9-37 未知化合物的核磁共振氢谱图

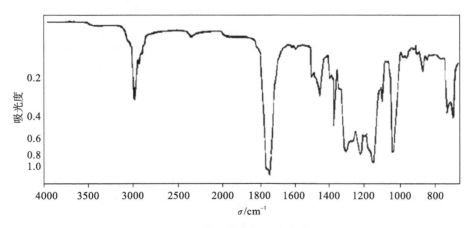

图 9-38 未知化合物红外光谱图

9-42所示。其紫外光谱在 200 nm 以上没有吸收。试确定该未知化合物的化学结构。

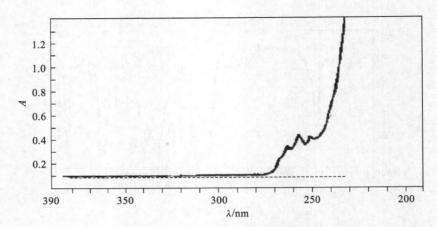

图 9-39　未知化合物紫外光谱图

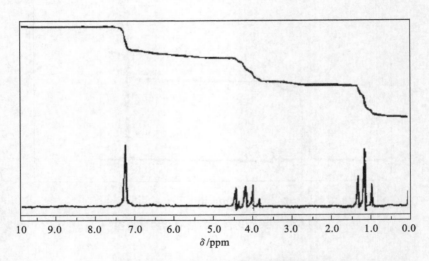

图 9-40　未知化合物的核磁共振氢谱图

表 9-6　未知化合物的质谱数据

m/z	相对丰度/%	m/z	相对丰度/%	m/z	相对丰度/%	m/z	相对丰度/%
26	1	39	11	44	4	102(M)	0.63
27	18	41	17	45	100	103(M+1)	0.049
29	6	42	6	59	11	104(M+2)	0.0032
31	4	43	61	87	21		

4. 某未知化合物,其分子式为 $C_{10}H_{10}O$。其紫外光谱、红外光谱(KBr 压片)以及核磁共振谱分别如图 9-43、9-44 及 9-45 所示,试确定该未知化合物的化学结构。

5. 某未知化合物,其质谱的分子离子峰为 228.1152,其红外光谱图如图 9-46 所示。核磁共振氢谱如图 9-47 所示,δ 6.95 为四重峰(8H,每一双峰裂距为 8 Hz),δ 2.65 为宽峰(2H),δ 1.63 为单峰(6H)。试确定该未知化合物的化学结构。

6. 某未知化合物,它的质谱数据如表 9-7 所示,其红外光谱和核磁共振氢谱分别如图 9-48、9-49 所示,该化合物的紫外光谱数据为 $\lambda_{max}=292$ nm(环己烷),$\varepsilon=23.2$。试根据该化合物的质谱、红外光谱和核磁共振氢谱确定该未知化合物的化学结构。

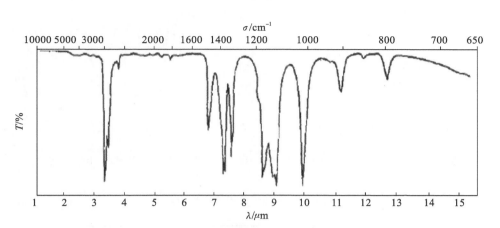

图 9-41 未知化合物红外光谱图

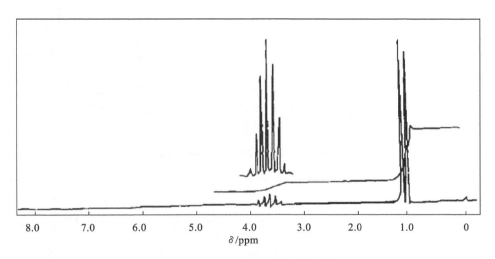

图 9-42 未知化合物核磁共振谱图

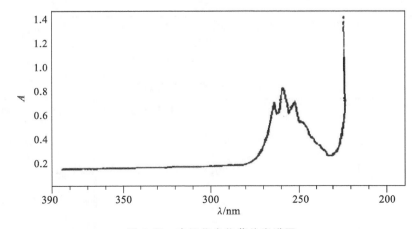

图 9-43 未知化合物紫外光谱图

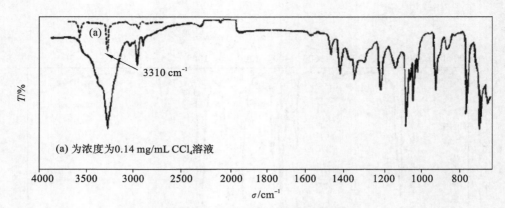

图 9-44 未知化合物红外光谱图

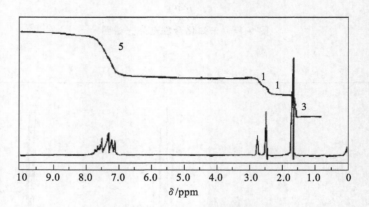

图 9-45 未知化合物核磁共振谱图

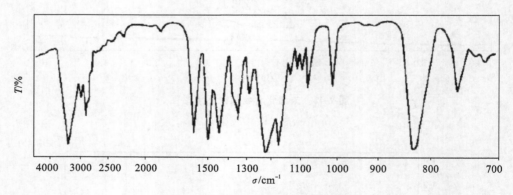

图 9-46 未知化合物红外光谱图

表 9-7 未知化合物质谱数据

m/z	相对丰度/%	m/z	相对丰度/%	m/z	相对丰度/%	m/z	相对丰度/%
26	10	43	89	58	5	85	3
27	86	44	100	67	7	86	12
29	97	45	22	68	14	96	6
31	4	53	6	69	5	113	0.2
38	4	54	7	70	73	114(M)	1.2
39	45	55	55	71	23	115(M+1)	0.13

续表

m/z	相对丰度/%	m/z	相对丰度/%	m/z	相对丰度/%	m/z	相对丰度/%
41	91	56	7	72	7	116(M+2)	0.012
42	57	57	50	81	14		

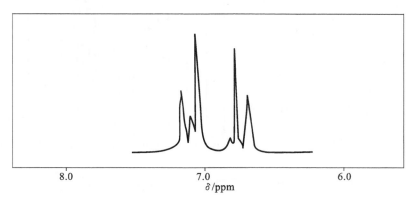

图 9-47　未知化合物核磁共振氢谱图

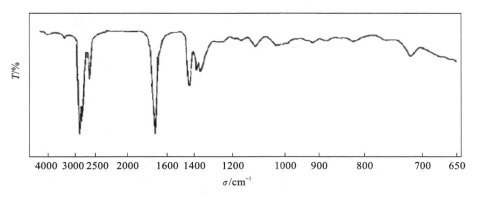

图 9-48　未知化合物红外光谱图

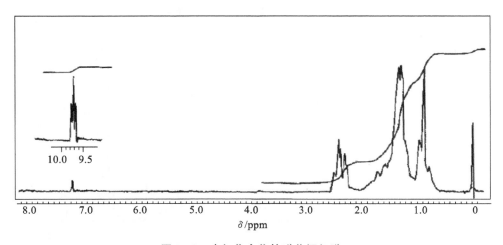

图 9-49　未知化合物核磁共振氢谱

7. 已知某未知化合物的 IR、^{1}H-NMR、^{13}C-NMR 及 MS 分别如图 9-50、9-51、9-52 及 9-53 所示。请根据该化合物的 IR、^{1}H-NMR、^{13}C-NMR 及 MS 图谱推测该化合物的化学结构。

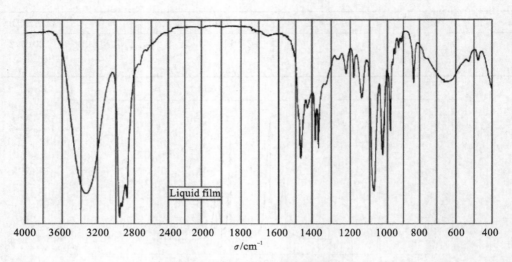

图 9-50　未知化合物红外谱图

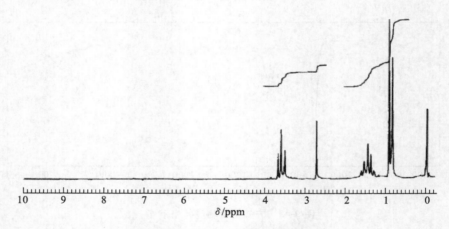

图 9-51　未知化合物 ^{1}H-NMR 谱图

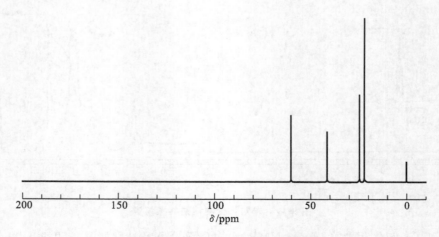

图 9-52　未知化合物 ^{13}C-NMR 谱图

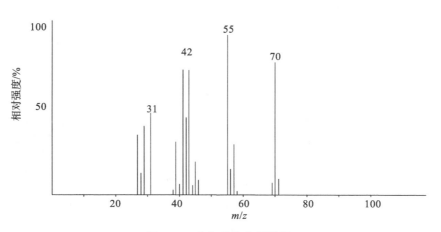

图 9-53 未知化合物质谱图

参 考 文 献

[1] 孟令芝,何永炳.有机波谱分析[M].武汉:武汉大学出版社,1997.

[2] 常建华,董绮功.波谱原理及解析[M].北京:科学出版社,2001.

[3] 于世林,李寅蔚.波谱分析法[M].2版.重庆:重庆大学出版社,1994.

[4] 宁永成.有机波谱学图谱解析[M].北京:科学出版社,2010.

[5] 于荣敏,张德志.天然药物化学成分波谱解析[M].北京:中国医药科技出版社,2008.

[6] Silverstein R M,Webster F X,Kiemle D J,等.有机化合物的光谱解析[M].7版.上海:华东理工大学出版社,2007.

[7] 王光辉,熊少祥.有机质谱解析[M].北京:化学工业出版社,2005.

[8] 苏克曼,潘铁英,张玉兰.波谱解析法[M].上海:华东理工大学出版社,2002.

[9] 孔令义.波谱解析[M].2版.北京:人民卫生出版社,2016.

[10] 姚新生.有机化合物波谱解析[M].北京:中国医科技术出版社,1997.

[11] 张正行.有机光谱分析[M].北京:人民卫生出版社,1995.

[12] 彭师奇.药物的波谱解析[M].北京:北京医科大学、中国协和医科大学联合出版社,1998.

(山西医科大学 张红芬)